普通高等教育“十一五”国家级规划教材配套教材
北京市高等学校教育教学改革试点项目

基础化学实验

（第二版）

张春荣　吕苏琴　揭念芹　主编

科学出版社
北京

内 容 简 介

本书是与“普通高等教育‘十一五’国家级规划教材”《基础化学(无机及分析化学)》(第二版)配套使用的实验教材,是将无机化学和定量分析化学实验经过精选、合并,并增加了综合及设计性实验编写而成的。

全书共分八个部分:化学实验课的任务和要求、化学实验基本知识、普通化学实验基本操作、滴定分析的量器与基本操作、常用仪器的操作和使用、基本实验、综合性及设计性实验、附录。本书收入基本实验55个、综合及设计实验3个,基本实验可供选择的余地较大,综合实验及设计实验对提高学生的综合实验技能大有益处。

本书可作为农业院校农业生产和动物生产各专业及林业院校相近专业的实验教材,也可供从事化学实验的工作人员学习、参考。

图书在版编目(CIP)数据

基础化学实验/张春荣,吕苏琴,揭念芹主编.—2版.—北京:科学出版社,2007

普通高等教育“十一五”国家级规划教材配套教材·北京市高等学校教育教学改革试点项目

ISBN 978-7-03-019193-9

Ⅰ.基… Ⅱ.①张…②吕…③揭… Ⅲ.化学实验-高等学校-教材 Ⅳ.O6-3

中国版本图书馆CIP数据核字(2007)第092221号

责任编辑:杨向萍 吴伶伶 王国华/责任校对:宋玲玲

责任印制:吴兆东/封面设计:陈 敬

科学出版社出版

北京东黄城根北街16号

邮政编码:100717

http://www.sciencep.com

北京凌奇印刷有限责任公司印刷

科学出版社发行 各地新华书店经销

*

2000年9月第 一 版 开本:720×1000 1/16

2007年7月第 二 版 印张:16 1/2

2024年7月第十一次印刷 字数:304 000

定价:49.00元

(如有印装质量问题,我社负责调换)

序

我国的高等教育正在进入一个迅速发展的时期，我们要在扩大办学规模，提高办学效益的同时，加快教育教学改革的步伐，培养高质量的人才。

近年来，中国农业大学坚持以研究促教改，通过采取立项研究的方式，调动了广大教师投身教学改革的积极性，将转变教师的教育思想观念与教学内容、教学方法改革紧密结合起来，取得了实效。这次推出的农科主要基础课系列教材，就是基础课教师长期钻研课程体系和教学内容的重要成果。他们从转变教育思想入手，站在面向21世纪科技、社会发展趋势的高度，对农科主要基础课的教学内容进行"精选"、"重组"和"拓宽"，将现代科学理论的观点和方法引入基础课，强调学生思维能力等综合素质的培养。

与我校过去编写的基础课教材相比，这套教材以"整体优化"和"内容更新"为出发点，强化了基础课在传授基础知识、培养基本能力和提高综合素质方面的作用。它的出版，将对提高农科主要基础课的教学质量做出贡献。

在科学出版社的大力支持下，我校组织编写了农科类大学生适用的《大学基础物理》、《大学数学》、《大学数学(续)》、《应用概率统计》、《基础化学Ⅰ》、《基础化学Ⅱ》、《基础化学实验Ⅰ》、《生物化学》、《植物生物学》、《动物生物学》、《植物生理学》、《微生物生物学》、《动物生理学》、《普通遗传学》等14种教材。建设农科主要基础课系列教材的设想也得到了北京市教委的重视和支持，被列为北京市教育教学改革试点项目。

当前，以"统编教材"或"规划教材"为核心的教材建设正面临机制转变时期，这套教材是我校加强自身教材建设的一次尝试，目的是以教材建设来推动学校基础课教学内容和课程体系的整体改革。

江树人

第二版前言

《基础化学实验Ⅰ》第一版自2000年问世至今，已印刷多次，受到广大师生及同行的好评，取得了良好的教学效果。

作为推进普通高等教育的教材建设与改革的重要举措，要求教材编写具有“树立精品意识”。为此，我们根据自己的教学体会，在广泛征集兄弟院校宝贵意见及建议并参阅国内外现有同类教材的基础上，对第一版教材进行了修订。

本书除保持第一版教材的优点外，还具有以下特点：

(1) 为适应教学改革的需要，力求进一步做到语言简练、信息量大、系统性强、便于阅读；

(2) 增加了反映学科发展动态的仪器实验内容，如液相色谱、荧光实验等；

(3) 理论进一步联系实际，增加了与科学研究、生产实际密切相关的内容，尤其是与环境科学、生命科学有关的内容。

参加本书编写工作的有吕苏琴（第一至四章，第五章实验一、二、三十九至四十六、五十至五十二、五十五）、张春荣（第五章的实验三至八、十四至三十八，第六章实验五十六、五十七、五十八）、刘霞（第五章实验九至十一）、王红梅（第五章实验四十七、四十八）、张莉（第五章实验四十九）、周文峰（第五章实验五十三、五十四）、罗星（第五章实验十二、十三），全书由三位主编共同统稿。

本书初稿承蒙北京大学李克安教授主审。在编写过程中，我们还得到了中国农业大学化学实验中心王金利、饶震红、张佩丽实验师的大力支持和帮助。在此一并致谢。

由于编者的水平有限，本书难免存在缺点和错误，恳请读者批评指正。

编　者

2007年5月于北京

第一版前言

随着时代的发展和科学技术的进步，我国社会面临新的重大改革，高等教育亟待变革和创新，建立高等教育创新体系迫在眉睫。为适应21世纪教学改革的需要，根据中国农业大学提出的“加强基础、淡化专业、拓宽知识面、重在素质教育的精神”，我们编写了《基础化学实验Ⅰ》这本教材。

化学实验的传统做法是将无机化学实验和分析化学实验单独开设。其弊端不仅在于有些内容重复，更重要的是学生在无机实验中没有树立“量”的概念，造成了无“量”的习惯，而后在分析化学实验中需重新树立“量”的概念，往往是“旧习难改”，使教师和学生都颇伤脑筋。

当前科学发展的特点之一是学科与学科之间的相互交叉和渗透十分突出，作为二级学科的无机化学和化学分析需要融合在一起进行讲授，这对于非化学专业的学生的培养是十分有益的。

根据我们多年的实践，并借鉴其他兄弟院校在实验改革方面成功的经验，编写的这本实验教材，与“基础化学Ⅰ”配套使用。本书共包括五大块内容：化学实验的基本知识；化学实验仪器及操作；无机物制备及元素性质；定量分析化学实验；综合性实验和设计性实验。综合性实验和设计性实验在农业院校中是个薄弱环节，增加这部分实验有助于培养学生的独立思考能力和综合实验能力。

参加本教材编写工作的有吕苏琴（第一、二、三、四章及第五章实验一、二、三十九至五十），张春荣（第五章的实验三至三十八、第六章实验五十一至五十三），全书由揭念芹统稿。

本教材在编写过程中，参阅了一些兄弟院校的教材，并吸取了一些内容，对此表示谢意。

本教材承蒙北京大学李克安教授仔细审阅，并提出了许多宝贵意见，同时本教材的编写也得到了中国农业大学教务处领导和有关同志的支持，在此一并表示诚挚的谢意。

由于编写时间仓促及编者水平所限，难免有错误与不足之处，恳请专家和读者批评指正。

编　者

2000年3月于北京

目　　录

化学实验课的任务和要求

本实验课程将普通化学实验与分析化学实验两门课的有关内容紧密结合，融会贯通，形成一门独立的课程。

通过本课程的学习，学生可以加深对普通化学和分析化学基本概念和基本理论的理解；了解无机物的一般分离、提纯及制备方法以及物质组成含量的各种分析方法；正确并熟练地掌握常用仪器的使用、基本操作和技能；学会正确获取实验数据、正确处理数据和表达实验结果；提高独立思考、独立解决问题的能力及建立良好的实验素养，为后续课程的学习、参加科学研究及实际工作打下坚实的基础。

为了学好实验课内容，学生应做到：

（一）课前预习

实验课前应认真预习，明确实验目的和要求，弄清实验原理及方法，了解实验步骤和注意事项，做到心中有数。事先写出实验报告的有关内容，列出表格，查出有关数据。

（二）实验过程中做到

(1) 实验时严格按照操作规范进行，仔细观察现象，认真思考，学会运用所学理论知识解释实验现象，解决实验中出现的问题。

(2) 认真记录实验现象及测量数据。一切原始数据均应真实地记录在实验报告本上，不得随意乱记。

(3) 严格遵守实验室规则，注意安全操作。要随时保持实验台面及整个实验室的清洁整齐。

(4) 养成严谨的科学态度和实事求是的科学作风，切不可弄虚作假，有意修改数据。如遇实验失败或产生的误差较大，应找出原因，经教师同意后重做实验。

（三）实验报告

实验报告是实验的记录和总结，实验完毕应认真写好实验报告。实验报告格式应规范，字迹应端正、整齐、清洁。

第一章　化学实验基本知识

第一节　实验室常识

一、实验室规则

为保持实验室环境的正常秩序，保证实验顺利进行，防止发生意外事故，必须严格遵守实验室规则：

(1) 实验室要保持安静，不得嬉戏喧哗。

(2) 实验台面要保持清洁，台面及实验柜内的仪器要摆放整齐。实验完毕，应及时洗净所用仪器，不应收藏不干净的仪器，因为污物干涸后，洗涤比较困难。

(3) 保持水槽干净，切勿往水槽中乱抛杂物。火柴头、废纸片、碎玻璃等应投入废物箱；废酸和废碱应小心倒入废液缸内。

(4) 要爱护试剂。称取药品后，及时盖好原瓶盖，放回原处；所有配好的试剂都要贴上标签，注明名称、浓度及配制日期。注意节约药品、水、电和煤气。

(5) 要爱护实验室的仪器设备。损坏仪器应及时补领或赔偿。使用精密仪器时，应严格遵守操作规程，不得任意拆装和搬动。用毕应登记，请教师检查签名。

(6) 实验完毕，应请教师检查仪器、桌面，交报告本，然后离开实验室。学生轮流值日，负责打扫和整理实验室。最后应检查自来水和煤气开关是否关紧、电源是否切断。关闭窗户。经教师检查合格后，值日生方可离开实验室。

二、实验室安全规则

在化学实验中，经常使用易碎的玻璃仪器，易燃、易爆、有腐蚀和有毒性的化学药品，电器设备及煤气等。稍有不慎，就会影响实验的正常进行，甚至危及人身安全，给国家财产造成重大损失。因此，必须严格遵守实验室安全规则：

(1) 实验室严禁饮食、吸烟，一切化学药品禁止入口。实验完毕应洗手。

(2) 使用电器设备应特别小心，切不可用湿润的手去开启电闸和电器开关。凡是漏电的仪器不要使用，以防触电。电源打开后，如发现无电必须立即关闭。

(3) 使用铬酸洗液、浓酸、浓碱、溴等具有强腐蚀性的试剂时，切勿溅在皮肤和衣服上。如溅到身上应立即用水冲洗，溅到实验台上或地上时要用水稀释后擦掉。

要注意保护眼睛，必要时应戴上防护眼镜。

（4）遇有下列情况，应在通风橱内操作，如使用 HNO_3、HCl、$HClO_4$、H_2SO_4 等浓酸及实验过程中产生有刺激性或有毒气体（如 H_2S、Cl_2、Br_2、NO_2、CO 等）。

（5）使用剧毒药品如 KCN、As_2O_3、$HgCl_2$ 时，应格外小心！用过的废液切不可倒入下水道或废液桶中，要回收集中处理。

（6）使用天然气时，应特别注意正确使用，严防泄漏！使用天然气灯加热时，火源应远离其他物品，不得长时间离开，以防熄火漏气。用毕应关闭燃气管道上的小阀门。离开实验室时还应再检查一遍，以确保安全。

（7）使用乙醚、乙醇、丙酮、苯等易燃性有机试剂时，应远离火源，用后盖紧瓶塞，置阴凉处保存。钾、钠和白磷等在空气中易燃烧的物质，应隔绝空气存放。钾、钠保存在煤油中，白磷保存在水中，取用时应使用镊子。

（8）加热试管中的液体时，切不可将管口对着自己或他人，也不可俯视正在加热的液体，以防液体溅出伤人。不可用鼻子直接对着瓶口或试管口嗅闻气体的气味，应当用手轻轻煽动少量气体进行嗅闻。

三、实验室中意外事故的紧急处理

实验过程中如不慎发生意外事故，应及时采取救护措施，处理后受伤严重者应马上送医院救治。

（一）酸腐伤

马上用大量水冲洗，然后用饱和 $NaHCO_3$ 溶液或肥皂水冲洗，最后再用水冲洗。如果酸液溅入眼内，应立刻用大量水冲洗，然后用 2% $Na_2B_4O_7$ 溶液洗眼，最后再用蒸馏水冲洗。

（二）碱腐伤

先用大量水冲洗，然后用 2%HAc 溶液冲洗，最后用水冲洗干净并涂敷硼酸软膏。如果碱液溅入眼内，应马上用大量水冲洗，再用 3% H_3BO_3 溶液冲洗，最后用蒸馏水冲洗。

（三）溴腐伤

用乙醇或 10%的 $Na_2S_2O_3$ 溶液洗涤伤口，再用水冲洗干净，然后涂敷甘油。

（四）磷灼伤

先用 5%的 $CuSO_4$ 溶液或 $KMnO_4$ 溶液洗涤伤口，然后用浸过 $CuSO_4$ 溶液的绷带包扎。

（五）烫伤

切不可用水冲洗。应在烫伤处涂烫伤膏或万花油。

（六）割伤

马上用消毒棉棒揩净伤口，涂上红药水，洒上消炎粉或敷上消炎膏并用绷带包扎。

（七）吸入刺激性或有毒气体

吸入 Br_2、Cl_2、HCl 等气体时，可吸入少量乙醇和乙醚的混合蒸气以解毒。若吸入 H_2S 气体而感到不适，应马上到室外呼吸新鲜空气。

（八）触电

立即切断电源。必要时进行人工呼吸。

（九）起火

根据起火原因立即采取灭火措施。首先切断电源，移走易燃药品。有机溶剂和电器设备着火，应马上用四氯化碳灭火器、专用防火布、干粉等灭火，切不可用水或泡沫灭火器灭火。

第二节　实验室常用仪器简介

无机化学实验与化学分析实验中经常使用的仪器，大部分为玻璃制品。玻璃仪器按玻璃性能分为可加热的（如各类烧杯、烧瓶、锥形瓶、试管等）及不能加热的（如试剂瓶、量筒、容量瓶等）；按用途分为容器类（如试剂瓶、烧杯等）和量器类（如移液管、滴定管、容量瓶等）以及特殊用途类（如漏斗、干燥器等）。以上常用仪器如图 1-1 所示。它们的使用方法将在以后各章节中加以详细介绍。

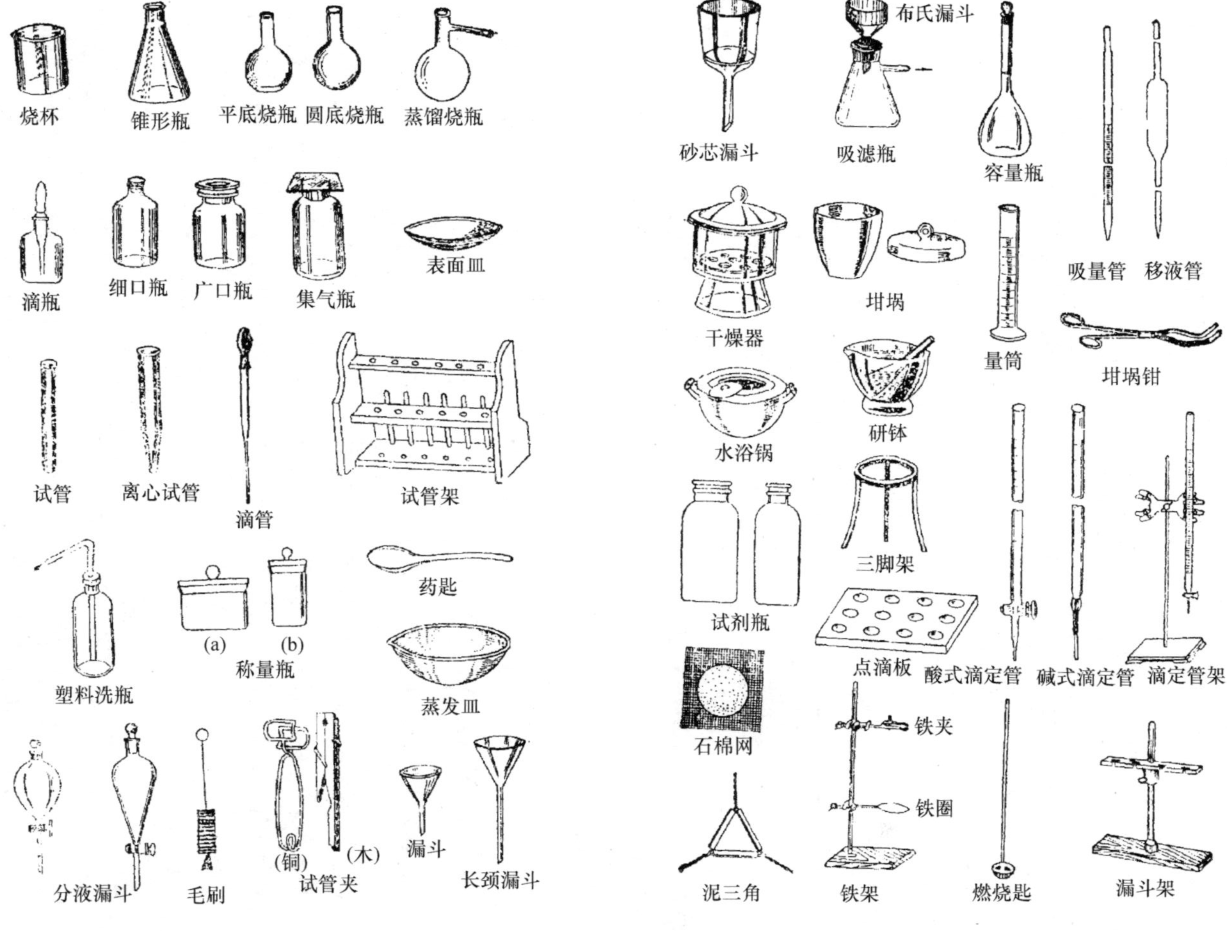

图1-1　化学实验中常用的仪器

第三节 化学试剂的一般知识

一、一般试剂

实验室使用最普遍的试剂为一般试剂，可分为四个等级，其规格及适用范围见表1-1。

表1-1 一般试剂规格及用途

级别	中文名称	英文标志	标签颜色	主要用途
一级	优级纯	G. R.	绿	精密分析实验
二级	分析纯	A. R.	红	一般分析实验
三级	化学纯	C. P.	蓝	一般化学实验
生物化学试剂	生化试剂、生物染色剂	B. R.	咖啡色 (染色剂:玫红色)	生物化学及医学化学实验

指示剂也属于一般试剂。此外，还有标准试剂、高纯试剂、专用试剂等。

按规定，试剂瓶的标签上应标示试剂名称、化学式、摩尔质量、级别、技术规格、产品标准号、生产许可证号(部分常用试剂)、生产批号、厂名等，危险品和毒品还应给出相应的标志。

二、试剂的选用

应根据实验要求，本着节约的原则，合理选用不同级别的试剂。在能满足实验要求的前提下，尽量选用低价位的试剂。

三、试剂的保管

试剂应保存在通风、干燥、洁净的房间里，防止污染或变质。氧化剂、还原剂应密封、避光保存。易挥发和低沸点试剂应置低温阴暗处。易侵蚀玻璃的试剂应保存于塑料瓶内。易燃、易爆试剂应有安全措施。剧毒试剂应由专人妥善保管，用时严格登记。

第四节 实验用水

化学实验对水的质量有一定的要求，纯水是最常用的纯净溶剂和洗涤剂，应根据实验的要求选用不同规格的纯水。

一、规格

表1－2列出了实验室用水的级别及主要指标。

表1－2 实验室用水的级别及主要指标

指标名称	一级	二级	三级
pH 范围(25℃)	—	—	5.0～7.5
电导率(25℃)/(μs·cm^{-1})	≤0.1	≤1.0	≤5.0
吸光度(254 nm,1 cm 光程)	≤0.001	≤0.01	—
二氧化硅/(mg·L^{-1})	≤0.02	≤0.05	—

二、制备方法

按水的质量,可将实验室用水分为一级、二级、三级。

(一) 一级水

可用二级水经过石英设备蒸馏或离子交换混合床处理后,再经0.2μm微孔滤膜过滤来制取。一级水主要用于有严格要求的分析化学实验,包括对微粒有要求的实验,如高效液相色谱分析。

(二) 二级水

可用离子交换或多次蒸馏等方法制取。二级水主要用于无机痕量分析实验,如原子吸收光谱分析、电化学分析实验等。

(三) 三级水

可用蒸馏、去离子(离子交换及电渗析法)或反渗透等方法制取。三级水用于一般化学分析实验。

制备分析实验用水的原水应当是饮用水或其他适当纯度的水。

三级水是使用最普遍的纯水,一是直接用于某些实验,二是用于制备二级水乃至一级水。过去多采用蒸馏法制备,称为蒸馏水。目前多采用离子交换法(称去离子水)和电渗析法。

各种制备方法介绍如下:

(一) 蒸馏法

把自来水或较纯净的天然水在蒸馏装置中加热汽化,水蒸气冷凝即可得蒸馏水。此法除去的是水中的非挥发性杂质和微生物等,未除去易溶于水的气体。且由于蒸馏装置的腐蚀(蒸馏装置一般用玻璃、铜及石英等材料制成),蒸馏水中仍含微量杂质。25℃时,其电阻率为 1×10^5 Ω·cm左右,为三级水。

（二）电渗析法

电渗析法是将自来水通过阴、阳离子交换膜组成的电渗析器,在外电场的作用下,利用阴、阳离子交换膜对水中阴、阳离子的选择透过性,使杂质离子从水中分离出来。电渗析水纯度比蒸馏水低,未除去非离子型杂质。电阻率为 $10^4\sim10^5$ Ω·cm。接近三级水质量。

（三）离子交换法

离子交换法是将自来水通过装有阳离子交换树脂和阴离子交换树脂的离子交换柱,利用交换树脂中的活性基团与水中的杂质离子进行交换,除去水中的杂质离子。此法制得的水称“去离子”水。其纯度较高,电阻率大于 5×10^6 Ω·cm (25℃),未除去非离子型杂质,含有微量有机物,为三级水。

一级水基本上不含溶解或胶态离子杂质及有机物,可将二级水用石英蒸馏器进一步蒸馏、通过离子交换混合床或 0.2μm 的过滤膜等方法制得。二级水可含微量的无机、有机或胶态杂质,可采用蒸馏、反渗透或去离子后再蒸馏等方法制备。

三、水质检验

纯水的质量可以通过水质鉴定,根据水中杂质离子含量多少确定。主要质量指标是电导率(或电阻率)。水的纯度越高,杂质离子的含量越少,水的电导率越低。

测定电导率应选用适于测定高纯水的电导率仪(最小量程为 0.02 $\mu s\cdot cm^{-1}$)。测定一、二级水时,电导池常数为 0.01～0.1,进行“在线”(将电极装入制水设备的出水管道中)测定。测定三级水时,电导池常数为 0.1～1,用烧杯接取约 300 mL 水样,立即测定。

第二章　普通化学实验基本操作

第一节　玻璃仪器的洗涤及干燥

一、玻璃仪器的洗涤

化学实验中经常使用各种玻璃器皿，洗净的玻璃器皿应透明，其内壁应能被水均匀地润湿而不挂水珠。

一般器皿(如烧杯、试剂瓶、锥形瓶等)可用自来水或适当的洗涤液浸泡刷洗，污染严重的可用热的洗涤剂水溶液刷洗，然后用自来水冲洗，最后用少量去离子水冲洗内壁 2～3 次，以除去残留的自来水。自来水和去离子水都应按少量多次的原则使用。

滴定管、容量瓶、移液管等，由于其容量精确、形状特殊，不宜用刷子机械地擦其内壁。通常是用铬酸洗液浸泡内壁，然后依次用自来水和去离子水冲洗，其外壁用毛刷沾去污粉刷洗。

光度分析用的吸收池被有色溶液或有机试剂染色后，应用盐酸-乙醇洗涤液浸泡内外壁后再用自来水及去离子水洗净。

二、常用洗涤剂

(一) 铬酸洗液

称取 25 g 工业用或化学纯 $K_2Cr_2O_7$ 置于烧杯中，加 50 mL 水，加热搅拌，溶解后，边搅拌边缓慢沿杯壁加入 450 mL 工业用浓 H_2SO_4(注意：刚开始加 H_2SO_4 要特别缓慢，防止剧烈放热而溅出，最好带上橡胶手套操作)，冷却后转入细口玻璃试剂瓶中，盖紧。新配好的洗液呈棕红色。铬酸洗液具有强氧化性和强酸性，适于洗去无机物和某些有机物。使用时应注意：

(1) 太脏或盛过有机物的仪器应先用自来水洗一遍。加洗液前应尽量倒净仪器内的水，以防洗液被稀释。

(2) 洗液可反复使用，用后倒回原瓶并盖紧，以防吸水。当洗液由棕红色变为绿色(Cr^{3+} 的颜色)时，即失效。可再加入适量 $K_2Cr_2O_7$，加热溶解后可继续使用。

(3) 洗液腐蚀性很强，使用时应特别小心，不要溅在手、衣物、实验台或地上，一旦溅上，应马上用自来水冲洗擦净。

(4) 六价铬毒性较大，大量使用会污染环境。能用其他洗涤剂洗净的仪器尽量不使用铬酸洗液。

（二）去污粉

去污粉是实验室最普通的洗涤剂，一般器皿可用毛刷蘸去污粉反复刷洗。

（三）盐酸-乙醇溶液

将化学纯盐酸与乙醇按 1∶2 的体积比混合，主要用于洗涤被染色的吸收池、比色管、吸量管等。

（四）酸

将化学纯盐酸与水按 1∶1 的体积比混合，亦可加入少量乙二酸，该液为还原性强酸洗涤剂，用于洗去多种金属氧化物和金属离子。

三、玻璃仪器的干燥

如洗净的玻璃仪器需要干燥，可采用下述几种方法：

（一）用丙酮、乙醇等有机溶剂快速干燥

对于不能用高温加热方法干燥的，带有刻度的容量仪器，如移液管、吸量管、容量瓶、滴定管等，如需干燥，可将仪器用少量丙酮或乙醇等有机溶剂淋洗一遍后，倾出含水混合液（应回收），晾干。

（二）烘干

把洗净的仪器放在电热烘箱中，温度控制在 105℃左右烘干。此法不能用于精密度高的容量仪器。待烘干的仪器放入烘箱前应尽量把水倒净，并在烘箱的最下层放一个搪瓷盘，防止仪器上滴下的水珠落入电热丝中，烧坏电热丝。

（三）烤干

能加热的仪器可以直接在煤气灯上小火烤干。该法适用于试管、烧杯、蒸发皿等。

（四）吹干

用电吹风机热风直接吹干。

（五）晾干

不急用的仪器，可将其洗净后倒置于洁净的仪器架上晾干。

第二节　化学试剂的取用方法

一、固体试剂的取用方法

固体试剂的取用一般用牛角匙或不锈钢匙。匙使用前应洗净擦干，取用试剂时应专匙专用，千万不可交叉使用。匙的两端一大一小，取样量大时用大匙一端，取样量少时用小匙一端。取用完试剂后应立即盖严瓶塞，将试剂瓶放回原处。

在台秤或分析天平上称量固体试剂时，试剂不能直接放在秤盘上，应垫上纸或表面皿。对于腐蚀性或易潮解的固体试剂应放在表面皿或小烧杯中称量。试剂量应按要求称取，不要多称，以免造成浪费。

二、液体试剂的取用方法

从细口试剂瓶中倒取液体试剂时，一般用左手拿住盛接容器(试管或量筒等)，右手掌心向着标签握住试剂瓶，让瓶口紧靠盛接容器的边缘慢慢倾倒(图 2－1)。倒够所用试剂量时，试剂瓶口应在容器上靠一下，再使瓶子竖直，这样可使试剂瓶口残留的试剂顺着盛接容器的内壁流入容器内，而不致沿试剂瓶外壁流下。如盛接容器是烧杯，则应左手持玻棒，让试剂瓶口靠在玻棒上，使溶液顺玻棒流入烧杯。倒毕，应将瓶口顺玻棒向上提一下再离开玻棒，使瓶口残留的溶液顺玻棒流入烧杯(图 2－2)。

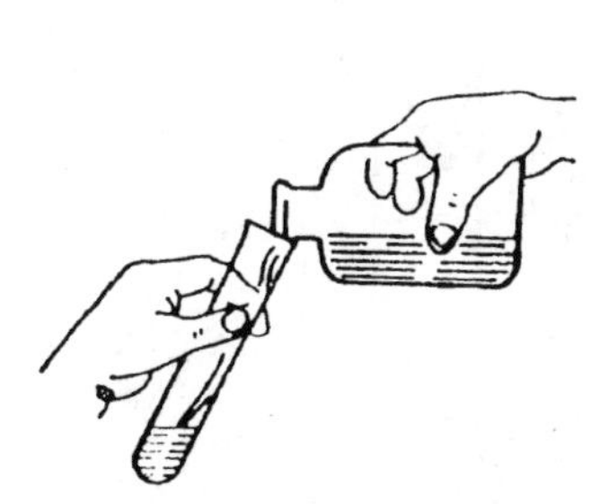

图 2－1　往试管中倒取液体试剂

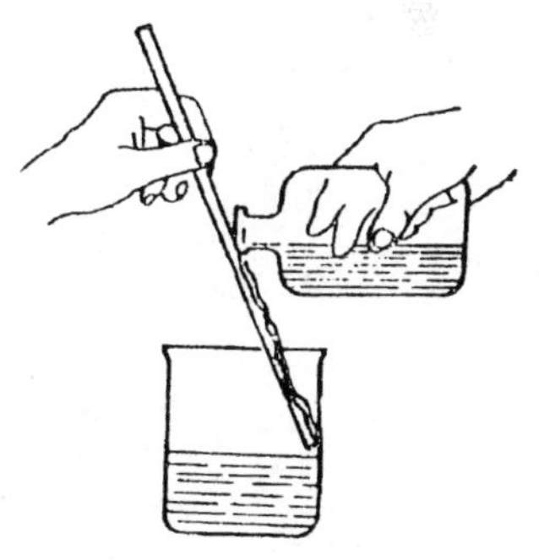

图 2－2　往烧杯中倒入液体试剂

从滴瓶中取用试剂时，应先将滴管提至液面以上，挤压橡皮乳头排出空气，然后再伸入液体中，放松橡皮乳头吸入试剂，取出滴管，滴管管尖垂直放在试管口上方，挤压橡皮乳头，使溶液垂直滴入试管中。试管应垂直不要倾斜。滴管不可伸入试管内，以免沾污滴管(图 2－3)，滴管用毕要立即插回原瓶，要专管专用。滴管不可取出倒置，以免其中的溶液流入橡皮乳头而被污染，更不可取出随意乱放或用手中的滴管随意去取别的滴瓶中的试剂，以免沾污或搞错。

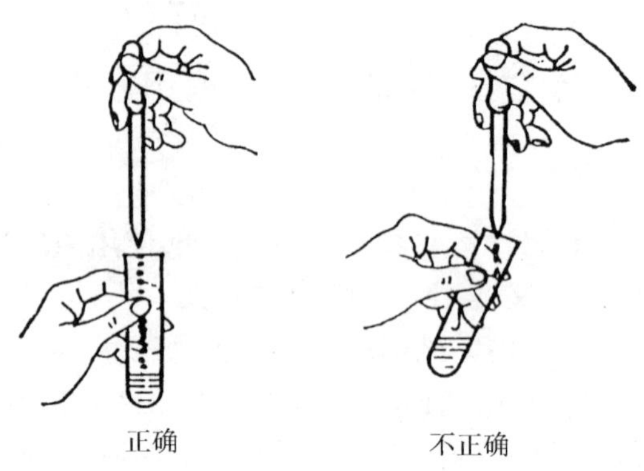

图 2-3　往试管中滴加液体试剂

第三节　常用度量仪器

一、量筒

量筒是用于量取液体体积的仪器。可根据不同的需要选用不同容量的量筒。应使所量取溶液的体积与量筒的容量相接近。如量取 8.0 mL 的液体时，应使用 10 mL 的量筒，产生的测量误差为±0.1 mL。如使用 100 mL 的量筒，则会产生±1 mL的测量误差。

使用量筒量取液体体积，读数时应使视线与量筒内凹液面下缘最低点处于同一水平切线上(图 2-4)。

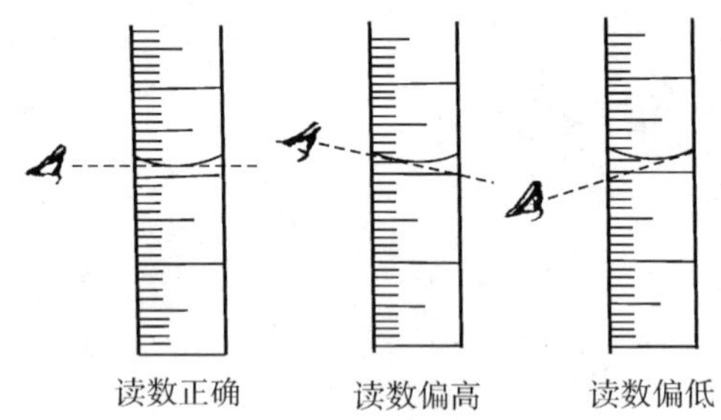

图 2-4　量筒的读数方法

二、温度计

实验室中常用水银温度计测温。水银温度计是把水银封固于玻璃毛细管中制成。常用的三种规格为 0～100℃、0～250℃、0～360℃，精度为 0.1℃。刻度为 1/10℃的温度计精度为 0.01℃。

边加热液体边测其温度时，应将温度计固定在一定位置上，使水银球完全浸入液体中。不可使水银球靠在容器壁上或接触容器底部。

不可将温度计当搅棒使用；刚测过高温的温度计不可马上用冷水冲洗，以免玻璃炸裂；温度计应轻拿轻放，以免打碎。温度计用毕要及时装入温度计套中。

温度的标尺或温标，一般用两个固定的温度点：在 101 325Pa 标准状态下冰的熔点和水的沸点。在摄氏温标中，冰的熔点为 0℃，水的沸点为 100℃；在热力学温标中，冰的熔点为 273.15 K，水的沸点为 373.15 K。两点间均分为 100 等分。

应避免用水银温度计测量过高或过低的温度，因为玻璃的软化点约为 450℃，而水银在常压下的凝固点为－39℃，沸点为 365.7℃。

一般使用电阻温度计或热电偶温度计测量较高的温度。

三、气压计

测量大气压力时使用气压计，实验室中一般用福廷式气压计，如图 2－5 所示。

（一）福廷式气压计构造

主要部件由一支盛有汞的玻璃管倒置于汞槽中组成。玻璃管顶部为真空。汞槽底部连通一个羚羊皮囊 6，下方被螺丝 7 顶着，旋转螺丝即可调节汞槽内液面的高低。盛汞的玻璃管外部套一黄铜管，黄铜管上部一侧刻有表明汞柱高度的标线，在标线区域，前后对应开两个长方形的槽窗，以供观察玻璃管中汞柱的顶端高度。黄铜管的刻度标尺 2 为主尺，槽缝中镶嵌着一个活动的、与主尺严密接触的游标尺 1，为副尺。

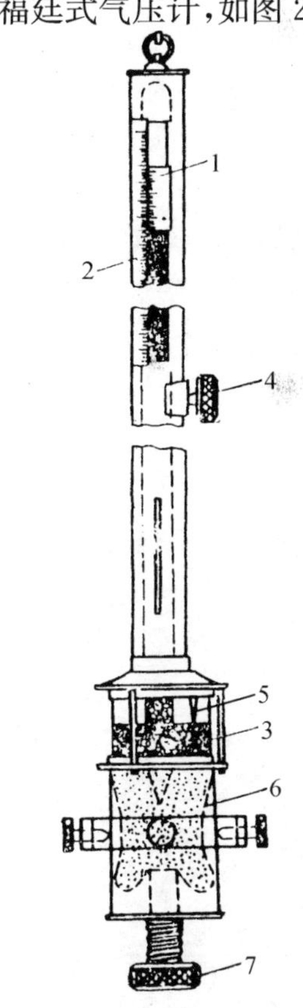

图 2－5　福廷式气压计

1. 游标尺（副尺）　2. 刻度标尺（主尺）　3. 汞槽　4. 游标调整旋钮　5. 象牙针　6. 皮囊　7. 汞液面调整螺丝

（二）气压计的使用

气压计应垂直安装，若偏离垂直 1°，便会使气压计的读数产生误差。

使用步骤如下：

（1）记录气压计上温度计的读数。

（2）调节汞槽内汞面高度。旋动螺丝 7，使槽内汞面恰与象牙针 5 的尖端相接触。黄铜管上的刻度读数是以象牙针尖端为零点开始计算的。

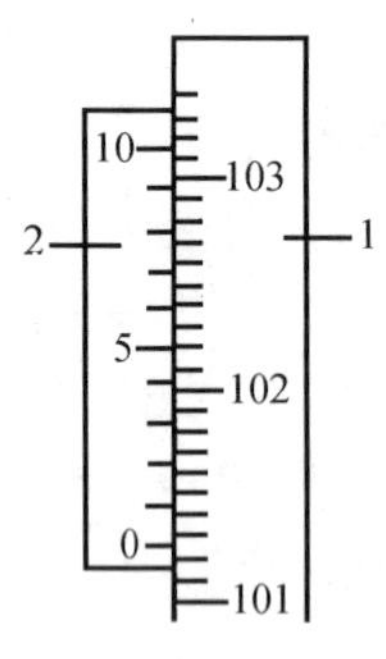

图 2-6　读数方法
1. 主尺　2. 游标尺

(3) 调节游标尺旋转游标旋钮 4,使游标尺的下沿略高于汞柱液面,然后慢慢下降,使游标尺的下沿与汞弯液面相切并与视线处于同一水平线上。

(4) 读数先根据与游标尺零点相对应的黄铜标尺(主尺)的刻度,读出接近游标尺零点以下的刻度值,如 101.2(图 2-6),再从游标尺上找出与主尺刻度线吻合得最好的一条刻度线的数值,如为 5,则气压计读数为 101.25 kPa。

(5) 读数毕,应向下转动螺丝 7,使汞液面离开象牙针 2～3 cm。

四、比重计

比重计用于测量液体的相对密度。一般比重计分为重表和轻表两类。重表用于测量密度大于 1 g · mL^{-1}的液体,轻表用于测量密度小于 1 g · mL^{-1}的液体。

测量方法:将待测相对密度的液体盛入大量筒中,把比重计慢慢放入量筒,此时应用手夹住比重计的上端,待其稳定后,再松开手,比重计浮于液面上,读数(图 2-7)。

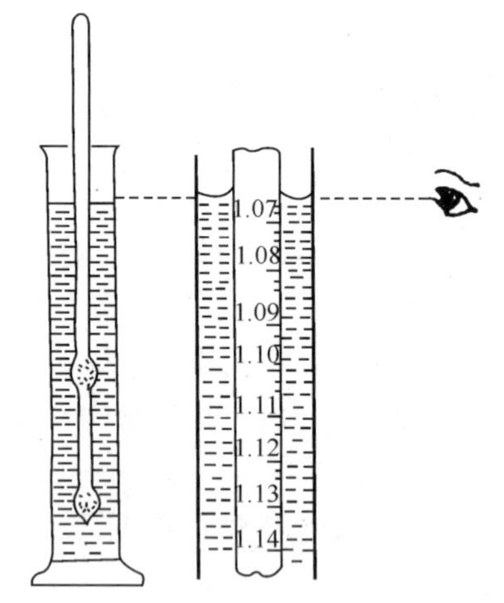

图 2-7　比重计及液体相对密度的测定

测量完毕,应冲洗干净比重计,用布擦干,放入比重计盒中保存。

第四节　加热装置与加热方法

实验室中常采用各种灯具和电热设备作为加热装置。

一、酒精灯

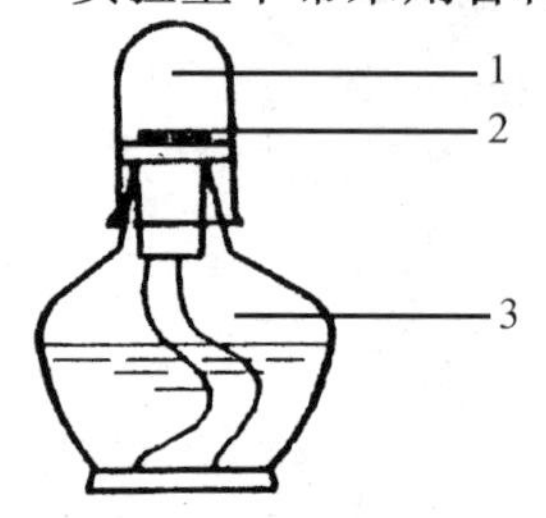

图 2-8　酒精灯
1. 灯罩　2. 灯芯　3. 灯壶

酒精灯所用的燃料为酒精。它的组成分为灯罩、灯芯、灯壶三部分(图 2-8)。酒精灯的火焰温度为 400～500℃。使用酒精灯时应注意:

(1) 灯内的酒精不应超过容积的 2/3,以免装得太满,导致移动灯时酒精倾出或点燃时酒精受热膨胀溢出。

(2) 要用火柴点燃酒精灯，不得用燃着的酒精灯引燃。酒精灯熄灭时应用灯罩盖熄灭，不得用嘴吹灭。

(3) 酒精灯不得连续长时间使用，以免火焰使酒精灯本身灼热，灯内酒精大量气化形成爆炸混合物。

二、酒精喷灯

酒精喷灯的燃料亦是酒精，它是先将酒精气化后再与空气混合才燃烧的，其火焰温度可达900℃左右。

挂式酒精喷灯构造如图2-9所示。用时把酒精储罐挂在1.5m高的地方，灯管下部为一预热盆，盆的下方有一支管，通过橡皮管与挂在高处的酒精储罐相通。使用时操作步骤如下：

(1) 打开活塞3，使预热盆5中装满酒精。

(2) 点燃预热盆中酒精，烧热灯管，当盆中酒精近干时，灯管已被灼热。

(3) 点燃火柴移至灯口，打开开关6，从储罐2流入热灯管9中的酒精立即被气化，并与从气孔7进来的空气混合，即可点燃。

(4) 调节开关6可控制火焰的大小。

(5) 使用毕，关闭开关6，火焰熄灭。

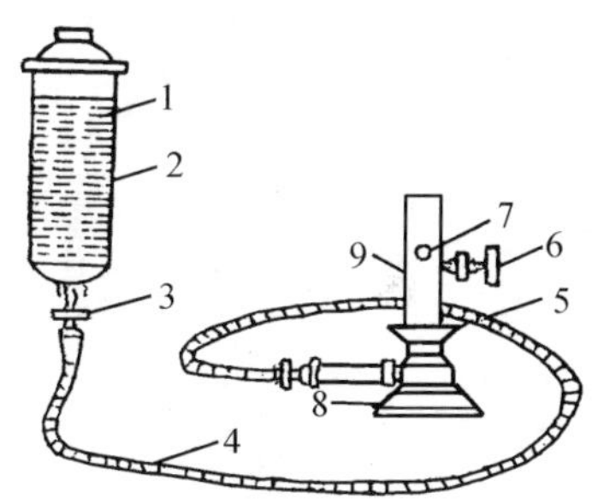

图2-9 酒精喷灯

1. 酒精 2. 酒精储罐 3. 活塞 4. 橡皮管 5. 预热盆 6. 开关 7. 气孔 8. 灯座 9. 灯管

三、煤气灯

煤气灯由灯管2和灯座组成(图2-10)。灯管的下部设有螺旋和进入空气的气孔，旋转灯管即可控制气孔的大小，从而调节空气的进入量。灯座的侧面为煤气入口3，通过橡皮管与煤气管道相连接。灯座下面设有用于调节煤气进入量的螺旋形针形阀5。点燃过程：先关闭空气入口4，点燃火柴，放在灯管口边缘，此时打开煤气开关1，灯即被点燃。调节空气及煤气进入量。让煤气完全燃烧，即可得到淡紫色分层的正常火焰。

正常火焰分成三层[图2-11(a)]：内层是焰心，由未燃烧的煤气和空气的混合物组成；中层是还原焰，由煤气不完全燃烧并分解为含碳的产物，这部分火焰具有还原性，温度较高，火焰呈淡蓝色；外层是氧化焰，煤气完全燃烧，这部分火焰由于有过剩的空气而具氧化性。最高温处的温度约为1500℃，位于还原焰顶端上部的氧化焰处。

如果空气或煤气的进入量调节得不合适，会产生不正常的火焰。如煤气和空气的进入量都很大，气流冲击到管外，火焰在灯管上空燃烧，形成“临空火焰”[图 2-11(b)]。如煤气进入量很小，而空气进入量很大时，火焰在灯管内燃烧，火焰呈绿色，并发出特殊的嘶嘶声，形成“侵入火焰”[图 2-11(c)]。如产生这两种不正常的火焰时，必须立即关闭煤气开关，重新调节后再点燃。

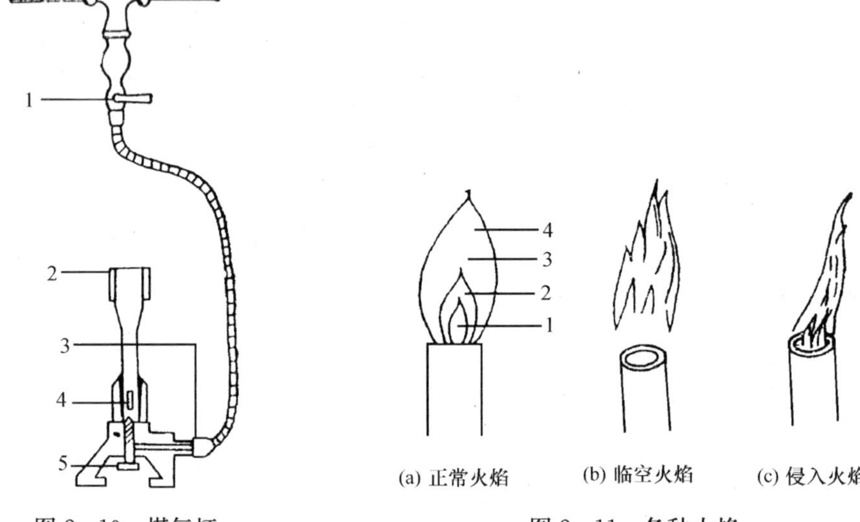

图 2-10　煤气灯

1. 煤气开关　2. 灯管　3. 煤气入口　4. 空气入口　5. 煤气调节器(针阀)

图 2-11　各种火焰

1. 焰心　2. 还原焰　3. 最高温度处　4. 氧化焰

四、电炉、电热板、马弗炉

用电炉加热时，容器与电炉之间应隔一块石棉网，使容器受热均匀，以免炸裂。

电热板的加热面积比电炉大，可用于加热体积较大或数量较多的试样。

马弗炉也叫高温炉，其温度可达 1000℃以上，用电热丝或碳棒加热。其炉膛为长方体，有一炉门，通过炉门放入待加热的坩埚或其他耐高温的容器。

实验室中采用各种加热装置加热时，可采用下述各种不同的加热方法：

(一) 直接加热试管中的液体或固体

直接加热试管中的液体时，要把试管外壁擦干，用试管夹夹住试管中上部，管口向上倾斜(图 2-12)，管口不得对着他人或自己，防止液体沸腾时溅出烫伤人。液体加入量应低于试管高度的 1/3。加热时先加热液体的中上部，再慢慢往下移动，然后不时上下移动，使液体受热均匀。

直接加热试管中的固体时，试管口要稍稍向下倾斜，略低于试管底(图 2-13)，以防冷凝的水滴倒流入试管的灼热部位而导致试管破裂。

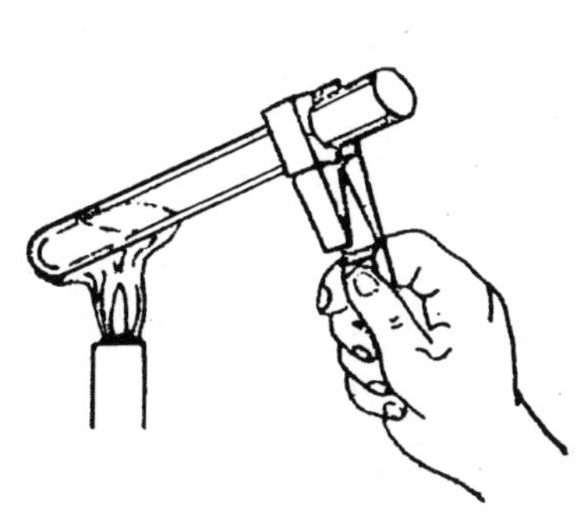

图 2－12　加热试管中的液体

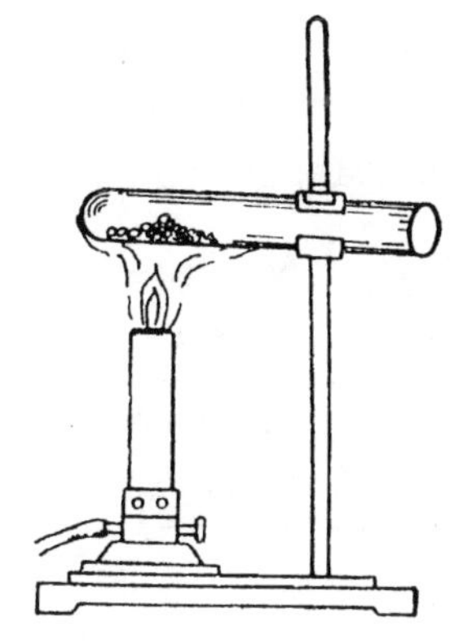

图 2－13　加热试管中的固体

（二）直接加热烧杯、烧瓶等容器中的液体

加热时要把容器放在石棉网上（图 2－14），防止受热不均而导致容器破裂。烧杯中的液体不得超过其容量的 1/2，烧瓶中的液体不得超过其容量的 1/3。加热时应适当搅动溶液，使其受热均匀。

（三）水浴加热

如果被加热的物质要求受热均匀，且温度不能超过 100℃，可采用水浴加热。加热可在水浴锅上进行，也可用大烧杯代替水浴锅[图 2－15(a)、(b)]。水浴锅中的水量不得超过其容量的 2/3。把盛有溶液的蒸发皿或试管放在水浴锅上，用加热装置加热锅中的水至所需温度，利用热水或水蒸气加热。

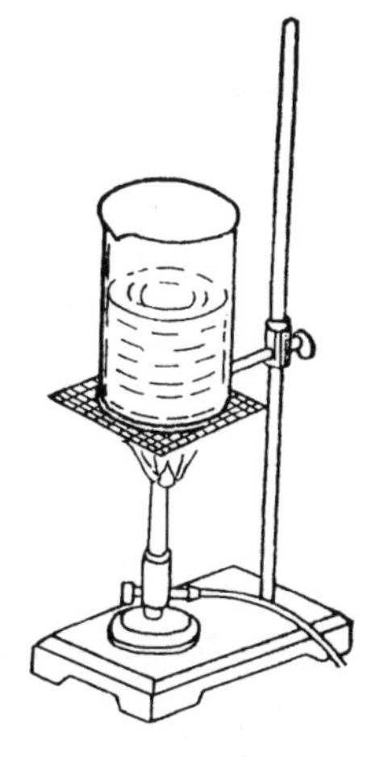

图 2－14　加热烧杯

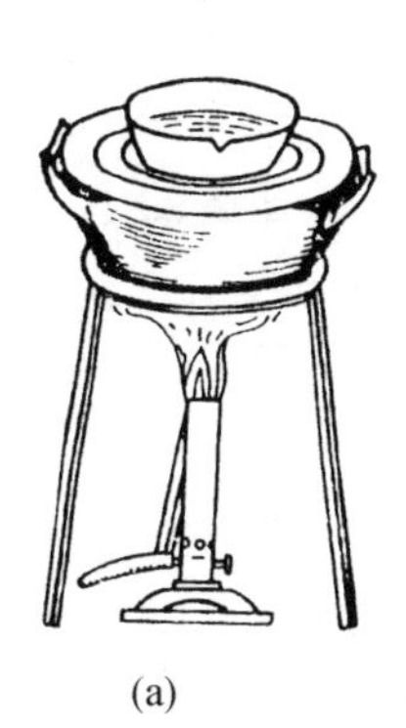

(a)

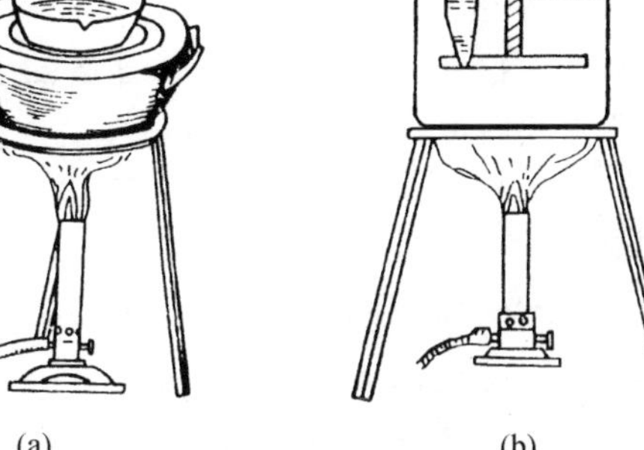

(b)

图 2－15　水浴加热

（四）油浴与砂浴加热

如果被加热的物质要求受热均匀，且温度要求高于100℃时，一般采用油浴或砂浴加热。

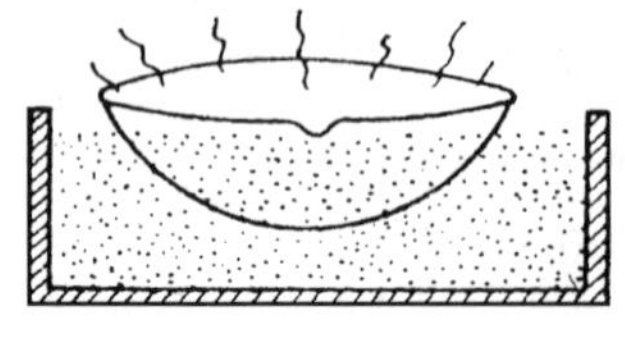

图 2-16　砂浴加热

油浴是用油代替水浴锅中的水，油浴的最高温度取决于所用油的沸点。甘油浴用于150℃以下的加热、液体石蜡浴用于200℃以下的加热。使用油浴应防止着火。

把细砂装在铁盘内做成砂浴。被加热的器皿埋在砂子中（图 2-16），用煤气灯加热。测量温度时应把温度计埋入靠近器皿的砂中，不能触及底部。

第五节　溶解、蒸发和结晶

一、溶解和熔融

把固体物质溶于水、酸或碱等溶剂中，制备成溶液称为溶解。应根据固体物质的性质选择合适的溶剂。溶解固体物质时可采用加热、搅拌等方法加速溶解。

把固体物质与固体熔剂混合，高温下加热，使固体物质转化成可溶于水或酸的物质，称为熔融。利用酸性熔剂分解碱性物质称为酸熔法；利用碱性熔剂分解酸性物质称为碱熔法。因熔融是在很高的温度下进行的，所以必须根据熔剂的性质选用合适的坩埚（如白金坩埚、镍坩埚、铁坩埚等），先把固体物质与熔剂放入坩埚中混匀，然后放入马弗炉中灼烧熔融，冷却后用去离子水或酸溶解。

二、蒸发和浓缩

蒸发、浓缩常在水浴上进行。如果溶液很稀且物质对热的稳定性较好，可以先放在石棉网上用火直接加热蒸发，然后再放在水浴上加热蒸发。蒸发皿为常用的蒸发容器，内盛液体不得超过其容量的2/3。水分不断蒸发，溶液不断浓缩，蒸发到一定程度后冷却，即可析出晶体。

三、结晶和重结晶

析出晶体的过程称为结晶。结晶时溶液的浓度必须达到饱和。如果物质的溶解度随温度变化不大，应蒸发至稀粥状后再冷却结晶；如果物质的溶解度随温度变化较大，蒸发到液面出现晶膜后即可冷却结晶。

当第一次结晶得到物质的纯度不符合要求时，可以进行重结晶。方法是：把待纯化的物质在加热的情况下溶于少量去离子水中，形成饱和溶液，趁热过滤，除去不溶性杂质，待滤液冷却后，被纯化的物质即结晶析出。

第六节　半微量定性分析中的仪器及操作

一、离心管

底部呈锥形的玻璃试管叫离心管，常用的三种规格为 3 mL、5 mL 和 10 mL。有的离心管上标有刻度，可以读取管内溶液的体积（图 2-17）。离心管用于沉淀的离心沉降，观察少量沉淀的生成和沉淀颜色的变化，还可进行溶剂萃取。离心管不能直接在火上加热，应放在水浴中加热。

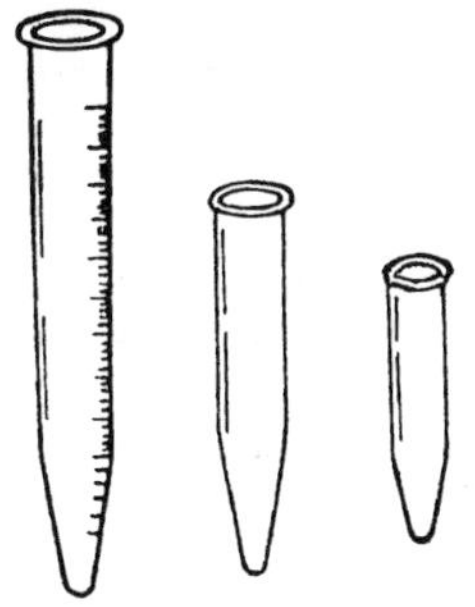

图 2-17　离心管

二、离心机

实验室常用的电动离心机使用方法如下：

(1) 离心机管套底部应垫上柔软物质如棉花、橡皮垫或泡沫塑料等，以防旋转时离心管被碰破。

(2) 离心管放入离心机的管套中时，管口应稍高于管套，离心管应放入对称的管套中且质量应相近。如果只有一支离心管中的溶液需处理，则应取一支装有等量水的离心管放入其对称位置。目的是保持离心机的平衡，避免转动时发生震动，损坏离心机。

(3) 启动离心机时应由慢速开始，待运转平稳后再开到快速。离心机启动后如发现振动或怪声，应立即关机，检查原因。

(4) 转速与旋转时间由被测物质的沉淀性状决定。晶形沉淀转速以 1000 r/min，离心 1～2 min 为宜；非晶形沉淀沉降比较慢，转速可提到 2000r/min，离心 3～4 min。

(5) 关机后，应待离心机转动自行停止，不得用手阻止其旋转。不得用手指插入离心管中拔取离心管。应捏住离心管口边缘将其取出或用镊子夹取。

三、在离心管中生成沉淀

把试液放入离心管，滴加试剂，每加一滴试剂要用玻棒充分搅拌，直至沉淀完全。

检验沉淀是否完全的方法：把离心管放入离心机中使沉淀离心沉降，取出离心管，向上层清液中滴加一滴沉淀剂，如溶液澄清，则表示沉淀已完全，否则应继续滴加沉淀剂，直至沉淀完全为止。

如需加酸或碱调节溶液酸度，则加酸或碱后应充分搅拌。检查溶液 pH 时，不得把试纸伸入试液中，应把 pH 试纸剪成小块，分放在干的白瓷板或表面皿上，用玻棒蘸少量试液滴在试纸上，观察试纸的颜色，与标准色板颜色比较，确定其 pH。也可在试液中滴加酸碱指示剂，用以指示溶液的酸碱性。

四、沉淀的分离

沉淀在离心机上离心沉降后，沉降于离心管的尖端，上层清液可用滴管吸出。方法是：先挤压滴管上端的橡皮乳头，排出空气，把离心管倾斜，将滴管尖端伸入液面下，且不可触及沉淀；再慢慢放松橡皮乳头，溶液则被吸入滴管中。如溶液不用则可弃去；如溶液还用，则需移入另一支洁净的离心管中。

五、沉淀的洗涤

如沉淀还需留待下步实验使用，则必须认真洗涤。方法是：滴加数滴洗涤液，用玻棒充分搅拌，然后离心沉降，吸出洗涤液，应尽量把洗涤液吸尽。一般洗涤2～3次即可。第一次洗涤液应并入已吸出的离心液中，第二、三次洗涤液可弃去。检验沉淀是否洗净的方法如下：将一滴洗涤液滴在点滴板上，加入适当试剂，检查应分离的离子是否存在，如产生正反应，表示未洗净；如产生负反应，则表示已洗涤干净。

六、沉淀的转移

如需把沉淀分成几份，可在洗净的沉淀上滴加几滴去离子水，把滴管伸入液面下，挤压橡皮乳头，沉淀即被搅起，悬浮于溶液中，此时再松开橡皮乳头，沉淀吸入滴管，取出滴管，把移出的一部分沉淀放入另一支洁净的离心管中。

七、沉淀的溶解

如沉淀还需溶解，则应在分离和洗涤后立即进行。在不断搅拌下，慢慢滴加适当试剂，沉淀即可溶解。

第七节　过滤方法

一、减压过滤

减压能加速过滤，而且沉淀抽吸得比较干燥。对颗粒太小的沉淀或胶体沉淀，减压法不适合，因颗粒太小的沉淀易堵塞滤孔，而胶体沉淀易穿透滤纸。

减压过滤（真空过滤或抽滤）的原理是利用水泵冲出的水流带走空气，使吸滤瓶内的压力减小。布氏漏斗的液面与吸滤瓶内形成压差，使过滤速度加快。水泵与吸滤瓶之间装一个安全瓶，防止关水龙头后，由于吸滤瓶内压力低于外界压力而使自来水倒吸，沾污滤液。装置见图 2 - 18。

减压过滤操作步骤如下：

（一）准备滤纸

剪一张比布氏漏斗内径略小的滤纸，滤纸应能全部覆盖布氏漏斗上的小孔。

（二）铺平滤纸

将滤纸放入漏斗内，铺平，用洗瓶吹出少量去离子水润湿滤纸，把吸滤装置连接好。漏斗插入吸滤瓶中时，其下端的斜面应对着吸滤瓶侧面的支管。微开水龙头，滤纸即紧贴在漏斗上。

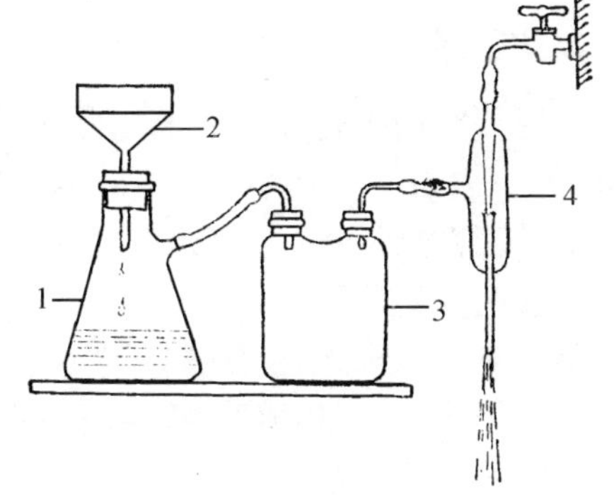

图 2-18　吸滤装置
1. 吸滤瓶　2. 布氏漏斗或玻璃砂漏　3. 安全瓶　4. 水吸滤泵

（三）过滤

先将上层清液沿玻棒倒入漏斗，每次倒入量不应超过漏斗容量的 2/3，然后开大水龙头，待上层清液滤下后，再转移沉淀，把沉淀平铺在漏斗上，直至沉淀被抽吸得比较干燥为止。吸滤瓶中的滤液不应超过吸气口。

（四）过滤完毕

先拔下连接在吸滤瓶上的橡皮管，再关水龙头，防止倒吸。

（五）洗涤沉淀

洗涤沉淀时，应先拔掉橡皮管，关好水龙头，加入洗涤液全部润湿沉淀。然后微开水龙头，接好橡皮管，让洗涤液慢慢透过全部沉淀。最后开大水龙头，把沉淀吸干。

（六）取出沉淀及滤液

把漏斗取下，倒放在滤纸上或容器中，在漏斗的边缘轻轻敲打或用洗耳球从漏斗出口处往里吹气，滤纸和沉淀即可脱离漏斗。滤液应从吸滤瓶的上口倒入洁净的容器中，不可从侧面的支管倒出，以免滤液被污染。

二、常压过滤

常压过滤法是在常压下用普通漏斗过滤。此法适合于过滤胶体沉淀或细小的晶体沉淀，但过滤速度比较慢。

(一) 滤纸的折叠与安放

用洁净的手将滤纸对折，然后再对折，展开后成60°角的圆锥体，一边为一层，另一边为三层(图2-19)。将滤纸放入漏斗，滤纸应与漏斗密合。可把滤纸三层外面两层撕下一角(保存于干燥的表面皿中，备用)使漏斗与滤纸贴紧。滤纸应在漏斗边缘下0.5～1 cm。滤纸放好后，手按滤纸三层的一边，从洗瓶吹出少量去离子水润湿滤纸，轻压滤纸，赶出气泡，使滤纸上部与漏斗壁刚好贴合。加去离子水至滤纸边缘，漏斗颈内应全部充满水形成水柱。形成水柱的漏斗，可借水柱的重力抽吸漏斗内的液体，使过滤速度加快。如漏斗颈内没形成水柱，可用手指堵住漏斗下口，把滤纸的一边稍掀起，用洗瓶向滤纸与漏斗之间的空隙里加水，使漏斗颈和锥体的大部被水充满，然后压紧滤纸边，松开堵住下口的手指。水柱即可形成。

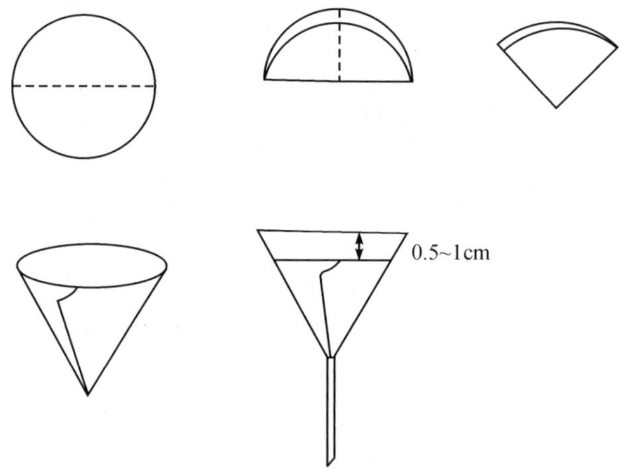

图2-19　滤纸的折叠和安放

(二) 安放漏斗

把洁净的漏斗放在漏斗架上，下面放一洁净的承接滤液的烧杯，应使漏斗颈口斜面长的一边紧贴杯壁，这样滤液可顺杯壁流下，不致溅出。漏斗放置的高度应以其颈的出口不触及烧杯中的滤液为宜。

(三) 过滤

一般采用倾泻法过滤：待沉淀沉降后，将上层清液先倒入漏斗中，沉淀尽可能留在烧杯中。待上层清液倒出后，再往烧杯中加入洗涤液，搅起沉淀充分洗涤，再静置，待沉淀沉降后，再倒出上层清液。这样既可以充分洗涤沉淀，又不致使沉淀堵塞滤纸，从而可加快过滤速度。操作过程如图 2-20 所示。

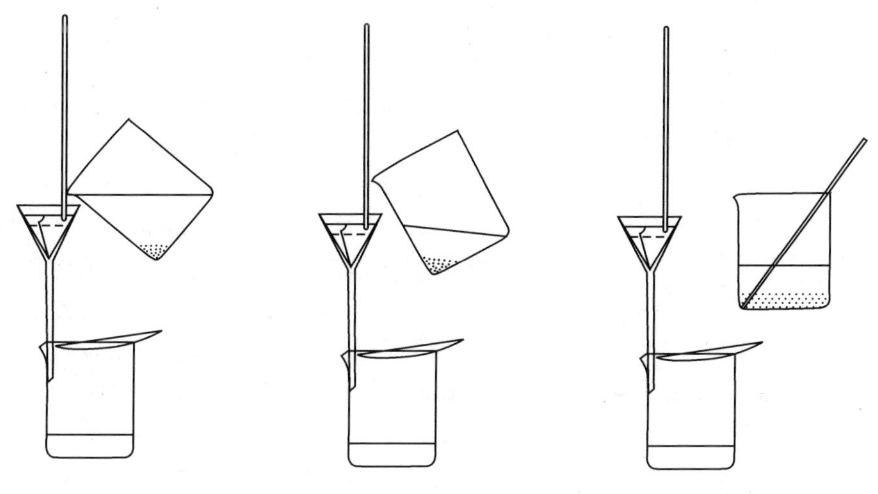

(a) 玻棒垂直紧靠烧杯嘴，下端对着滤纸三层的一边，但不能碰到滤纸

(b) 慢慢扶正烧杯，但杯嘴仍与玻璃棒贴紧，接住最后一滴溶液

(c) 玻棒远离烧杯嘴搁放

图 2-20　过滤

(1) 右手持玻棒，将玻棒垂直立于滤纸三层部分的上方，但不要接触滤纸。这样滤液不至于冲破滤纸，玻棒也不会碰破滤纸。左手拿起烧杯，让杯嘴贴着玻棒，慢慢倾斜烧杯，尽量不使沉淀浮起，将上层清液沿玻棒慢慢倒入漏斗。

(2) 边倒入溶液，边逐渐上提玻棒，避免玻棒触及液面。当漏斗中液面离滤纸边缘 5mm 时应停止倾注溶液，待漏斗中溶液液面下降后，再继续倾注。

(3) 停止倾注时，烧杯不可马上离开玻棒，应将烧杯嘴沿玻棒向上提 1～2 cm，并慢慢扶正烧杯，然后离开玻棒。这样可使烧杯嘴上的液滴顺玻棒流入漏斗中。烧杯离开玻棒后，再把玻棒放回烧杯中，但玻棒不应放在烧杯嘴处，更不可随意放在桌面上或其他地方，避免沾在玻棒上的少量沉淀丢失和污染。

(四) 沉淀的初步洗涤

用洗瓶(或滴管)沿烧杯壁四周挤入洗涤液 10～15 mL，用玻棒搅动沉淀，充分洗涤，待沉淀沉降后，将上层清液以“倾泻法”过滤。洗涤应以少量多次的原则，一般晶形沉淀洗 2～3 次即可，胶状沉淀需洗 5～6 次。洗涤液一般用去离子水。

(五) 沉淀的转移

沉淀经过初步洗涤以后，即可转移到滤纸上。在盛有沉淀的烧杯中加入少量

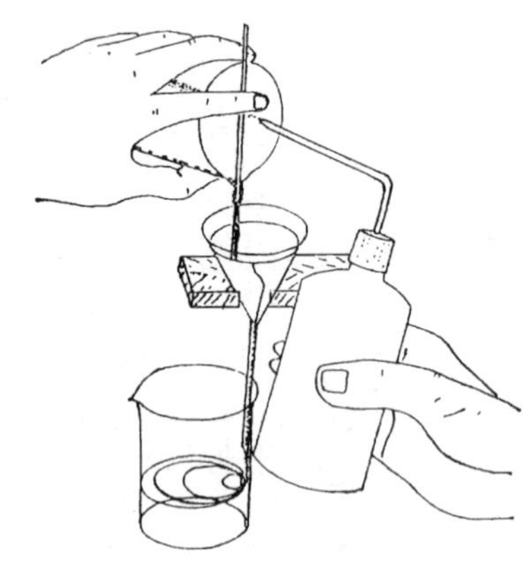

图 2-21 冲洗沉淀的方法

洗涤液，加入洗涤液的量，应该是滤纸上一次能容纳的量。用玻棒搅起沉淀，然后立即按上述方法将悬浮液转移到滤纸上。这样大部分沉淀可从烧杯中转移到滤纸上。这步操作必须十分小心，不可损失一滴悬浮液，否则会导致整个分析工作的失败。然后从洗瓶中挤出少量去离子水，将玻棒及烧杯壁上的沉淀冲洗到烧杯中，再搅起沉淀，转移到滤纸上。这样重复几次后，沉淀可基本上全部转移到滤纸上。最后烧杯中还有少量沉淀，可按下述方法转移：将烧杯倾斜放在漏斗上方(图 2-21)，烧杯嘴向着漏斗，将玻棒架在烧杯口上，下端向着滤纸的三层部分，从洗瓶中挤出水流，旋转冲洗烧杯内壁，沉淀即被涮出转移到滤纸上。待沉淀全部转移后，将前面折叠滤纸时撕下的纸角，用去离子水润湿，先擦拭玻棒上的沉淀，再用玻棒压住此纸块沿烧杯壁自上而下旋转着把沉淀擦“活”，然后把滤纸块捞出放入漏斗中心的滤纸上，与主要沉淀合并。再用洗瓶按图 2-21 的方法吹洗烧杯，把擦“活”的沉淀微粒涮洗到漏斗中。

(六) 在滤纸上洗涤沉淀

沉淀全部转移到滤纸上后，应做最后的洗涤，以除去沉淀表面吸附的杂质和残留的母液。洗涤方法如下：从洗瓶中挤出洗涤液至充满洗瓶的导出管，再将洗瓶拿在漏斗上方，挤出洗涤液浇在滤纸的三层部分的上沿稍下的地方。然后再按螺旋形向下移动(图 2-22)。并借此将沉淀集中到滤纸圆锥体的下部。

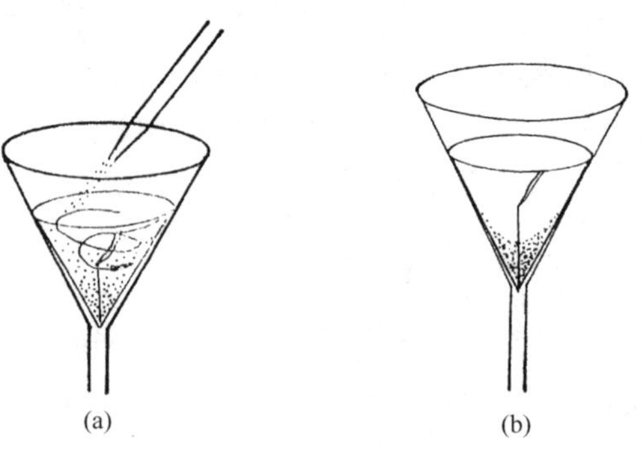

图 2-22 沉淀在漏斗上的洗涤

洗涤时应该在前一次洗涤液完全滤出后，再进行下一次洗涤。洗涤液的使用应本着“少量多次”的原则，即总体积相同的洗涤液应尽可能分多次洗涤，每次用量要少。

沉淀洗涤数次后，用洁净的小试管或表面皿接取 1～2 mL 滤液，用灵敏而又迅速显示结果的定性反应检测其中是否还存在母液成分。

第八节 重量分析基本操作

重量分析基本操作主要包括沉淀的形成、沉淀的过滤和洗涤、沉淀的烘干或灼烧及称量等步骤。整个操作应按规范动作细心进行，防止沉淀损失或引入其他杂质，确保分析结果的准确度。

一、沉淀的形成

准备好洁净的、杯底及内壁均不带纹痕的烧杯，配备合适的玻棒和表面皿，三者一套，不许分离，直至沉淀完全转移出烧杯为止。

(1) 准确称取一定量的试样置于烧杯中，处理成溶液后适当地稀释或加热。称取试样的量应使得到的沉淀不至于过多或过少。一般来讲，结晶形沉淀不超过0.5 g，胶状沉淀不超过0.2 g。

(2) 沉淀剂的用量一般是按照被测组分的含量和性质，计算出理论值，然后根据过量10%～50%计算出实际用量。沉淀所需的试剂溶液浓度只需准确到1%，用量筒量取，固体试剂用台秤称取。

(3) 沉淀剂或被测溶液加热时均不可沸腾，以免因溅溢造成损失。

(4) 沉淀剂一般是用滴管逐滴加入，滴管口应接近液面滴加，以免溶液溅出。应边滴加试剂边充分搅拌。搅拌时不可使玻棒碰击杯底或杯壁，以免划损烧杯而使沉淀黏附在烧杯上。沉淀剂应连续一次加完。

(5) 沉淀剂加完后，应检查沉淀是否完全。方法是：将溶液静置一会儿，使沉淀下沉，待上层溶液澄清后，用滴管在清液上滴加一滴沉淀剂，观察是否出现浑浊。如出现浑浊，说明沉淀不完全，应再补加沉淀剂，直至沉淀完全为止。然后用表面皿盖上烧杯，玻棒放在烧杯中。

(6) 对于胶状沉淀，应该用浓的沉淀剂，快速加入到热的溶液中，同时搅拌，以得到紧密的沉淀。

(7) 对晶形沉淀，可放置过夜，或将沉淀与溶液一起加热一定时间，进行陈化，然后再过滤。对非晶形沉淀，则不必放置陈化，只需静置数分钟，待沉淀下沉后即可过滤。

二、沉淀的过滤和洗涤

沉淀的过滤可采用滤纸或微孔玻璃坩埚。用哪一种方法应根据沉淀在灼烧中是否会被纸灰还原及称量物的性质而定。对于需要灼烧称量的沉淀，应使用无灰定量滤纸过滤。这种滤纸灼烧后，其灰分的质量在重量分析中可忽略不计。滤纸按直径大小分为7 cm、9 cm和11 cm等规格。按滤纸纤维孔隙大小，又可分为快速、中速、慢速三种。应根据沉淀的性质和数量选用滤纸。对于硫酸钡等细晶形沉淀,应选用较小尺寸的慢速滤纸;对于氢氧化铁等胶体沉淀,应选用大尺寸的快速滤纸。

采用滤纸过滤的方法请参阅第二章第七节过滤方法中的"常压过滤"一节。

对于一些可以或必须在低温烘干的沉淀,则应该使用玻璃坩埚在减压下过滤。过滤方法见第二章第七节过滤方法中的"减压过滤"部分,并应注意下述几点:应先用抽滤法将玻璃坩埚洗净,在指定温度下烘干至恒量;黏附在杯壁上的沉淀不能用滤纸去擦,只能用淀帚将其擦活或擦下,然后用洗瓶吹洗入坩埚中;凡呈浆状的细微沉淀不能用玻璃坩埚过滤,以免堵塞漏斗细孔或发生穿滤。

三、沉淀的灼烧

(一) 瓷坩埚的准备

沉淀的干燥与灼烧一般在瓷坩埚中进行。先用自来水洗去坩埚中的污物,然后将坩埚放入热盐酸或热铬酸洗液中,以洗去 Al_2O_3、Fe_2O_3 或油脂,视沾污程度浸泡一定时间后,用洁净的玻棒夹出,然后依次用自来水、去离子水冲洗干净,放在洁净的表面皿上于烘箱中烘干。洗净后的坩埚不得再用手直接拿取,挪动时必须用坩埚钳,坩埚钳头部如有锈迹应事先用砂纸磨光洗净,坩埚钳应仰放在白瓷板上。洗净烘干的坩埚应放在洁净的表面皿、白瓷板或泥三角上,千万不可随意放在实验台上,以免沾污。洗净烘干后的坩埚应在高温下灼烧至恒量,灼烧坩埚的温度应与灼烧沉淀时的温度相同。坩埚可以用喷灯、煤气灯灼烧,也可以放在温度为800～1000℃ 的马弗炉中灼烧。第一次灼烧约 30 min,取出稍冷却后,转入干燥器中冷却至室温,称量。第二次再灼烧 15～20 min,再冷却称量。两次称量之差在0.2mg 以内时,表示坩埚已恒量。恒量的坩埚应在干燥器中保存备用。

夹取红热的坩埚时,应把坩埚钳预热一下。一般坩埚冷却 40～50 min 可降至室温,冷却坩埚时,干燥器应在实验室放 20 min,然后再移至天平室冷却至室温。以保证天平室的温度不受影响。无论是空坩埚还是装有沉淀的坩埚,其冷却的时间每次都应相同。坩埚不允许在干燥器中存放过夜后再称量。

坩埚必须冷却至室温后才能称量,称量没有完全冷却的坩埚既得不到准确的结果,又会导致天平左梁臂受热而增长,使其他人的称量也产生误差。

(二) 沉淀的包裹

用玻棒将滤纸三层部分挑起,注意玻棒的顶端应细而圆滑,用洁净的手将滤纸和沉淀一起取出,如是晶形沉淀,则可按图 2-23 所示的任一种方法,把沉淀包好,包紧些,但不能用手指压沉淀。包好沉淀后,用原来不接触沉淀的那部分滤纸轻轻擦一下漏斗内壁,把可能沾在漏斗上部的沉淀擦下。然后使滤纸包的三层部分向上放入恒量的坩埚中。

若包裹胶状蓬松的沉淀，可用玻棒在漏斗中将滤纸四周边缘向内折，把圆锥体的敞口封住（图 2－24），而后取出，倒转过来，使滤纸包尖头向上放入恒量的坩埚内。

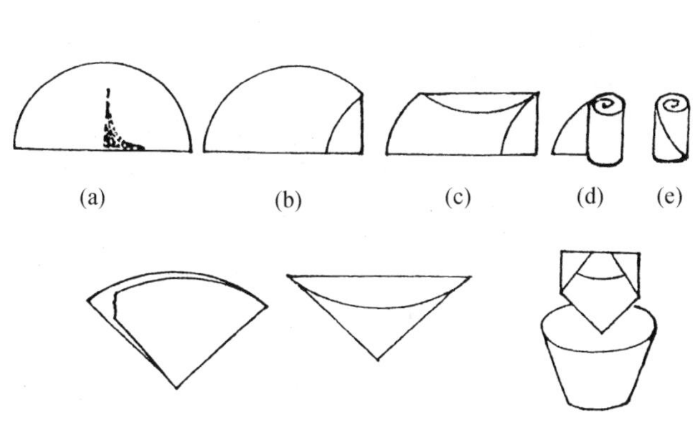

图 2－23　晶形沉淀的包裹

图 2－24　胶状沉淀的包裹

（三）沉淀的干燥及滤纸的炭化和灰化

将装有沉淀包裹的瓷坩埚斜放在泥三角上，坩埚底部放在泥三角的一横边上，坩埚口则对准泥三角的顶角，坩埚盖斜倚在坩埚口的中部（图 2－25）。放好后，先用天然气灯火焰来回扫过坩埚，使其缓慢均匀受热，以防坩埚骤热破裂。然后将火焰移至坩埚盖中心之下，再用反射焰将滤纸和沉淀烘干。这一步操作不可过快，尤其对胶状沉淀，因其含有大量水分，很难一下烘干。如加热太猛，沉淀内部水分会迅速气化而挟带沉淀溅出坩埚，导致实验失败。待沉淀干燥后，将火焰移至坩埚底部，继续用小火加热，使滤纸炭化变黑。这时应注意不要让滤纸着火燃烧，以免火焰卷起的气流将沉淀微粒吹走。如一旦着火，应立即把加热的火焰移开，用坩埚钳夹住坩埚盖将坩埚盖上，火焰即自行熄灭，切不可用嘴吹灭。稍等片刻后再打开坩埚盖，放好，用小火继续加热，直至滤纸完全炭化不再冒烟后，再逐渐加大火焰，并使氧化焰完全包住坩埚，烧至红热，并用坩埚钳夹住坩埚不断转动，使滤纸完全灰化呈灰白色（图 2－26）。

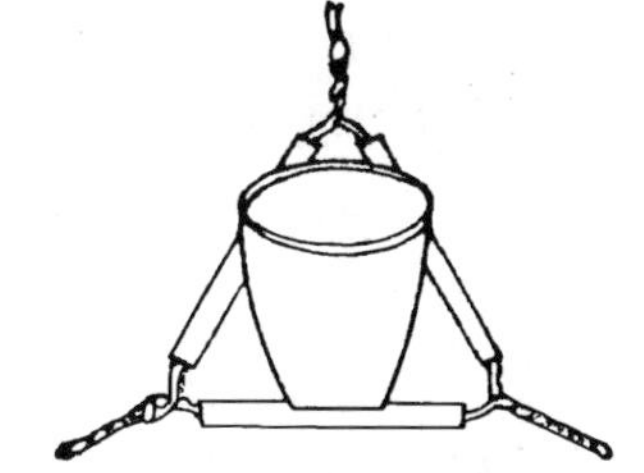

图 2－25　瓷坩埚在泥三角上的位置

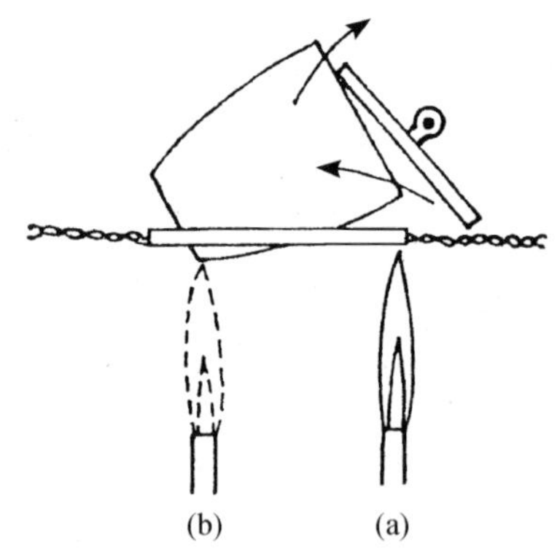

图 2-26　沉淀的干燥和滤纸的炭化(a)与滤纸的灰化和沉淀的灼烧(b)

（四）沉淀的灼烧

滤纸灰化后，可将坩埚直立，用强火灼烧一定时间，视不同沉淀而定。如 $BaSO_4$ 需 15～30 min，$Mg_2P_2O_7$、Al_2O_3、SiO_2 需 30 min，CaO 需 60 min。灼烧后，让坩埚在泥三角上稍冷却（约 30s），然后移至干燥器中，冷却至室温后，称量。然后再灼烧 15 min，冷却，称量至恒量。

滤纸灰化后，亦可用特制的长坩埚钳，把坩埚移入马弗炉中，盖上坩埚盖(注意：不要盖严！)，在实验指定温度下灼烧 20～30 min。取出坩埚时，先将坩埚移至炉门旁边冷却片刻，然后取出放在泥三角架上或石棉网上，稍冷却后，放入干燥器中冷却至室温，称量。再灼烧 15 min，冷却，称量，直至恒量。

（五）干燥器（保干器）的使用

干燥器是具有磨口盖子的厚质玻璃器皿。其用途是保存称量瓶、基准物或试样以及烘干后的坩埚。干燥器中放一带孔的白瓷板，瓷板的孔上可以架坩埚，其他地方放称量瓶。瓷板的下面放有干燥剂，经常用的是变色硅胶、无水 $CaCl_2$ 等。

准备干燥器时一般不用水洗，因洗后不能很快干燥，而是用抹布将瓷板及内壁擦拭干净。干燥剂不可装得太满，一般装到干燥器下室的一半。装得太多会污染坩埚。装干燥剂的方法如图 2-27 所示。

干燥器盖的磨口上涂抹一层均匀的凡士林，使其更好地密合。开启或盖盖的方法是：一手抱住干燥器，另一只手将盖向旁边推开或推上，见图 2-28。搬动干燥器时，应用拇指按住干燥器的盖，以防滑落打碎(图 2-29)。

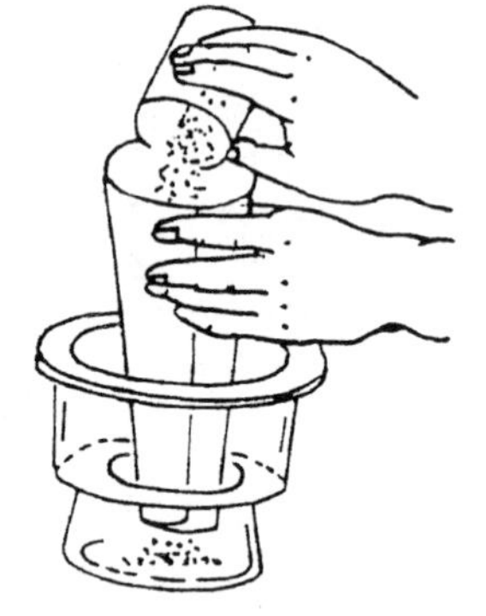

图 2-27　装入干燥器

将热坩埚放入干燥器(不装干燥剂)后，如马上盖严，里面的空气会受热膨胀，压力很大，甚至会将盖掀翻打碎；而放置冷却后，由于里面空气冷却，压力降低，又会将盖吸住而打不开。为避免上述情况发生，放入热坩埚后，应先将盖留一缝隙，稍等几分钟再盖严。冷却过程中可不时开闭一两次。

红热的坩埚不可立即放入干燥器，以免白瓷板炸裂。

图 2-28　开启干燥器图

图 2-29　搬动干燥器

当从干燥器中取出放有沉淀的坩埚时，应把干燥器的盖慢慢移向一边，以免进入干燥器的空气流吹散部分沉淀。因此，放有沉淀的坩埚上最好盖上盖。

第九节　天平与称量

一、天平的结构原理

天平是根据杠杆原理制造的。设有一杠杆 ABC，其支点为 B(图 2-30)。A、C 两端所受的力来自于 Q、P，P 为砝码质量，Q 为被称物体的质量。对于等臂天平，支点两边的臂长相等，即 $L_1=L_2$。当杠杆处于水平平衡状态时，支点两边的力矩相等，即

$$Q\times L_1=P\times L_2$$

因为　　$L_1=L_2$

所以　　$Q=P$

该式表明，在等臂天平处于平衡状态时，被称物体的质量等于砝码的质量。此即等臂天平的称量原理。

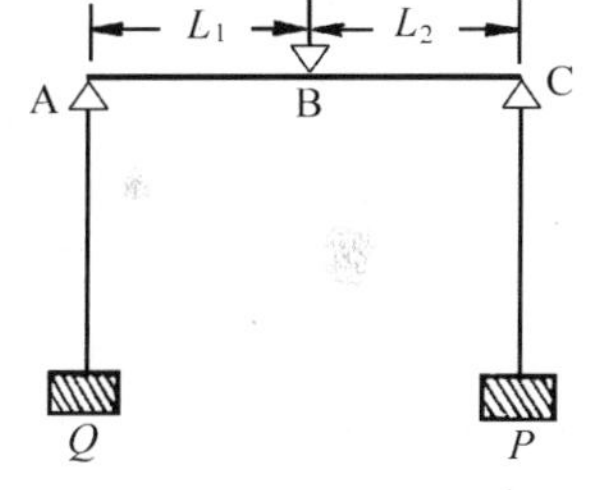

图 2-30　等臂天平原理

二、托盘天平

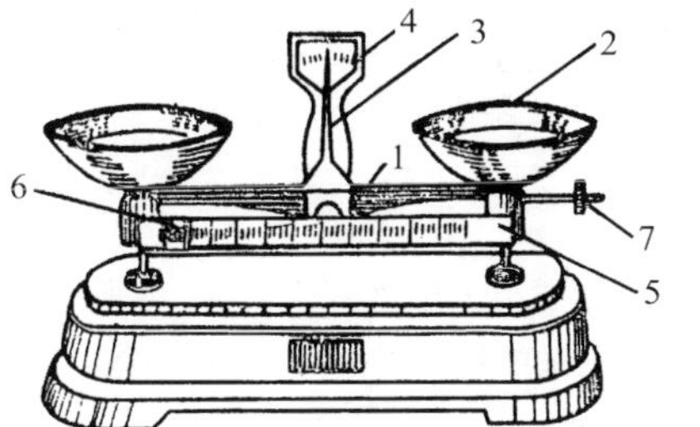

图 2-31　托盘天平

1. 横梁　2. 托盘　3. 指针　4. 刻度牌
5. 游码标尺　6. 游码　7. 平衡调节螺丝

托盘天平（台秤）的构造见图 2-31。其用于粗略称量，可称准至 0.1 g，使用方法如下：

1）调整零点

称量前应首先检查天平的指针是否指在刻度盘上正中间刻度处，此处为天平的零点。如不在零点，可通过平衡螺丝调节。

2）称量

称量时，称量物放在左盘，砝码放在右盘。10 g 以上的质量通过砝码盒内的砝码添加，10 g 以下的质量通过游码尺上的游码添加。添加砝码时应从大到小，当添加砝码到天平两边平衡时，指针停于中间位置为停点，停点与零点偏差不应超过 1 小格。

天平不能称量热的物质。称量物不能直接放在托盘上，应根据不同情况放在纸上或表面皿上。易吸潮或具腐蚀性的药品，则必须放在玻璃容器内。

3）称毕

砝码应放回砝码盒内，游码移到零刻度处，将托盘清扫干净。

三、半自动电光分析天平

（一）分析天平的灵敏度

灵敏度是分析天平的主要质量指标之一。双盘半自动电光分析天平的灵敏度，是指天平的指针指在零位时，在左盘上增加 10 mg 砝码时指针偏转的角度，这个偏转的角度可由屏幕上的格数表示。1 mg 等于 10 个分度值，也称为 10 小格。当左盘上添加 10 mg 砝码时，指针向右移动 98～102 个小格，此时，天平的灵敏度符合要求。

天平的灵敏度常用感量表示。感量与灵敏度互为倒数。感量就是分度值。灵敏度、分度值和感量的关系为

$$分度值=感量=\frac{1}{灵敏度}$$

灵敏度的单位是格· mg^{-1}。分度值和感量的单位为 mg·格$^{-1}$。双盘半自动电光分析天平的分度值为 0.1 mg·格$^{-1}$，称为万分之一天平。

天平的灵敏度在空载和载重两种情况下不一样，灵敏度随载重的增加而降低，因此有空载灵敏度和载重灵敏度的区别。

灵敏度应按不同天平规格进行调整。灵敏度低了，准确度差；灵敏度过高，天平不稳定，精密度受到影响。

（二）结构

半自动电光天平的外形与结构如图 2－32 所示。

1）天平梁

横梁是天平的主要部件，一般用质轻、坚固、膨胀系数小的铝合金制成，起平衡和承载物体的作用。梁上装有三个三棱形的玛瑙刀，其中一个装在正中的称中刀或支点刀，刀口向下。天平启动后，中刀放在天平柱上的玛瑙平板刀承上。另外两个与中刀等距离地安装在梁的左右两端，称边刀或承重刀，刀口向上。天平启动

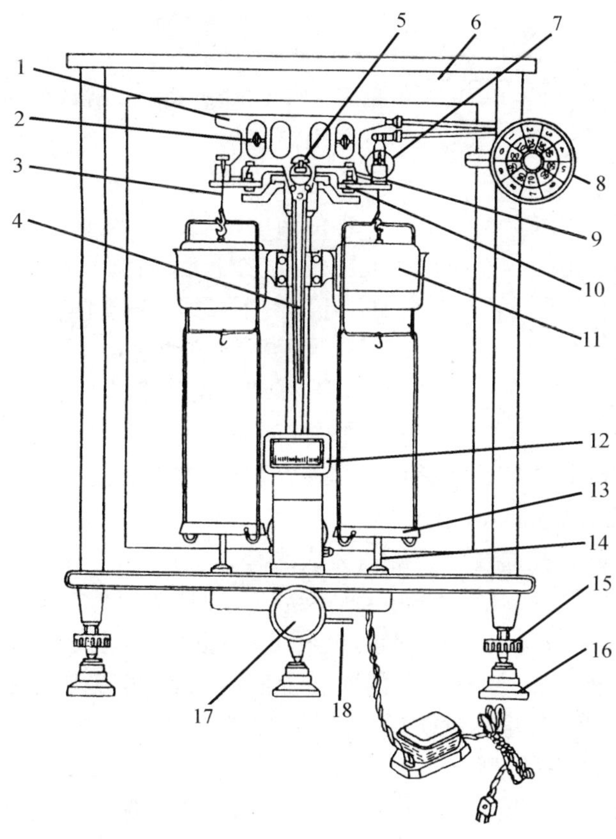

图 2-32 半机械加码(半自动)电光天平

1. 横梁 2. 平衡螺丝 3. 吊耳 4. 指针 5. 支点刀 6. 框罩 7. 环码 8. 指数盘 9. 承重刀 10. 支架 11. 阻尼内筒 12. 投影屏 13. 称盘 14. 盘托 15. 螺旋脚 16. 垫脚 17. 开关旋钮(升降枢) 18. 微动调节杆

后,吊耳底面的玛瑙平板刀承压在刀口上。这三个刀口必须完全平行且位于同一平面内,如图 2-33 所示。

2) 支柱、水平泡和托叶

支柱是金属做的中空圆柱,下端固定在天平底座中央,支撑着天平梁。在支柱上装有水平泡,用于检查天平是否放置水平。托叶也装在支柱上,用于保护刀口。当天平处于非工作状态时,由两个托叶支起天平梁,使刀口与平板刀承分离。

3) 指针

固定在梁的正中,其下端装有一透明的微分标尺。微分标尺等分为 10 大格、100 小格。最大可读出 10 mg,最小可读出 0.1 mg。

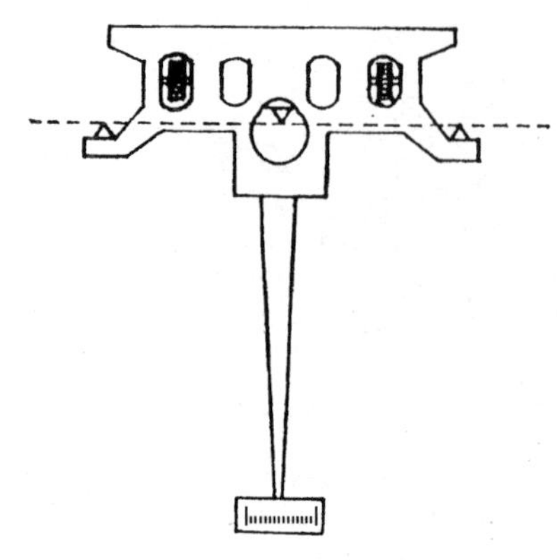

图 2－33　等臂天平横梁

4）吊耳和称盘

两个吊耳分别悬挂于左右两端的边刀上。吊耳的上钩挂着称盘，吊耳的下钩挂着空气阻尼器内筒。

5）空气阻尼器

由两个特制的金属圆筒构成：外筒开口向上固定在支柱上，内筒挂在吊耳上，比外筒略下，开口向下，悬于外筒中，两筒间隙均匀，无摩擦。当天平梁摆动时，左右阻尼器的内筒也随着上下移动。由于盒内空气阻力，天平很快达到平衡，从而加快称量速度。吊耳、阻尼器内筒、秤盘上一般都刻有“1”、“2”标记，安装时应分左右配套使用。

6）启止旋钮（休止器）和盘托

天平启动与休止是通过启止旋钮完成的。启动时，顺时针旋转启动旋钮，带动升降枢，控制与其连接的托叶下降，天平梁放下，刀口与刀承相承接，天平处于工作状态。休止时，逆时针旋转启止旋钮，使托叶升起，天平梁被托起，刀口与刀承脱离，天平处于休止状态。称盘下方的底板上安有盘托，也受启止旋钮控制。休止时，盘托支持着称盘，防止称盘摆动，可保护刀口。

7）平衡螺丝和灵敏度螺丝

在天平梁的两端各装有一个平衡螺丝，当天平零点偏离太大时，可利用平衡螺丝粗调。在梁的后上方有一个灵敏度调节螺丝，用于调节天平的灵敏度。

8）天平箱（玻璃框罩）

为了保持天平在稳定气流环境中工作，减少外界温度、人的呼吸等对称量的影响，并为了防尘、防潮，天平的主要部件装置在天平箱内，箱的前面和左右两边有门。前门供维修、清洁工作用，两边门供取放称量物和加减砝码用，箱下装有三只螺旋脚，前面两个用于调整天平位置，三只脚都放在垫脚中，箱内放置干燥剂以保持干燥。

9）机械加码装置

图 2－34 为机械加码装置示意图。将 1 g 以下、10 mg 以上的砝码制成环码（圆形砝码），按 1、1、2、5 的组合方式安装在天平梁的右侧刀上方，通过指数转盘（图 2－35）带动操作杆将环码加上或取下。转动外圈，可操纵 100～900 mg 环码，转动内圈，可操纵 10～90 mg 环码。

10）光学读数装置

光源通过光学系统将微分标尺上的分度线放大，反射到光屏上，从屏上可看到标尺的投影，中间为零，左负右正。屏中央有一条垂直黑线，标尺投影与该线重合处即为天平的平衡位置。天平箱下的投影屏调节杆可将光屏左右移动，用于天平零点的细调。

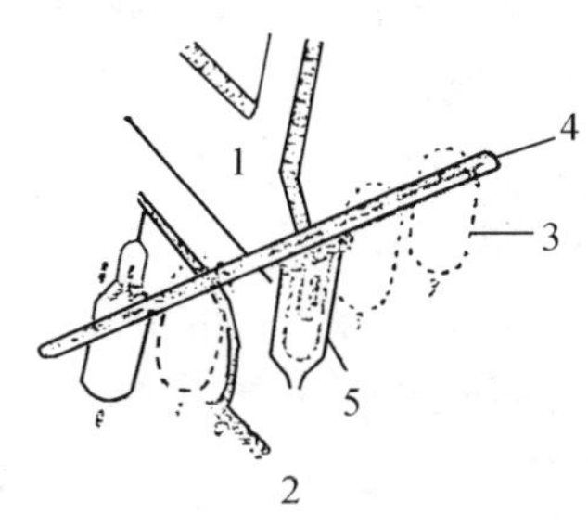

图 2－34　机械加码装置示意图

1. 天平梁　2. 加码杠杆

3. 环码　4. 横杆　5. 吊耳

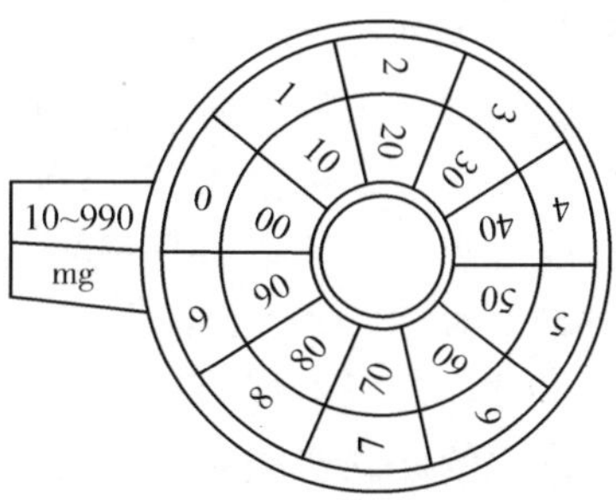

图 2－35　指数转盘示意图

11）砝码

每台天平都有一盒配套使用的砝码。盒内装有 1 g、2 g、2 g、5 g、10 g、20 g、20 g、50 g、100 g 的三等砝码共 9 个。标称值相同的砝码，其实际质量可能有微小的差异，所以分别用单点“·”或单星“*”、双点“··”或双星“**”作标记以示区别。必须用镊子夹取砝码，用毕放回砝码盒内盖严。

（三）使用方法

分析天平是精密仪器，放在天平室里。天平室应保持干燥清洁。进入天平室后，对照天平号坐在自己使用的天平前，按下述方法进行操作：

(1) 取出登记本，检查天平使用过程中是否存在问题。如天平使用正常，则可继续使用。

(2) 取下防尘罩，叠平，放在天平箱上方。检查天平是否正常、天平是否水平、秤盘是否洁净、指数盘是否在“000”位、环码有无脱落、吊耳是否错位等。如天平内或秤盘上不洁净，应用软毛刷小心清扫。

(3) 调节零点接通电源，启动休止器，在光屏上即看到标尺，标尺停稳后，光屏中央的黑线应与标尺中的“0”线重合，即为零点。如不在零点，可拨动投影屏调节杆，移动屏的位置，调至零点；如还调不到零点，应报告指导教师，由教师进行调节。关闭天平，调节横梁上的平衡螺丝，再开启天平，通过拨动投影屏调节杆进行调节。

(4) 称量。把称量物放在左秤盘中央，关闭左门，打开右门，根据估计的称量物的质量，把相应质量的砝码放入右盘中央，然后把天平休止器半打开，观察标尺移动方向（标尺迅速往哪边跑，哪边就重），用于判断所加砝码是否合适并确定如何调整。当调整到两边相差的质量小于 1 g 时，应关好右门，再依次调整 100 mg 组和 10 mg 组环码，每次均从中间量(500 mg 或 50 mg)开始调节。调定环码至 10 mg 位后，完全启动天平，准备读数。称量过程中必须注意以下事项：①加减砝码的顺序是由大到小，依次调定。在取、放称量物或加减砝码时(包括环码)，必须休止天平。启动开关旋钮时，一定要缓慢均匀，避免天平剧烈摆动。这样可以保护天平刀口不受损。②称量物和砝码必须放在称盘中央，避免秤盘左右摆动。不能称量过冷或过热的物体，以免引起空气对流，使称量的结果不准确。称取具腐蚀性、易挥发物体时，必须放在密闭容器内称量。③在同一实验中，所有的称量要使用同一架天平，以减少称量的系统误差。天平称量不能超过最大载重，以免损坏天平。④砝码盒中的砝码必须用镊子夹取，不可用手直接拿取，以免沾污砝码。砝码只能放在天平秤盘上或砝码盒内，不得随意乱放。

(5) 读数。砝码与环码调定后，关闭天平门，待标尺在投影屏上停稳后再读数。砝码、环码的质量加标尺读数(均以克计)即为被称物的质量。

(6) 复原。称量完毕，取出被称物放回原处，砝码放回盒内，指数盘退回到“000”位，关闭两侧门，盖上防尘罩。登记，教师签字，凳子放回原处，然后离开天平室。

四、单盘天平

(一) 构造原理及技术规格

常用的 DT-100 型天平是一种单盘、不等臂横梁、全机械减码式天平。最大荷载 100 g，最小分度值 0.1 mg，机械减码范围 0.1～99 g，标尺显示范围 −15～+110 mg。其外形见图 2-36 和图 2-37。

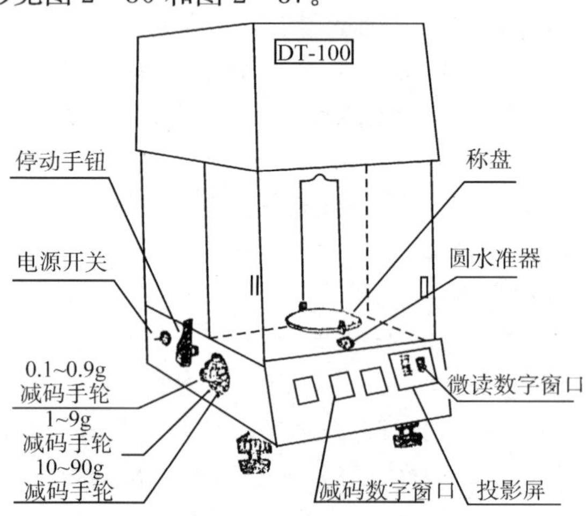

图 2-36 DT-100 型天平左侧外形

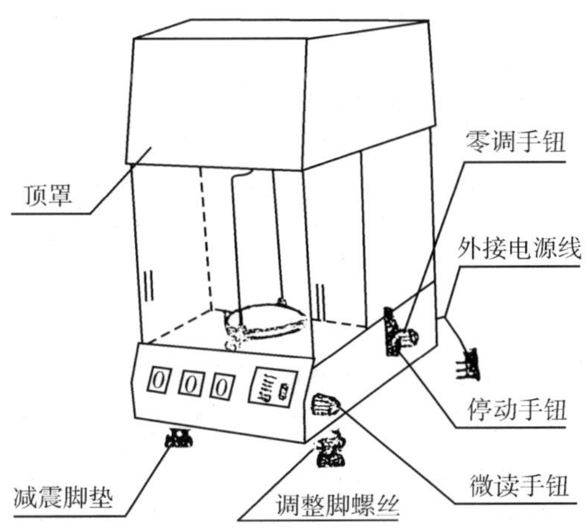

图 2 - 37　DT-100 型天平右侧外形

单盘天平的称量原理是替代称量法。其横梁上只有两个玛瑙刀:支点刀和一个边点刀。边点刀上承载悬挂系统,砝码与秤盘都在同一悬挂系统中。横梁的另一端挂有配重砣并安装了缩微标尺。

天平空载时,砝码都在悬挂系统的砝码架上。天平启动后,合适的配重砣使天平处于平衡状态。当被称物放在秤盘上后,必须减去与被称物质量相同的砝码,才能使横梁处于平衡状态。此时由减去砝码的质量即可知被称物的质量。

(二) 性能特点

(1) 灵敏度(感量)恒定。杠杆式天平的灵敏度在空载和重载时不完全一致,而单盘天平在称量过程中其横梁的载荷是基本恒定的,因此灵敏度也是不变的。

(2) 没有不等臂性误差。双盘天平的两臂长度不一定完全相等,因此往往存在一定的不等臂性误差。而单盘天平的砝码与被称物同在一个悬挂系统中,承重刀与支点刀的距离是一定的,因此不存在不等臂性误差。

(3) 称量速度快。设有半开机构,可以在半开状态下调整砝码。横梁在半开状态下可轻微摆动,使屏上能显示约 15 个分度,可以判断调整砝码的方向,缩短了调整砝码的时间。而且阻尼器效果好,使标尺平衡速度快(约 15s),因此称量速度比双盘天平快。

(三) 各操作机构使用方法(图 2 - 36 与图 2 - 37)

1) 电源转换开关

有上、中、下三挡。“上”开关搬把上拨,接通微动开关。天平处于使用状态。“中”开关搬把处于“中”位置,电源未接通,天平处于停电状态。一般称量前、后都处于“中”位置。“下”开关搬把下拨,灯源常亮,用于天平维修。

2) 停动手钮

用于控制天平的开启和关闭。停动手钮"尖端"向上,天平处于关闭状态。此时才允许在秤盘上放、取称量物或操作减码手轮,加减砝码。停动手钮向前(指"尖端"向着操作者)旋转 90°,天平处于开启状态,也称"全开"天平。停动手钮的"尖端"向后旋转 30°(有一停点),天平处于"半开"状态,横梁可摆动 15 个分度左右,半开状态仅可调整砝码。

3) 减码手轮

向前逐一旋转手轮,读数窗口顺序出现 0,1,2…数字。减码范围为 0.1～99.9 g,分大、中、小三种:大手轮控制减去 10～90 g,中手轮控制减去 1～9 g,小手轮控制减去 0.1～0.9 g 的砝码。

4) 数字窗口

有减码数字窗口,投影屏,微读数字窗口,它们从左到右依次排列。转动大手轮,在减码数字的第一窗口顺序出现数字,转动中手轮;在第二窗口出现数字,转动小手轮;在第三窗口出现数字,此窗口显示的数字处于小数点后第一位。

5) 投影屏

投影屏上标尺读数范围从－15～＋110 刻线(分度值),表示 1～100 mg 的读数,每分度值是 1 mg。读数时,是小数点后的第二和第三位数。

6) 微读手钮

其作用是读取光学标尺不足 1 个分度的质量值。当天平"全开"时,投影屏上的标尺刻线不在夹线正中,可用微读手钮调整,使离夹线较近的标尺刻线移动到夹线的正中。如图 2－38 中黑夹线所夹的标尺刻线。当微读轮准确转动 10 个刻度(由 0～10),标尺刻度线准确移动 1 个分度值,即 1 mg。而微读轮 1 个刻度就是 0.1 mg。微读数字窗口只能读 1 位数(0.1～0.9 mg)。介于两刻度之间时,微读轮上的黑线靠近哪个刻度线,就读取哪个刻度线的读数。如图 2－38 所示读数为 0.0285 g。

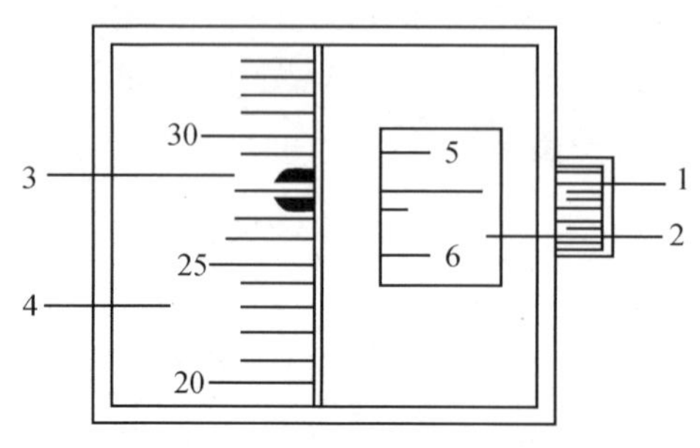

图 2－38 微读数字窗口示意

1. 微读手钮 2. 微读轮 3. 夹线 4. 投影屏

7) 零调手钮

用以微调投影屏上标尺的零线("00"线)到夹线的正中位置。调整范围为±3 mg。如零线偏离夹线太远时,可通过平衡砣调节。方法如下:当标尺"00"刻线位于夹线的上方时,先将零调手钮转到可转动范围的中间位置。然后关闭天平,摘去顶罩,逆时针方向转动平衡砣。若"00"线位于夹线的下方时,顺时针转动平衡砣,反复操作，直至“00”线上下偏离夹线在 1 分度之内，复原天平罩(以上操作应由教师进行)，再用零调手钮精确调零点。零调手钮只限于称量前调零用，称量过程或读数过程中不允许再转动零调手钮，否则会破坏读数精度。

8) 螺旋脚

用以调整天平处于水平状态，水准器内气泡位于圆圈中心。

(四) 称量操作步骤

(1) 进入天平室，对号入座，取出登记本，检查天平使用情况。如天平使用正常，则可继续使用。

(2) 取下防尘罩，叠平，放在天平顶罩上。检查天平是否洁净、是否水平、减码数字窗口是否显示“0”字、微读轮上的“0”线是否对准微读数字窗口左边的指标线。如不合格，应按上述介绍的各操作机构使用方法做相应调整。合格后，将电源开关向上扳动，使天平处于使用状态。

(3) 调整天平零点。将停动手钮缓缓向前转 90°，全开天平，投影屏上显示出缓慢移动的标尺投影，待标尺停稳后，旋转零调手钮，使标尺上的“00”线位于投影屏右边的夹线正中，则零点调定，关闭天平。

(4) 称量。打开天平侧门，将被称物放在秤盘中心，关上侧门；将停动手钮向后转动 30°，半开天平，调整砝码；先转动大减码手轮，并观察投影屏，当转动手轮至屏中标尺向上移动并显示负值时，即退回 1 个数(例如左边一个窗口的数字由 2 退回 1)，此时 10 g 组砝码已调定；再同上操作，依次转动中手轮和小手轮，分别调定 1 g 组与 0.1 g 组砝码；此时将停动手钮缓缓向前转动至水平状态，天平由半开状态到全开状态，待标尺停稳后，再按顺时针方向转动微读手钮使标尺中离夹线最近的一条线移至夹线中央。重复一次关、开天平，若标尺的平衡位置没有变化即可读数。记录读数后，即关闭天平。

(5) 复原。称毕，取出被称物，关上侧门，将各数字窗口均恢复为“0”。将电源开关扳至水平位置，盖上防尘罩。登记，教师签字，凳子放回原处，然后离开天平室。

(五) 称量方法

1) 直接法

天平零点调好以后，休止天平，把被称物用一干净的纸条套住(也可采用戴汗布手套、用镊子或钳子等适宜方法)，放在天平左秤盘中央，调整砝码使天平平衡，所得读数即被称物的质量。这种方法适合于称量洁净干燥的器皿、棒状或块状的金属及其他整块的不易潮解或升华的固体样品。

2) 固定质量称量法

此法用于称取指定质量的试样。适合于称取本身不宜吸水，并在空气中性质稳定的试样。如金属、矿石、合金等。其手续如下：先称出容器（如表面皿、铝勺、硫酸纸）的质量。然后加入固定质量的砝码，再用牛角勺将试样慢慢加入盛放试样的器皿（或硫酸纸）中。开始加样时，天平应处于休止（双盘天平）或半开（单盘天平）状态。当所加试样与指定的质量相差不到 10 mg 时，全开天平，极其小心地将盛有试样的牛角勺伸向左秤盘的容器上方 2～3 cm 处，勺的另一端顶在掌心上，用拇指、中指及掌心拿稳牛角勺，并用食指轻弹勺柄，将试样慢慢抖入容器中（图 2－39），直至天平平衡。此操作应十分细心，如不慎加多了试样，只能关闭天平，用牛角勺取出多余的试样，再重复上述操作直到合乎要求为止。

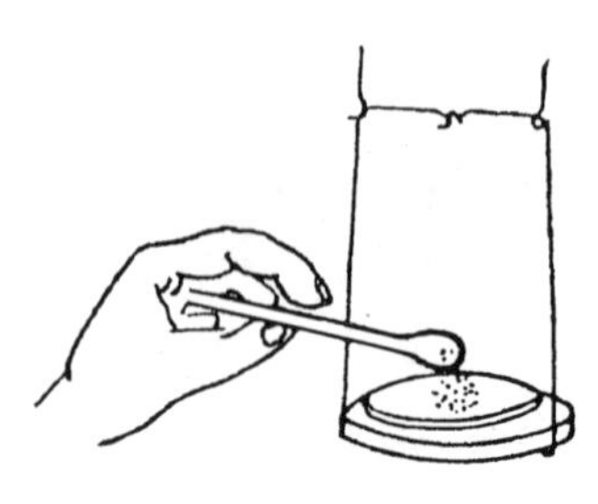

图 2－39 固定称样法

3) 差减称量法

这种方法适于连续称取多份易吸水，或易氧化，或易与 CO_2 反应的物质。与上法不同，称取样品的质量只要控制在一定要求范围内即可。操作方法如下：将适量的试样装入洁净干燥的称量瓶中，用洁净的小纸条套在称量瓶上（图 2－40），将称量瓶放在天平秤盘中心，设称得其质量为 m_1 g。取出称量瓶，用左手将其举在承接试样的容器（烧杯或三角瓶）上方，右手用小纸片夹住瓶盖柄，打开瓶盖，将称量瓶慢慢向下倾斜，并用瓶盖轻轻敲击瓶口，使试样慢慢落入容器内，这时应格外小心，不要把试样撒在容器外（图 2－41）。当估计倾出的试样已接近所要求的质量时，慢慢将称量瓶竖起，用盖轻轻敲瓶口，使黏附在瓶口上部的试样落入瓶内，然后盖好瓶盖，将称量瓶再放回天平盘上称量。如此反复数次直到倾出的试样质量达到要求为止。设此时称量瓶质量为 m_2 g，则称出试样为 (m_1-m_2) g。按上述

图 2－40 称量瓶

图 2－41 试样敲击的方法

方法连续操作,可称取多份试样,如

	Ⅰ	Ⅱ	Ⅲ
称量瓶与试样质量 m_1/g:	20.3720	20.1237	19.8937
倾出试样后称量瓶与试样质量 m_2/g:	20.1237	19.8937	19.6527
试样质量 m/g:	0.2483	0.2300	0.2410

第三章　滴定分析的量器与基本操作

第一节　滴　定　管

滴定管是可放出不固定量液体的量出式玻璃量器，主要用于滴定过程中准确测量操作溶液的体积。滴定管的管身是用细长而内径均匀的玻璃管制成，上面有均匀的分度线。常量分析的滴定管容积有 50 mL 和 25 mL 两种，最小刻度为 0.1 mL，读数可估计到 0.01 mL。另外还有 10 mL、5 mL、2 mL、1 mL 的半微量或微量滴定管。按盛放溶液性质不同，滴定管分为两种：一种是下端带有玻璃活塞的酸式滴定管[图 3－1(a)]，另一种是碱式滴定管：管的下端连接一段乳胶管，管内放一玻璃珠，乳胶管下端再连接一个尖嘴玻璃管[图 3－1(b)]，用手指捏玻璃珠周围的橡皮时，便会形成一条狭缝，溶液即可流出[图 3－1(c)]，并可控制流速。玻璃珠的大小应适当，过小会漏液或在使用时上下移动，过大则在放液时手指很吃力，操作不方便。

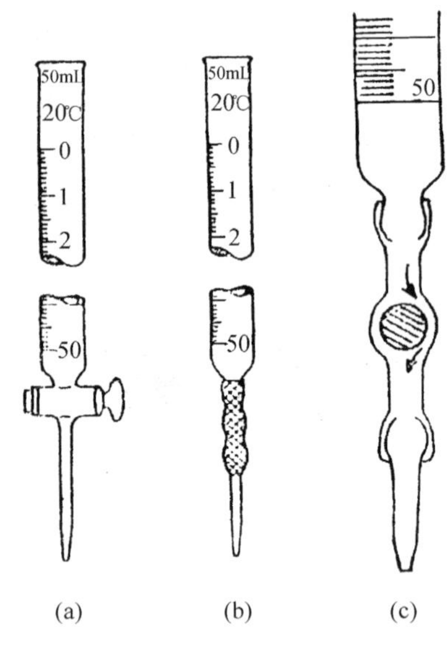

图 3－1　普通滴定管

酸式滴定管用于盛放酸性和氧化性溶液，但不能盛放碱性溶液，因其磨口玻璃活塞会被碱性溶液腐蚀，放置久了，活塞将打不开。碱式滴定管用于盛放碱性溶液，但不能盛放与乳胶管发生反应的氧化性溶液，如 $KMnO_4$、I_2 等。

一、酸式滴定管的洗涤与涂油

首先检查活塞的密封性，将活塞用水润湿后插入活塞套内，管中充水至最高标线，垂直挂在滴定台上，15 min 后漏水不应超过 1 个分度(0.1 mL)。

其次是洗涤滴定管，洗涤方法根据其沾污程度而定。

一般情况下用自来水冲洗。如洗不净，再用普通洗涤剂洗涤，然后用自来水冲洗，再用去离子水洗 2～3 次；如还洗不净，则应用铬酸洗液洗。少量的污垢可装入约 10 mL 洗液，双手平托滴定管的两端，不断转动滴定管，使洗液布满全管。在放平过程中，滴定管口应对着洗液瓶口(或烧杯)，以防洗液洒到外边。洗完后，将洗液分别由两端放出，倒回原瓶。如果滴定管太脏，可将滴定管装满洗液，挂在滴定管架上放置一段时间，为防止洗液滴在实验台上，滴定管下方应放一烧杯。用洗液洗过的滴定管，先用自来水将洗液涮净，再用去离子水洗三次，每次用水约 10 mL。洗净后的滴定管内壁应被水均匀润湿而不挂水珠。如挂水珠，应重新洗涤。

为使酸式滴定管的活塞不漏水且转动灵活，必须给活塞涂油，操作方法如下：把滴定管中的水倒掉，平放在实验台上，取出活塞。用滤纸片将活塞及活塞套表面的水及油污擦干净。用食指蘸上凡士林油，均匀地涂在活塞的 A、B 两部分(图 3-2)。

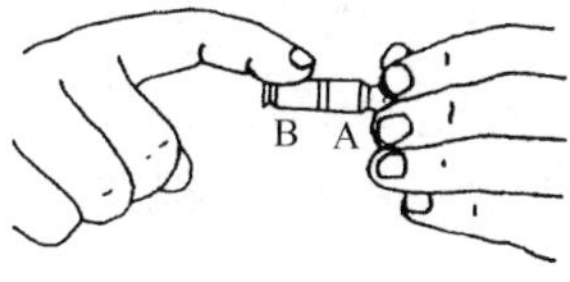

图 3-2　活塞涂油操作

油不要涂得太多，以免活塞孔被堵住，也不能涂得太少，否则达不到转动灵活与防止漏水的目的。涂好油后，将活塞插入平放在实验台上的滴定管活塞套中，插时活塞孔应与滴定管平行方向插入，以免将油脂挤到活塞孔中。活塞插好前滴定管不可直立，否则活塞套会被管中残留的水润湿。插好活塞后，可拿起滴定管，向同一方向旋转活塞，旋转时，应有一定的向活塞套挤压的力，避免来回移动活塞，使塞孔受堵。最后用橡皮圈套在活塞小头部分沟槽上，以免活塞被碰松动时脱落打碎。套橡皮圈时应用手抵住活塞柄，不得使活塞松动。否则，活塞松动，影响密封性，甚至会使活塞掉下来打碎。涂油后的滴定管，活塞应转动灵活，凡士林层中没有纹络，活塞呈均匀的透明状态。滴定管活塞涂好油后，将管中充满水，放在滴定管架上直立静置两分钟，观察流液口及活塞两端是否有水滴渗出，然后将活塞旋转 180°，再放置 2 min，继续观察有无水滴渗出。若两次检查均无水滴渗出，即可使用。否则应重新涂油后检查不漏水再使用。

如果活塞孔或出口尖嘴被凡士林堵塞时，可将滴定管充满水后，将活塞打开，用洗耳球在滴定管上部挤压，鼓气，即可将油排出。

二、碱式滴定管的洗涤

使用前应检查乳胶管是否老化、变质。玻璃珠大小是否合适，若不合要求，应及时更换。洗涤方法与酸式滴定管相同，如需用洗液时，应将玻璃珠向上推至与滴定管管身下端相接触，以防止洗液与乳胶管接触。

三、滴定管的使用方法与滴定操作

(一) 操作溶液(标准溶液或待标定溶液)的装入

为了保证操作溶液的浓度装入滴定管中后不发生变化，必须做到以下三点：

(1) 装操作溶液之前必须将试剂瓶中的溶液摇匀，使凝结在瓶壁上的水珠混入溶液。

(2) 操作溶液应从试剂瓶中直接装入滴定管,不得用其他容器(如烧杯、漏斗等)来转移。用左手持滴定管上部无刻度处,并稍微倾斜,右手拿住试剂瓶向滴定管倒入溶液。如用小试剂瓶,右手可握住瓶身,如用大试剂瓶,可将瓶放在实验台上,握住瓶颈,使瓶倾斜,将溶液慢慢倾入滴定管中。

(3) 为了保证装入滴定管中的操作溶液不被稀释,必须用该溶液润洗滴定管2～3次,每次用 10 mL 左右的溶液,双手拿住滴定管两端无刻度部位,平端滴定管,边转动边倾斜,使溶液洗遍全部内壁,然后将溶液由流液口放出弃去。最后,将标准溶液装入至“0”刻度以上。

(二) 滴定管嘴气泡的检查及排除

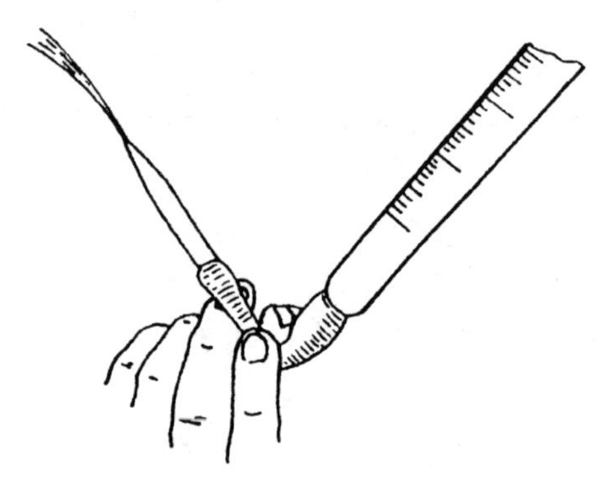

图 3－3　碱管排气泡

滴定管中装好溶液后应检查其下端尖头部分是否未被溶液充满而留有气泡。酸式滴定管的气泡,一般容易看出,当有气泡时,右手拿管上部无刻度处,并将滴定管倾斜 60°,左手迅速旋开活塞,使溶液急速流出的同时将气泡赶出。碱式滴定管的气泡往往在乳胶管内和出口玻璃管内存留,对光检查则易发现。将滴定管倾斜 30°,用左手的食指和拇指捏玻璃珠部位,胶管向上弯曲的同时捏挤胶管,使溶液急速流出的同时将气泡赶出(图 3－3)。

(三) 滴定姿势

一般采取站姿滴定,要求操作者身体要站正。有时为操作方便也可坐着滴定。

(四) 酸式滴定管的操作

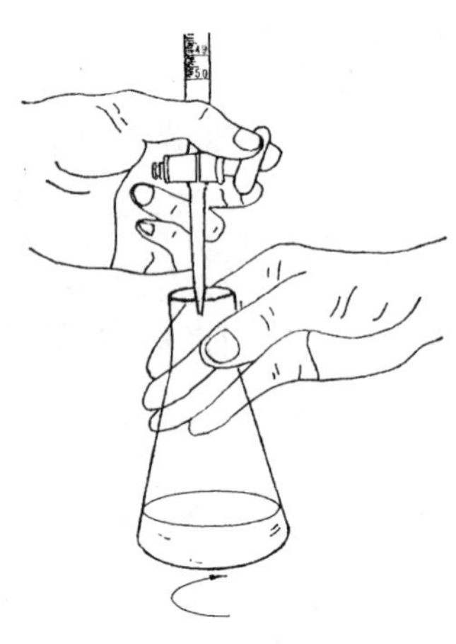

图 3－4　酸式滴定管的操作

用酸式滴定管滴定时,用左手控制活塞,拇指在前、中指和食指在后,轻轻捏住活塞柄,无名指和小指向手心弯曲,手心内凹,不要让手心顶着活塞,以防活塞被顶出,造成漏液。如图 3－4 所示。转动活塞时应稍向手心用力,不要向外用力,以免造成漏液。但也不要往里用力太大,以免造成活塞转动不灵活。

（五）碱式滴定管操作

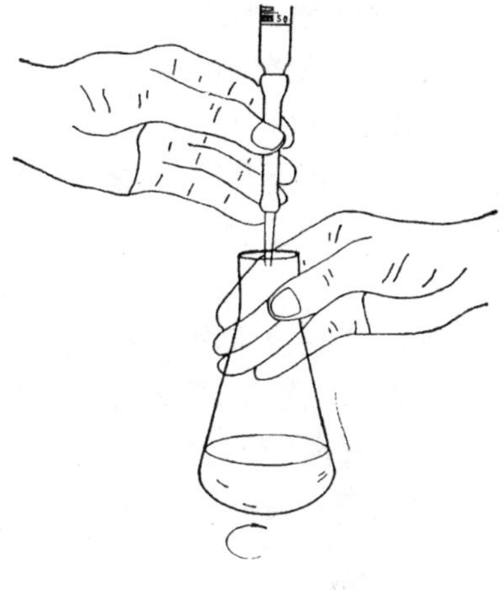
图 3－5 碱式滴定管的操作

用碱式滴定管滴定时，用左手握住乳胶管，拇指在前，食指在后，其他三个手指辅助夹住出口管。用拇指和食指捏住玻璃珠所在部位，向右挤压乳胶管，使玻璃珠移向手心一侧，使胶管与玻璃珠之间形成一个小缝隙，溶液即可流出。如图 3－5 所示。注意不要用力捏玻璃珠，也不要使玻璃珠上下移动，更不要捏玻璃珠下部的乳胶管，以免进入空气形成气泡，影响读数。

（六）滴定操作

滴定操作可在锥形瓶或烧杯内进行。在锥形瓶中进行滴定时，用右手拿住锥形瓶上部，使瓶底离实验台 2～3 cm，滴定管下端伸入瓶口内约 1 cm。左手握滴定管，按前述方法，边滴加溶液，边用右手摇动锥形瓶，使溶液沿一个方向旋转，要边摇边滴，使滴下去的溶液尽快混匀。滴定在烧杯中进行时，把烧杯放在实验台上，滴定管的高度应以其下端伸入烧杯内约 1 cm为宜。滴定管的下端应在烧杯中心的左后方处，如放在中央，会影响搅拌；如离杯壁过近，滴下的溶液不宜搅拌均匀。左手控制滴定管滴加溶液，右手持玻棒搅拌溶液。如图 3－6 所示。玻棒应做圆周搅动，不要碰到烧杯壁和底部。近终点滴加半滴溶液时，可用玻棒下端轻轻沾下，再浸入烧杯中搅匀。但应注意，玻棒只能接触溶液，不能接触管尖。

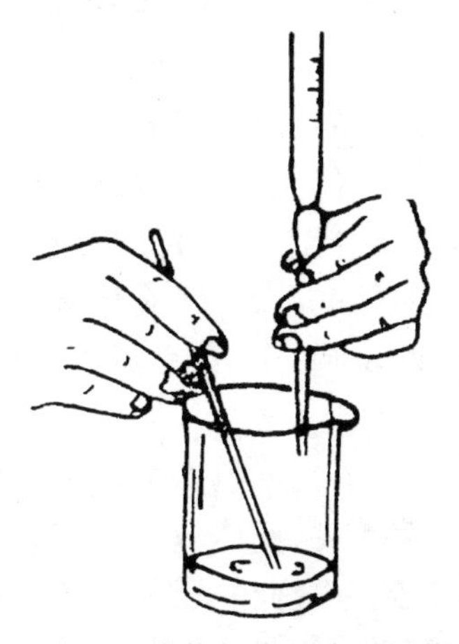
图 3－6 在烧杯中的滴定操作

进行滴定操作时，应注意以下问题：

（1）每次滴定前都应将液面调至零刻度或接近零刻度处，这样可使每次滴定前后的读数基本上都在滴定管的同一部位，从而消除由于滴定管刻度不准确而引起的系统误差；还可以保证滴定过程中操作溶液足够量，避免由于操作溶液量不够，需重新装一次操作溶液再滴定而引起的读数误差。

（2）滴定时，左手不能离开活塞，任溶液自流。

（3）摇瓶时，应微动腕关节，使三角瓶做圆周运动，瓶中的溶液则向同一方向旋转，左、右旋转均可，但不可前后晃动，以免溶液溅出。

（4）滴定时，应认真观察锥形瓶中溶液颜色的变化。不要去看滴定管上的刻度变化，而不顾滴定反应的进行。

(5) 要正确控制滴定速度。开始滴定时，速度可稍快些，但溶液不能成流水状地从滴定管放出。应呈“见滴成线”，这时为 3～4 滴/s。接近终点时，应一滴一滴加入，即加一滴摇几下，再加，再摇。马上到终点时，应加半滴，摇几下，直到溶液出现明显的颜色变化为止。

(6) 半滴溶液的控制与加入：用酸式滴定管时，可慢慢转动活塞，活塞稍打开一点，让溶液慢慢流出悬挂在出口管嘴上，形成半滴，立即关闭活塞。用碱管时，拇指和食指捏住玻璃珠所在部位，稍用力向右挤压乳胶管，使溶液慢慢流出，形成半滴，立即松开拇指与食指，溶液即悬挂在出口管嘴上。半滴溶液加入时应采用涮壁法，即使滴定管尖嘴尽量伸入瓶中较低处，然后用瓶壁将半滴靠下，再倾斜锥形瓶，用瓶中的溶液将附于壁上的半滴溶液涮入瓶中。也可采用吹洗法，即用三角瓶瓶壁将半滴溶液靠下，然后从洗瓶中吹出去离子水将瓶壁上的溶液冲下去。用此法时，只能用很少量去离子水，冲洗 1～2 次，否则使溶液过分稀释，导致终点颜色变化不敏锐。用碱管时一定先松开拇指和食指，再将半滴溶液靠下，否则尖嘴玻璃管内会产生气泡。

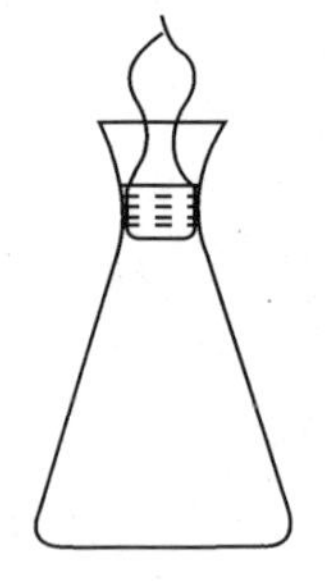

图 3-7　碘量瓶

溴酸钾法、碘量法(滴定碘法)等需要在碘量瓶中进行反应和滴定。碘量瓶是带有磨口玻璃塞和水槽的锥形瓶(图 3-7)，喇叭形瓶口与瓶塞柄之间形成一圈水槽，槽中加入去离子水即可形成水封，可防止瓶中溶液反应时生成的气体(Br_2、I_2 等)逸失。反应到一定时间后，打开瓶塞，水即流下并可冲洗瓶塞和瓶壁，然后进行滴定。

(七) 滴定管的读数

(1) 每次读数前，都应观察一下，管壁是否挂水珠，管内的出口尖嘴处有无悬挂液滴，管嘴是否有气泡。

(2) 读数时，一般不采用把滴定管夹在滴定管架上读数的方法，因为这样不能保证滴定管是垂直的。应该把滴定管从滴定管架上取下，用右手大拇指和食指捏住滴定管上部无刻度部位，其他手指从旁辅助，使滴定管保持垂直，然后再读数。

(3) 对于无色和浅色溶液，应读取弯液面下缘实线的最低点，视线应与弯液面下缘实线的最低点相切(图 3-8)。对于有色溶液，如 $KMnO_4$、I_2 溶液等，应读取液面的最上缘，视线应与液面两侧的最高点相切(图 3-9)。

(4) 初学者练习读数，可采用一读数卡，如图 3-10 所示。读数卡由贴有黑纸或涂有黑色长方形(约 3 cm×1.5 cm)的白纸板制成。读数时，把读数卡放在滴定管背后，使黑色部分在弯液面下约 1 mL 处，此时即可看到弯液面的反射层全部成为黑色，然后，读此黑色弯液面下缘的最低点。对有色溶液应以白色卡片为背景。

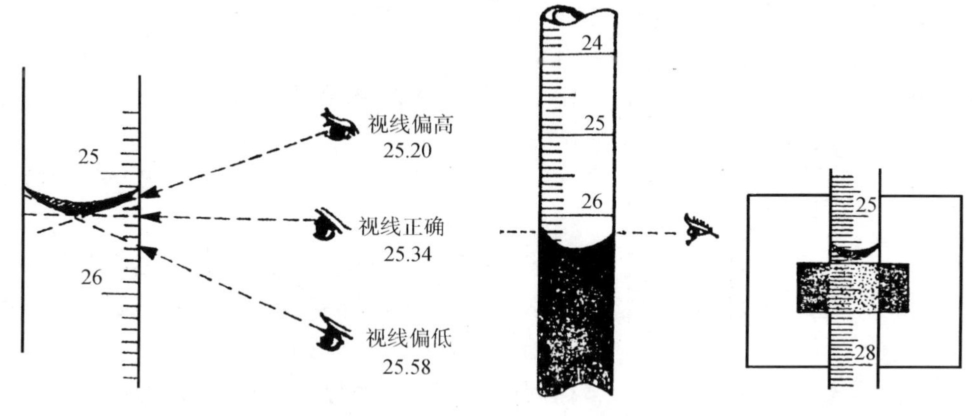

图 3－8　读数视线　　图 3－9　深色溶液的读数　　图 3－10　读数

(5) 每次装入溶液或放出溶液后，应等 1～2 min，待附着在内壁的溶液流下后，再读数。如果放出溶液速度较慢(如近终点时)，可等 0.5～1 min 后读数。

(6) 对白底蓝线衬背滴定管的读数，应读取蓝线上下两尖端相对点的位置。

(7) 滴定管读数可读至小数点后第二位，即要求估计到 0.01 mL。滴定管上两个小刻度之间为 0.1 mL，当液面在此两小刻度中间时为 0.05 mL；若液面在两小刻度的五分之一处，即为 0.02 mL。

(八) 滴定结束后滴定管的处理

滴定结束后，滴定管内剩余的溶液应弃去，不可倒回原瓶，以防沾污标准溶液。依次用自来水和去离子水将滴定管洗净，然后装满去离子水挂在滴定管架上，上口用一器皿罩上，下口套一段洁净的橡皮管。长期不用，应倒尽水。酸式滴定管的活塞和塞套之间应垫上一张小纸片。再用橡皮圈捆好，然后收在仪器柜中。

第二节　移液管和吸量管

一、移液管

移液管是用于准确移取一定体积溶液的量出式玻璃量器，正规名称是“单标线吸量管”，一般习惯称为移液管。它的中间为一膨大的玻璃管[称为球部，图 3－11(a)]，球部的上部和下部均为细窄的管颈，管颈的上部标有刻线。在标明的温度下，使溶液的弯液面与移液管标线相切，让溶液按一定的方法自由流出，则流出的体积与管上标明的体积相同。常用的移液管有 5 mL、10 mL、25 mL 和 50 mL 等规格。

二、吸量管

吸量管的全称是“分度吸量管”，它是带有分度的量出式量器[图 3－11(b)、

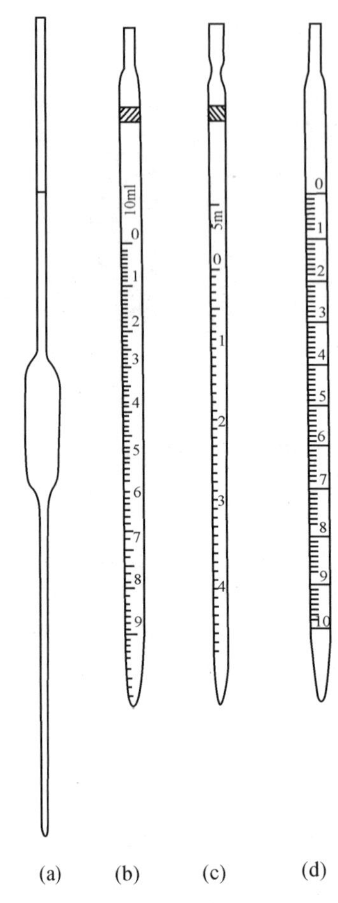

图 3－11　移液管和吸量管

(c)、(d)]，用于移取非固定量的溶液。常用的吸量管有 1 mL、2 mL、5 mL 和 10 mL 等规格，一般用于量取小体积的溶液。有些吸量管的分刻度不是刻到管尖，而是离管尖尚差 1～2 cm [图 3－11(d)]，是不完全流出式。吸量管的容量精度低于移液管，一般在移取 2 mL 以上固定量溶液时，应尽可能使用移液管。使用吸量管时，通常在最高标线调整零点，然后使液面降到某一刻度，两刻度之差即为所放出溶液的体积。在同一实验中应使用同一支吸量管的同一部位量取，以减少吸量管带来的测量误差。

三、移液管与吸量管的洗涤

洁净的移液管与吸量管的内壁及下端均不应挂水珠。可先用自来水冲洗，如挂水珠，可用铬酸洗液洗。尽量把移液管或吸量管中残留的水甩干净，然后移取少量洗液至移液管膨大部分，把管横过来，转动移液管，使洗液布满全管，稍浸泡一会儿后将洗液倒回原瓶。再用自来水冲洗，然后用少量去离子水洗涤 2～3 次。如果移液管或吸量管内壁严重沾污，则应把其放入盛有洗液的大量筒或高型玻璃缸中，浸泡 15 min 至数小时，视其沾污程度而定。

四、移取溶液

移取溶液前，应用滤纸或吸水纸把管尖端内外的水吸尽，然后用待移取溶液润洗三次，以免转移的溶液被稀释。方法如下：用左手拿洗耳球，将食指或拇指放在洗耳球的上方，其余手指自然握住洗耳球，用右手的拇指和中指拿住移液管或吸量管标线以上的部分，无名指和小指辅助拿住移液管，将洗耳球中的空气排出后，用其尖端紧按在移液管口上(图 3－12)，将移液管或量液管管尖伸入溶液中，慢慢松开捏紧的洗耳球，溶液借吸力慢慢上升，待溶液吸至球部的四分之一处(这时切勿使溶液流回原瓶中，以免稀释溶液)时，立即用右手食指按住管口，离开溶液，将管横过来，用两手的拇指和食指分别拿住移液管或吸量管的两端，转动移液管并使溶液布满全管内壁，当溶液流至距上口 2～3 cm 时，将管直立，使溶液由流液口(尖嘴)放出，弃去。

移液管或吸量管经润洗后，即可移取溶液，将管插入待吸溶液液面下 1～2 cm 深度。如插得太浅，液面下降后会造成吸空；如插得太深，移液管或量液管外壁沾带溶液过多。吸液过程中，应注意液面与管尖的位置，管尖应随液面下降而下降。当液面吸至标线以上时，迅速移开洗耳球，同时马上用右手食指堵住管口。左手放下洗耳球，拿起盛待吸液的容器，将移液管或吸量管提起离开液面，并将管的下部原伸入溶液的部分沿容器内壁轻转两圈，以除去管壁上的溶液。然后使容器倾斜约 30°，使移液管或吸量管管尖紧贴其内壁，然后微微松动右手食指，使液面缓慢下降，直到视线平视时弯液面与标线相切，立即按紧食指。左手放下待吸液容器，拿起接收溶液的容器，将其倾斜约 30°，将移液管或吸量管垂直，管尖紧贴接收容器的内壁，松开食指，使溶液自然顺壁流下（图 3－13）。待溶液下降到管尖后，应等 15s 左右，然后移开移液管放在移液管架上，不可乱放，以免沾污。

图 3－12　吸取溶液的操作

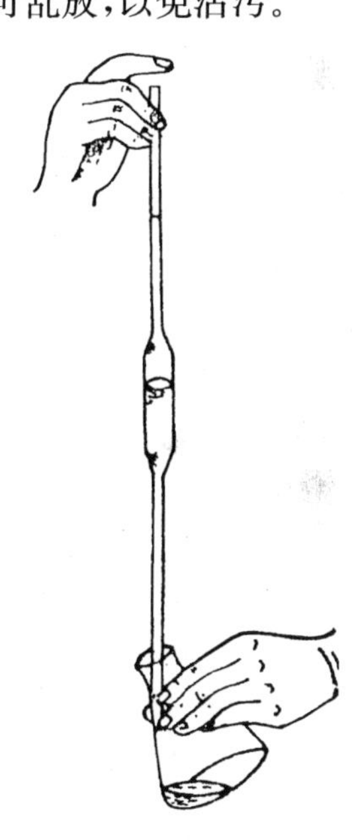

图 3－13　放出溶液的操作

注意移液管或吸量管放液后，其管尖仍残留一滴溶液，对此，除特别注明“吹”字的以外，此残留液切不可吹入接收容器中，因为在工厂生产检定时，并未把这部分体积计算进去。

第三节　容　量　瓶

容量瓶是细颈梨形平底玻璃瓶，由无色或棕色玻璃制成（图 3－14）。带有磨口玻璃塞或塑料塞，颈上有一标线。容量瓶均为量入式。容量瓶的容量定义为：在

20℃时,充满至刻度线所容纳水的体积(以毫升计)。容量瓶有 10 mL、25 mL、50 mL、100 mL、250 mL、500 mL、1000 mL 等各种规格。

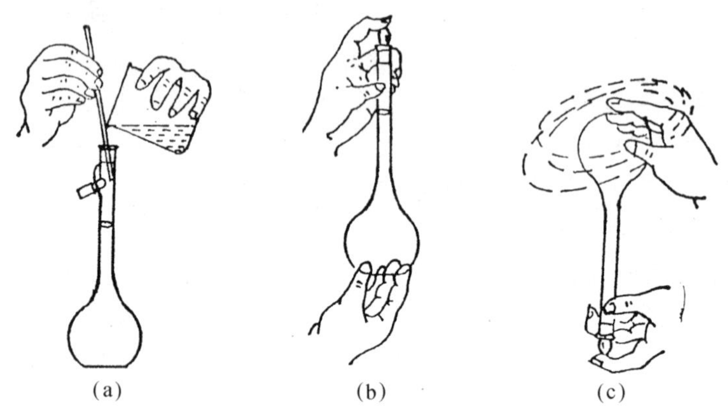

图 3-14 容量瓶的使用

容量瓶的主要用途是配制准确浓度的溶液或定量地稀释溶液。它常与移液管配套使用,可把配成溶液的某种物质分成若干等份。

使用容量瓶时应注意以下事项:

(1) 容量瓶的检查:①查看标线位置距离瓶口是否太近。如太近,则溶液不易混匀,不宜使用。②瓶塞是否漏水。加自来水至标线附近,盖好瓶塞,用左手食指按住瓶塞,其余手指拿住瓶颈标线以上部分,用右手指尖托住瓶底边缘[图 3-14(b)]。将瓶倒立 2 min,看是否漏水,可用滤纸片检查。将瓶直立,瓶塞转动 180°,再倒立 2 min 检查,不漏水,则可使用。

容量瓶的瓶塞不应取下随意乱放,以免沾污、混淆或打碎。可用橡皮筋或细绳将瓶塞系在瓶颈上。如为平顶的塑料塞子,也可将塞子倒置在桌面上放置。

(2) 容量瓶的洗涤。合格的容量瓶使用前应用铬酸洗液清洗内壁。先尽量倒去瓶内残留的水,再倒入适量洗液(250 mL 容量瓶倒入 20～30 mL 洗液),倾斜转动容量瓶,使洗液布满内壁,浸泡 10 min 左右,将洗液倒回原瓶,然后用自来水充分洗涤,最后用去离子水淋洗 3 次。水的用量根据容量瓶大小而定,如 250 mL 容量瓶,第一次用 30 mL 左右,第 2,3 次用 20 mL 左右。洗净后备用。

(3) 用固体物质配制溶液。准确称量基准试剂或被测样品,置于小烧杯中,用少量去离子水(或其他溶剂)将固体溶解。如需加热溶解,则加热后应冷却至室温。然后将溶液定量转移至容量瓶中。定量转移溶液时,右手持玻棒,将玻棒悬空伸入容量瓶口中,棒的下端应靠在瓶颈内壁上。左手拿烧杯,使烧杯嘴紧贴玻棒,让溶液沿玻棒和内壁流入容量瓶中[图 3-14(a)]。烧杯中溶液倾完后,烧杯不要直接离开玻棒,而应在扶正烧杯的同时使杯嘴沿玻棒上提 1～2 cm,然后再离开玻棒,同时把玻棒放回烧杯中，但不要靠杯嘴。烧杯嘴沿玻棒上提，可避免杯嘴与玻棒之间的一滴溶液流到烧杯外面。然后再用少量去离子水(或其他溶剂)刷洗烧杯3～4次，每次用洗瓶吹出的去离子水冲洗烧杯内壁和玻棒，再将溶液定量转移入容量瓶中。然后用洗瓶加去离子水至2/3容量时，将容量瓶沿水平方向轻轻转动几周，使溶液初步混匀。再继续加水至标线以下约1 cm处，等待1～2 min，使附在瓶颈内壁的水流下后，再用小滴管滴加去离子水至弯液面下缘与标线相切，视线应在同一水平面。无论溶液有无颜色，加水位置都应使弯液面下缘与标线相切为准。随即盖紧瓶塞，左手捏住瓶颈上端，食指压住瓶塞，右手三指托住瓶底[图3-14(b)]，将容量瓶倒转，使气泡上升到顶部，水平振荡混匀溶液[图3-14(c)]。这样重复操作15～20次，使瓶内溶液充分混匀。

右手托瓶时，应尽量减少与瓶身的接触面积，以避免体温对溶液温度的影响。100 mL以下的容量瓶，可不用右手托瓶，只用一只手抓住瓶颈，同时用手心顶住瓶塞倒转摇动即可。

(4) 如用容量瓶将已知准确浓度的浓溶液稀释成一定浓度的稀溶液，则用移液管移取一定体积的浓溶液于容量瓶中，加去离子水至标线，按前述方法混匀溶液。

(5) 容量瓶不宜长期保存试剂溶液，不可将容量瓶当作试剂瓶使用。如配好的溶液需长期保存，应将其转移至磨口试剂瓶中。磨口瓶洗涤干净后还必须用容量瓶中的溶液淋洗2～3次。

(6) 容量瓶用毕应立即用自来水冲洗干净。如长期不用，磨口处应洗净擦干，垫上小纸片，放入仪器柜中保存。

(7) 容量瓶不能在烘箱中烘烤，也不能用明火直接加热。如需使用干燥的容量瓶，可将容量瓶洗净后，用乙醇等有机溶剂荡洗后晾干或用电吹风的冷风吹干。

第四章　常用仪器的操作和使用

第一节　酸度计(pH/mV计)

酸度计又称pH计，是测量溶液pH最常用的仪器之一。实验室常用的酸度计有雷磁25型、pHs-2C型、pHs-3C型、821型袖珍数字式pH离子计。其型号和结构虽然不同，但基本原理是一样的。

一、测量原理

各种型号的酸度计都由玻璃电极、饱和甘汞电极和精密电位计三部分组成。

取一支玻璃电极作为指示电极、一支饱和甘汞电极作为参比电极，将两电极分别连接在精密电位计的“－”极和“＋”极上，然后把电极浸入小烧杯中的待测溶液中，组成原电池(也称工作电池)，测量该电池的电动势，即可测得溶液的pH。

(一) 玻璃电极

pH玻璃电极的构造如图4-1所示，在测定溶液的pH或酸碱电位滴定时用它作指示电极，它的下端是一个由特殊成分的玻璃经烧结而吹制成的玻璃膜小球泡，膜厚约0.2mm。泡内装有H^+浓度一定的内部缓冲溶液，溶液中插入Ag-AgCl电极作内参比电极。把玻璃膜在去离子水中浸泡24h以上，玻璃膜被水化，产生水化层，可产生对H^+的灵敏响应。将一个浸泡好的玻璃电极浸入待测溶液中，玻璃膜即处在内部缓冲溶液和外部试液中间，由于两溶液的H^+活度不同，在玻璃膜两侧产生一定的电位差，由于内部缓冲溶液的H^+活度是固定的，所以玻璃电极的电极电位随待测溶液H^+活度的变化而变化。

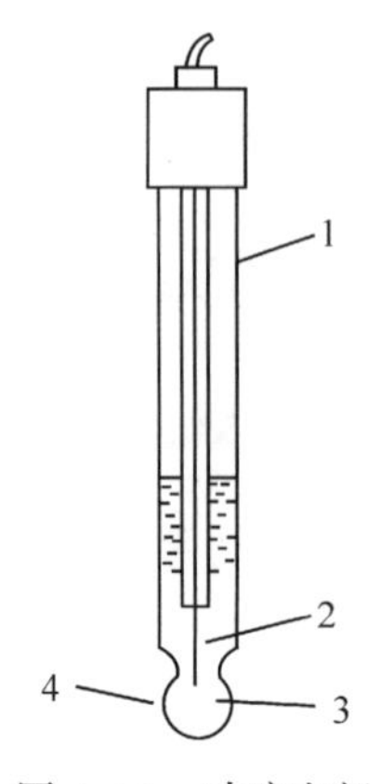

图4-1　玻璃电极

1. 玻璃外壳　2. Ag-AgCl电极　3. 含的缓冲溶液　4. 玻璃薄膜

在25℃时

$$\varphi_{玻璃}=\varphi^{\ominus}_{玻璃}-0.059\text{pH}$$

玻璃电极电阻很高($>10^8\Omega$)，必须用高阻抗的毫伏计(pH计)来测量。

玻璃电极优点:不易受毒;不受溶液中氧化剂、还原剂及其他活性物质的影响;可在浊性溶液、有色或胶体溶液中使用;少量的溶液即可进行 pH 测定。

玻璃电极缺点:阻抗太高、玻璃泡易碎。

使用玻璃电极注意事项包括:

(1) 玻璃电极使用前,必须在去离子水中浸泡 24h 以上,使电极活化。短时间不用时,应浸泡在去离子水中。

(2) 切不可与硬物接触,因其一旦破裂则完全丧失作用。安装电极时,应使甘汞电极的下端稍低于玻璃泡,以防止玻璃泡碰到烧杯底部而破碎。切勿使搅拌子或玻棒与球泡相碰。

(3) 测量碱性溶液时,应尽快操作,用毕立即用去离子水冲洗。

(4) 玻璃泡不可沾有油污。如沾上油污,应先浸入乙醇中,再放入乙醚中,然后移入乙醇中,最后用去离子水冲洗干净。

(二) 甘汞电极

1) 饱和甘汞电极

单盐桥型饱和甘汞电极如图 4-2(a)所示。它由纯汞、甘汞(Hg_2Cl_2)、饱和 KCl 溶液组成。电极的内玻璃管中封接一根铂丝,铂丝插入纯汞中,下面是一层 Hg_2Cl_2 与 Hg 的糊状物。外玻璃管中装有饱和 KCl 溶液,外管的下端是烧结陶瓷芯或玻璃砂芯等多孔物质。电极反应是

$$Hg_2Cl_2 + 2e \rightleftharpoons 2Hg + 2Cl^-$$

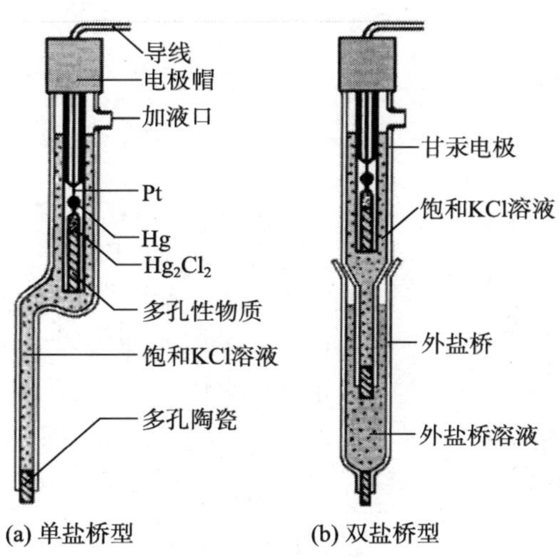

图 4-2　饱和甘汞电极结构

25℃时

$$\varphi_{甘汞}=\varphi^{\ominus}_{甘汞}-0.059\ \lg a(Cl^-)$$

当温度一定时，甘汞电极的电极电位取决于 Cl^- 的活度，与溶液 pH 无关。25℃时，饱和甘汞电极的电极电位为 0.242V。由于 KCl 的溶解度随温度而变化，所以饱和甘汞电极只能在低于 80℃的温度下使用。

将饱和甘汞电极和玻璃电极浸入待测溶液，组成原电池，电池符号如下：

Ag｜AgCl｜内参比溶液 ⦚ 待测溶液‖ KCl(饱和)｜Hg_2Cl_2｜Hg

玻璃膜

测量该电池的电动势为

$$\varepsilon=\varphi_{正}-\varphi_{负}=\varphi_{甘汞}-\varphi_{玻璃}$$

$$\varepsilon=\varphi^{\ominus}-0.059pH$$

由于玻璃球泡两侧的状况不会完全一致，如组成不均匀、水化程度不同等，玻璃电极存在不对称电位，不同的电极又有差异。甘汞电极还存在液接电位。所以 pH 计上设有“定位”补偿器。在测定前，先用标准缓冲溶液校准仪器，即用定位调节器把读数值直接调节到标准缓冲溶液的 pH 上，然后再测定未知溶液，可直接从酸度计的表盘上读出溶液的 pH。

2) 双盐桥型饱和甘汞电极

双盐桥型饱和甘汞电极构造见图 4－2(b)所示，也称双液接饱和甘汞电极。它由单盐桥型饱和甘汞电极的外面再套上一个可卸盐桥组成，因而形成内盐桥与外盐桥。外盐桥内充液为 KNO_3 或 $NaNO_3$ 溶液。外盐桥中的内充液必须临用时再装入新鲜的溶液。不用时，外盐桥套管不可被 KCl 溶液污染。

一般在测定 Cl^- 时，因单盐桥饱和甘汞电极的内充液 KCl 溶液中的 Cl^- 向外扩散，影响 Cl^- 的测定，因而应使用双盐桥饱和甘汞电极作参比电极。

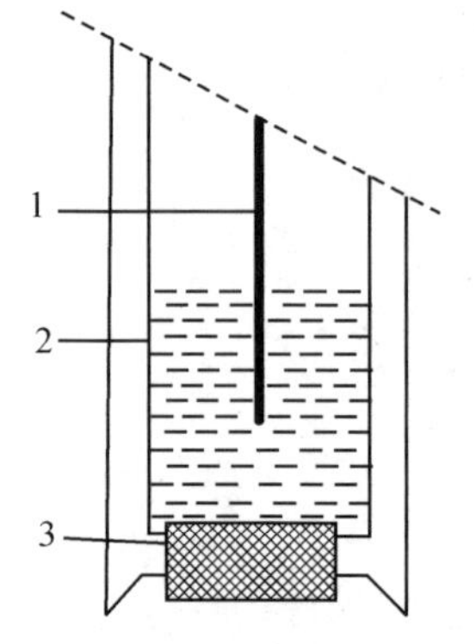

图 4－3 氟离子选择性电极

1. Ag-AgCl 内参比电极 2. 内参比溶液 NaF-NaCl 溶液 3. 氟化镧单晶膜

（三）离子选择性电极

它的主要部件为特种薄膜，这是一种电化学传感器。例如，F^- 离子选择性电极，电极膜由掺有 EuF_2 的 LaF_3 单晶切片制成。它的构造见图 4－3。把膜封在硬塑料管的一端，管内一般装 0.1 mol·L^{-1} NaCl 和 0.1～0.01 mol·L^{-1}NaF 混合溶液作内参比溶液，以 Ag-AgCl 电极作内参比电极。

由于 LaF_3 的晶格有空穴，在晶格上的氟离子可以移入晶格邻近的空穴而导电。当氟电极插入含氟溶液中时，F^- 在电极表面进行交换，如溶液中 F^- 活度高，则溶液中 F^- 可以进入单晶的空穴。反之，单晶表面的 F^- 也可进入溶液。由此产生的膜电位与溶液中 F^- 离子活度的关系遵从能斯特方程 [$a(F^-) > 10^{-5}\ mol \cdot L^{-1}$ 时]。25℃时

$$\varphi_{膜} = K - 0.059\ \lg a(F^-)$$

由于离子选择性电极对"游离"离子活度响应，而不是对特定型体的总浓度响应，因此在使用离子选择性电极测定时，应加入总离子调节缓冲液(TISAB)，用以固定离子强度，掩蔽干扰离子，还可起缓冲溶液的作用。

F^- 离子选择电极属均相膜电极，另外还有多相晶膜电极(如 I^- 电极)，流动载体电极(如 NO_3^- 电极)、气敏电极、酶电极等。使用前应用去离子水或含相应离子的溶液浸泡活化。

将离子选择性电极作指示电极，饱和甘汞电极作参比电极浸入已配制好的一系列待测离子的标准溶液中，测定其电极电位。以 φ 为纵坐标，$\lg c$(或 pc)为横坐标，绘制工作曲线(图 4-4)，再以同样的方法测未知液的电极电位，然后从工作曲线上查出未知液浓度。

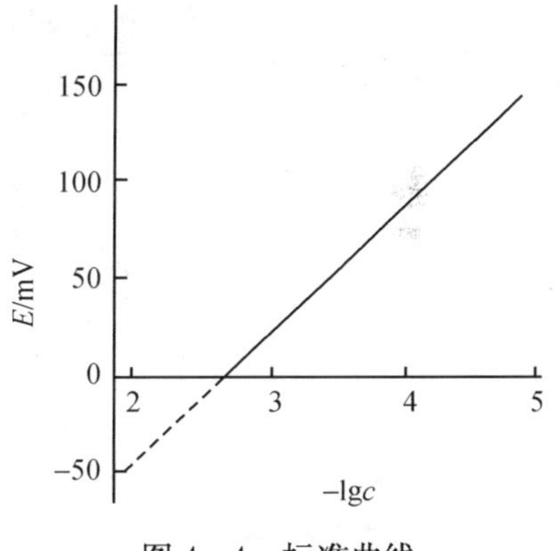

图 4-4　标准曲线

二、雷磁 25 型酸度计

图 4-5 是雷磁 25 型酸度计的板面示意图。下面介绍操作方法：

(一) 预热仪器

(1) 未接电源前，先检查电表指针是否指零(pH 7.00 处)，如不指零，应调节电表上的机械调零螺丝至 pH 7.00 处。

(2) 接通电源，开启电源开关，指示灯亮。

(3) 将 pH-mV 挡旋至 pH 挡，预热 20～30 min。

(二) 安装电极

(1) 检查玻璃电极内部溶液中有无气泡，如有，应除去。

(2) 把饱和甘汞电极下端的橡皮套和支管上的小橡皮塞拔下，保存好。检查饱和 KCl 溶液是否浸没内玻璃管的下端，如没有，应从支管补加饱和 KCl 溶液。检查电极弯管内是否有气泡。如有，应排去。

(3) 将玻璃电极和甘汞电极的胶木帽分别夹在电极夹上，应使玻璃电极的球

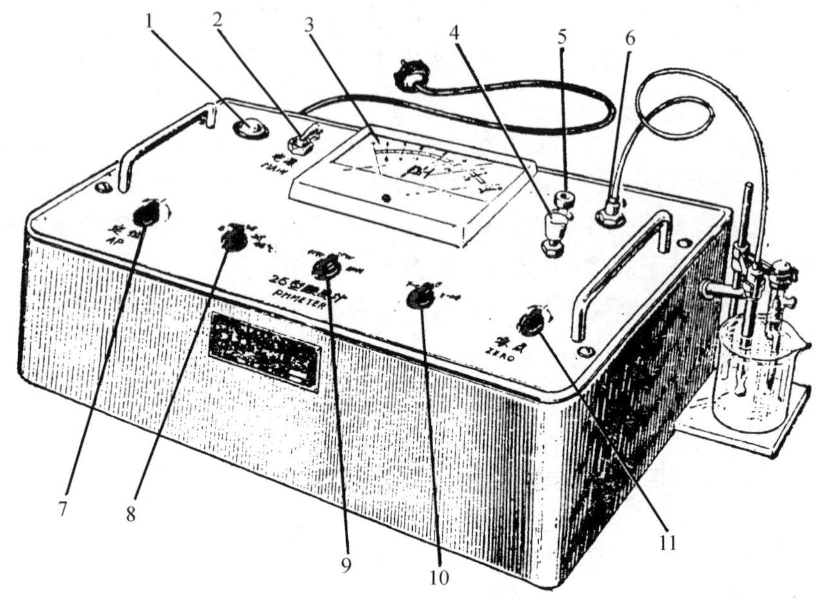

图 4-5 25 型酸度计

1. 指示灯 2. 电源开关 3. 电表 4. 读数开关 5. 参比电极接线柱 6. 玻璃电极插孔 7. 定位调节器 8. 温度补偿器 9. pH-mV 开关 10. 量程选择开关 11. 零点调节器

泡比甘汞电极的陶瓷芯稍高一些,以免碰破球泡。将玻璃电极的插头插入电极插口内,旋紧插口上的紧固螺丝。甘汞电极的引线接在接线柱上。

(三) 校正仪器

(1) 将标准缓冲溶液倒入小烧杯。调整电极架,使玻璃电极的球泡部分和甘汞电极的陶瓷芯端都浸入缓冲液中。轻轻摇动烧杯使溶液均匀,并加快达到平衡。

(2) 将温度补偿器调至溶液温度。

(3) 根据缓冲溶液 pH,将量程选择开关旋至“0～7”或“7～14”范围。前者读电表上 0～7 pH 读数,后者读 7～14 pH 读数。

(4) 调节零点调节器,使指示电表的指针指在“7.00”处。

(5) 按下读数开关并略转动,即可使读数开关不再弹起。调节定位调节器,使指针指在标准缓冲溶液的 pH 处。按住读数开关反方向稍转动,松手,读数开关弹起,电表指针恢复至 pH 7.00 位置。若有变动,应再调节零点调节器,并重复前面操作,直至按下读数开关时指针正好指到缓冲溶液 pH,放松读数开关时,指针正好指 pH 7.00 处。这时仪器已校正好,不可再旋动定位器,否则必须重新校正。

(四) 测量 pH

(1) 提起电极,把缓冲溶液移开,用去离子水冲洗电极,用滤纸轻轻吸干电极上的水滴,然后将电极浸入待测溶液中,轻轻摇动烧杯,使溶液均匀,并加快达到平衡。

(2) 按下读数开关,指针所指的 pH 读数即为未知液的 pH。重复测量一次,取读数的平均值。放开读数开关,提起电极,移开待测溶液,用去离子水冲洗电极。

(3) 测量完毕,把量程开关旋至“0”,关闭电源开关。取下甘汞电极,套上橡皮套和橡皮塞。将玻璃电极浸入去离子水中。

(五) mV 值的测量

将 pH-mV 挡旋到 mV 挡时,雷磁 25 型酸度计就成为一台高阻抗输入电位计,可用来测量电池电位差。此时温度补偿器和定位调节器均不起作用。测量 mV 的步骤如下:

(1) 测量电极接“－”极,参比电极接“＋”极,pH-mV 挡旋至＋mV 挡;若测量电极接“＋”极,参比电极接“－”极,则 pH-mV 挡旋至－mV 挡。

(2) 把量程开关旋至“0～7”,所测电池电位差在 700mV 范围内;若电池电位差在 700～1400mV,则量程挡应旋至“7～14”。

(3) 调节零点调节器,使电表指针指“0”mV,按下读数开关,电表指针所指读数即为电池电位差,数值为电表上的读数乘以 100。

(4) 复原或调换待测溶液时,先把量程开关旋至“0”。再放松读数开关。测量完毕,用去离子水洗净电极。把开关及各调节旋钮都转回测量前状态。将电极按要求收好。

三、pHs-2C 型酸度计

(一) 预热仪器(图 4-6)

(1) 未接通电源前,先检查电表指针是否指零(pH7.00 处)。如不指零,应调节电表上的机械调零螺丝至指针指 pH7.00 处。

(2) 接通电源,开启电源开关,指示灯亮。

(3) 将 pH-mV 挡旋至 pH 挡,预热 20～30 min。

(二) 安装电极

参阅雷磁 25 型酸度计电极的安装。

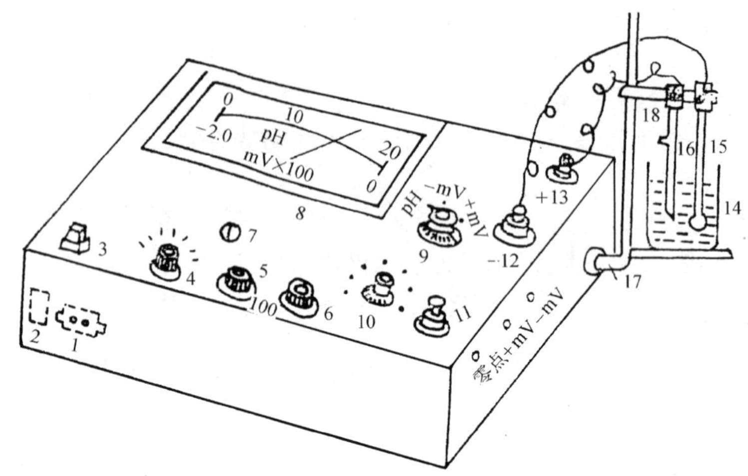

图 4－6　pHs-2C 型精密酸度计示意图

1. 电源输入插头座(左侧)　2. 电源开关(左侧)　3. 电源指示灯　4. 温度调节旋钮　5. 斜率　6. 定位旋钮　7. 指针零调节　8. pH-mV 读数表　9. 选择旋钮(pH，－mV，＋mV)　10. 读数范围(0～12)　11. 读数按钮　12. 指示电极插座　13. 参比电极接线头　14. 试液(烧杯)　15. 指示电极　16. 参比电极　17. 电极杆　18. 电极夹

（三）校正仪器

(1) 将“选择”开关旋至 pH 挡，“范围”开关旋至“6”挡，“斜率”旋钮顺时针旋到 100％处，温度调节旋钮调至缓冲溶液的温度。

(2) 将电极用去离子水洗净，用滤纸吸干。将玻璃电极的球泡部分和甘汞电极的陶瓷芯端都浸入 pH 7.00 的标准缓冲溶液中，按下“读数”开关，调节“定位”旋钮，使电表指针指示该标准缓冲溶液的 pH(“范围”挡读数与表头指针指示读数之和)。放开读数开关，电表指针恢复零位。

(3) 把电极从 pH 7.00 的标准缓冲溶液中取出，用去离子水冲洗，用滤纸吸干水滴。若待测试样溶液呈酸性(pH＜7)，则下一步用 pH 4.00 的标准缓冲溶液校正，仪器的“范围”挡置“4”挡；若待测试样溶液呈碱性(pH＞7)，则下一步用 pH 9.00 的标准缓冲溶液校正，将仪器的“范围”挡置“8”挡。选好标准缓冲溶液后，倒入小烧杯中，将电极放入，按下“读数”开关，调节“斜率”旋钮，使表头指针指示该溶液的 pH。然后放开读数开关。

(4) 重复“2”及“3”操作，若电表指针指示标准缓冲溶液的 pH 而不再变化时，则仪器已校正完毕。校正后切不可再旋动“定位”和“斜率”两旋钮。如不小心旋动了任一旋钮，都应重新校正。

（四）测量 pH

(1) 将“温度”旋钮旋至被测溶液的温度值(应与标准缓冲溶液温度一致,以减少测量误差)。

(2) 将电极洗净、吸干后插入试样溶液中,轻轻摇动烧杯,使溶液均匀并快速达到平衡。

(3) 将范围挡置于样品溶液可能的 pH 挡上。按下“读数”开关,即可读出样品溶液的 pH。

(4) 电表满刻度值为 pH 2,最小分度值为 pH 0.02。读数值应为范围挡的数值与表头指针所指示数值之和。若按下“读数”开关,指针打出左边刻度线,应减少“范围”开关值;如指针打出右边刻度线,应增加“范围”开关值。

(5) 测量完毕,把“范围”挡置“6”挡,斜率旋至 100%,关闭电源开关。取下甘汞电极,套上橡皮套和橡皮塞。玻璃电极冲洗后浸入去离子水中。

（五）测量 mV 值

(1) 将 pH-mV 挡旋到 mV 挡,若测量电极(指示电极)接“－”极,参比电极接“＋”极,旋到＋mV 挡;若测量电极接“＋”极,参比电极接“－”极,则旋到－mV 挡。温度补偿器,定位旋钮,斜率旋钮均不起作用。

(2) 将电极浸入被测溶液中,按下“读数”开关,电表指针即指示被测溶液的 mV 值(范围挡读数与电表指针指示值之和再乘以 100)。

(3) 测量完毕,关闭电源开关。将电极洗净收好。

四、821 型袖珍数字式 pH 离子计

图 4－7 为“821 型袖珍数字式 pH 离子计”面板示意图。其操作方法如下:

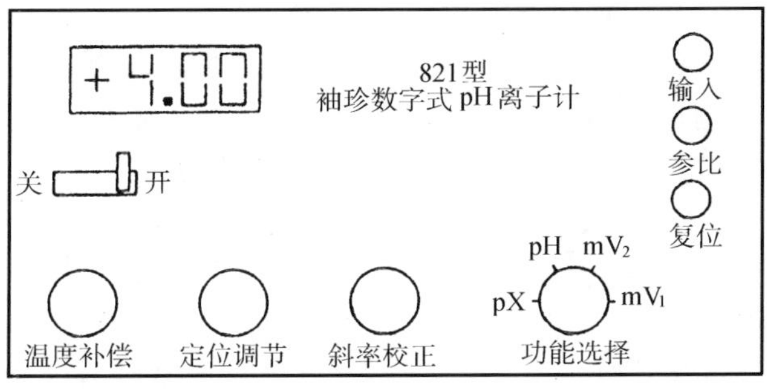

图 4－7　821 型袖珍数字式 pH 离子计

（一）mV 的测量

(1) 安装好指示电极和参比电极，将电源开关置于“开”的位置。

(2) 将电极浸入被测溶液中，若测量范围小于±200mV，则选择旋钮应置 mV_1 位置，若最左边一位数显出“1”字，其他各位数均无显示，则表示测量值超过 200mV，应把选择旋钮旋至 mV_2 挡，然后进行测量。

(3) 测量 mV 时，温度、定位、斜率等旋钮均不起作用。

（二）pH 的测量

1) 一点定位法

(1) 把仪器选择开关拨至 pH 挡，安装好电极，打开电源开关。

(2) 调节温度补偿旋钮至溶液的温度。

(3) 将电极浸入标准缓冲溶液中，调节定位旋钮，使显示器显示出标准缓冲溶液的 pH(应为正值，不能出现负号)，重复一次，读数后即定位完毕，不得再旋动定位器。

(4) 定位完毕，用去离子水将电极洗净，电极上残留的水用吸水纸吸干，然后将电极浸入待测溶液中，显示器上即显示出待测溶液的 pH。

2) 二点定位法

若要准确测量溶液 pH 时，应采用二点定位法进行校准。

(1) 把仪器选择开关拨至 pH 挡，安装好电极，打开电源开关。

(2) 选择两个已知 pH 的标准溶液，选择的原则是使被测溶液的 pH 在两者之间，如溶液 A(pH 6.86)和溶液 B(pH 4.00)。

(3) 把电极浸入溶液 B 中，调节定位旋钮使显示器上显示 0.00。

(4) 将电极取出，用去离子水洗净，用吸水纸吸干水，然后再浸入溶液 A 中，调节温度调节器旋钮，使显示器上显示出溶液 A 与溶液 B 的 pH 差 ΔpH(ΔpH＝6.86 －4.00＝2.86)。待稳定后，接着进行定位，调节定位调节器，使显示器上显示 4.2 分光光度计测出溶液 A 的 pH 6.86(应为正值，不能出现负号)。定位完毕，在测量过程中不得再旋动温度调节器和定位调节器旋钮。

(5) 定位完毕，取出电极，用去离子水洗净、吸干，然后浸入待测溶液中，显示器即显示出待测溶液的 pH。

3) pX 值的测量

(1) 把仪器选择开关拨至 pX 挡，安上电极，打开电源开关。

(2) 调节温度补偿旋钮至溶液的温度。

(3) 选择两种已知 pX 值的标准溶液，选择的原则是被测溶液的 pX 值在两者之间，如溶液 A 为 pX＝5.00、溶液 B 为 pX＝3.00。

(4) 把电极浸入较浓的一种标准溶液B中，调节定位旋钮使显示器上显示0.00。

(5) 将电极取出，用去离子水洗净，用吸水纸吸干水，然后再浸入较稀的溶液A中。如果电极的斜率符合理论值，此时显示器上的显示值应为两种标准溶液的pX值的差值ΔpX（ΔpX＝5.00－3.00＝2.00）。如仪器的显示值不符合ΔpX，应调节斜率旋钮使显示器上显示ΔpX值。接着进行定位，调节定位旋钮使显示器显示溶液A的pX＝5.00。斜率补偿及定位后，在测量过程中不得再旋动该两旋钮。

(6) 定位完毕，取出电极，用去离子水洗净、吸干水，然后浸入待测溶液中，显示器上即显示出待测溶液的pX值。

第二节　分光光度计

一、测量原理

分光光度法测量的理论依据是朗伯-比尔（Lamber-Beer）定律：当一束单色光通过一定浓度范围的稀有色溶液时，溶液对光的吸收程度 A 与溶液的浓度 c（$g \cdot L^{-1}$）或液层厚度 b（cm）成正比。朗伯-比尔定律的数学表达式为

$$A = abc$$

式中：a 为比例系数。当 c 的单位是 $mol \cdot L^{-1}$ 时，比例系数用 ε 表示，则 $A=\varepsilon bc$，ε 称为摩尔吸光系数，单位为 $L \cdot moL^{-1} \cdot cm^{-1}$。它是有色物质在一定波长下的特征常数。

透过光的强度 I_t 与入射光的强度 I_0 的比值 I_t/I_0 称为透光率，用 T 表示。

吸光度与透光率的关系为

$$A = -\lg T$$

测定时，一般把有色溶液盛在厚度 b 一定的吸收池中，则吸光度 A 只与溶液的浓度 c 成正比。分光光度计的表头上有两行刻度：一行是透光率 T；另一行是吸光度 A。读数时一般读取吸光度 A 值。

二、测定物质含量的方法

利用分光光度法测定物质的含量，一般采用标准曲线法（又称工作曲线法）。因为被测物质的溶液，在一定浓度范围内，溶液的吸光度与其浓度呈线性关系。例如，用邻二氮菲光度法测铁，浓度在 $5.0\ mg \cdot L^{-1}$ 以内呈线性关系。配制一系列浓度由小到大的标准溶液，在规定条件下依次测出各标准溶液的吸光度 A，以溶液的浓度为横坐标，相应的吸光度为纵坐标，在坐标纸上绘制出标准曲线。图4－8为邻二氮菲光度法测铁的工作曲线。

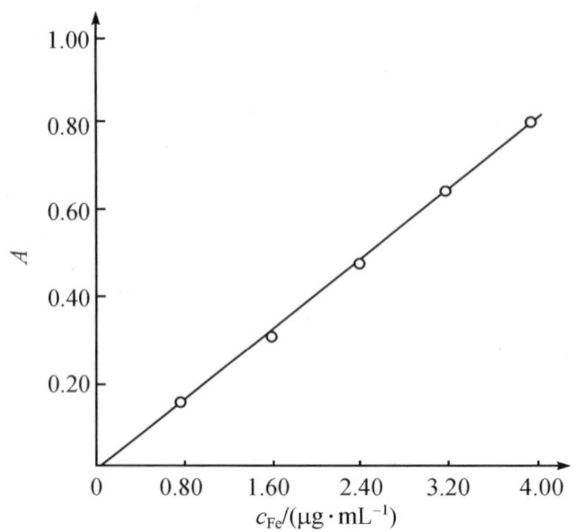

图 4－8　邻二氮菲光度法测铁工作曲线

测绘标准曲线一般应配制 3～5 个浓度递增的标准溶液。作图时，坐标选择要适当，使直线的斜率约等于 1。坐标分度值要等距标示，要使测量数据的有效数字位数及坐标纸的读数精确度相符合，不可随意增加或降低读数的精确度。

未知液的测定条件应与标准曲线的测定条件相同。测出未知液的吸光度 A 后，即可从标准曲线上查出相应的未知液的含量，然后计算出试样中被测物质的含量。

三、72 型分光光度计

（一）构造

72 型分光光度计的结构分为三部分：磁饱和稳压器、单色器、检流计。

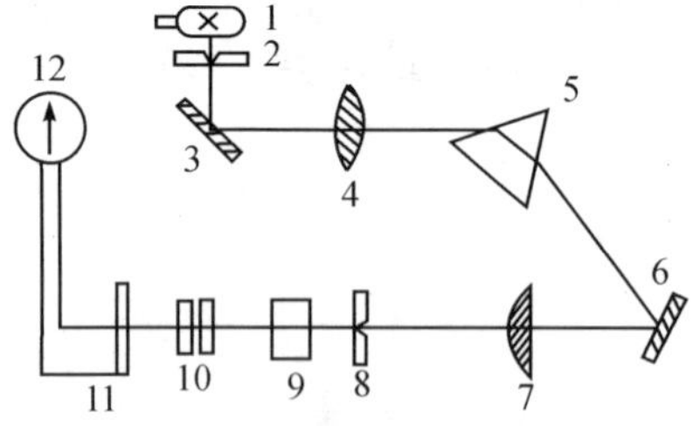

图 4－9　72 型分光光度计光学系统图
1. 光源　2. 进光狭缝　3、6. 反射镜　4、7. 透镜　5. 玻璃棱镜　8. 出光狭缝　9. 比色皿　10. 光量调节器　11. 硒光电池　12. 检流计

主机（单色器）的光学系统如图 4－9 所示。

由光源 1 发出的白光，经过进光狭缝 2、反射镜 3、透镜 4 后，变成一束平行光进入棱镜 5。经棱镜色散后，各种波长的光被镀铝反射镜 6 反射，经过透镜 7，再聚焦于出光狭缝 8 上，形成光谱像。镀铝反射镜和透镜装在一个可旋动的转盘上，由波长调节器控制。旋转波长调节器时，就可以在出光狭缝的后面得到所需波长的单色光。此单色光通过比色皿 9 和光量调节器 10，照射到硒光电池 11 上，然后在检流计 12 上读数。

72 型分光光度计外形及接线如图 4－10 所示。

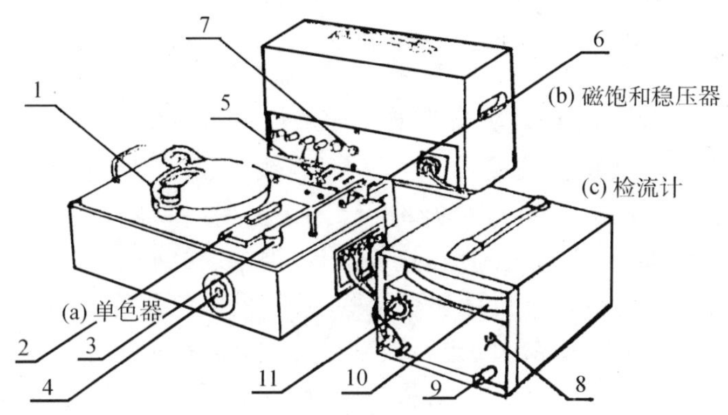

图 4－10　72 型分光光度计的主要部件

1. 波长盘及调节器　2. 比色皿暗盒　3. 光量调节器　4. 比色皿架拉杆　5. 光路闸门(黑点关、红点开)　6. 光源开关　7、8. 电源开关　9. 检流计零点粗调　10. 检流计零点细调　11. 分流器

1) 磁饱和稳压器

磁饱和稳压器是供给单色器光源的低压电源，其输出电压为 10V 和 5.5V 两种。在供电电压的变化不超过 190～230V 的范围时，它的输出电压稳定度可达到 1%，稳压器的输出功率为 80W。

2) 光源

光源安装在单色器外面的金属盒内，盒的四周有通气孔，便于散热。发光光源为一个 10V、7.5A 的钨丝灯泡，安装在一个可上下、左右调动的金属架上，可使灯丝部分准确地调整于光轴上。灯泡的电源由磁饱和稳压器供给。

3) 波长调节器

单色器中的波长调节器，由一个带有阿基米德螺丝凸轮的转盘构成，转盘装有镀铝反射镜和透镜。因此，转动波长调节旋钮就可使所需波长的单色光通过出光狭缝后照射到吸收池上。

4) 吸收池定位装置和测光机构

试样室位于出光狭缝与光电池之间，内有吸收池定位装置和试样架。将吸收池放入试样架中进行测量。定位装置共分四个位置，每个位置都可以推到光路上。试样架中可同时放入四个吸收池。透过吸收池的光射到硒光电池上，光电池的前面设有一个光量调节器，可以调节进入光电池的光通量，主要用于调节吸光度的零点。

5) 检流计

检流计的标尺刻度为吸光度 A 和透光率 T(%)。其指示部分用一个 6.3V 的钨丝灯泡作为光源，光源通过一个聚光镜和一个线形玻璃片后，被凹面反射镜及四个平面反射镜反射到标尺上，形成一个清晰的、中间带有黑线的、长方形光点。钨丝灯泡的电源由检流计内部的变压器供给。

（二）使用方法

(1) 按照如图 4-10 所示装接仪器。用两根导线将单色器与稳压器的输出接线柱连接（当有色溶液颜色较浅时，接 5.5V；当颜色较深时，接 10V）。用三根导线将单色器与检流计连接。单色器的红点代表正极，接检流计的正极；绿点代表负极，接检流计的负极；黄点代表地线，接检流计的地线接线柱。

(2) 线路接好后，检查检流计和稳压器的开关、单色器的光源开关是否都处在“关”的位置。单色器的光路闸门是否拨到黑点位置（闸门关上）。光量调节器按逆时针方向旋至最小（光门关上），然后将检流计和稳压器分别接通 220V 交流电源，开启稳压器电源开关，预热 10 min。

(3) 将检流计电源开关扳至“220”一侧，标尺应出现光点，将分流器调至“×1”位置，用调零钮将光点中黑线调至与透光率“0”线重合。

(4) 开启单色器光源开关，把光路闸门拨到红点位置（打开闸门），顺时针方向旋转光量调节器，使检流计光点中黑线与透光率“100%”线重合。预热 10 min，待检流计光点稳定后，即可进行测定。

(5) 旋转波长调节器至测定时所需波长。

(6) 打开单色器上的暗箱盖，将盛有溶液的吸收池放入吸收池架中。盛空白溶液（参比溶液）的吸收池放入第一格，使空白溶液正对光路。盖上暗箱盖。

(7) 用空白溶液调节检流计的透光率“0”和“100%”。即把单色器的光路闸门拨到黑点位置，检查检流计的光点是否在透光率“0”处；再把光路闸门拨到红点位置，旋转光量调节器，使检流计光点中黑线与透光率“100%”线重合。反复调节“0”与“100%”，直至稳定为止。

(8) 把吸收池架拉出一格，待测溶液进入光路时，检流计光点中黑线所指示的值即为该溶液的吸光度。依次再拉出两格，分别测出另两份溶液的吸光度。必要时，再把吸收池架推回去，把空白溶液送入光路，再次检查检流计透光率的“0”和“100%”，再依次测一遍待测溶液的吸光度。读数完毕，应立即将光路闸门拨至黑点位置。

(9) 测量完毕，将所有电源开关关闭，光路闸门拨到黑点位置，光量调节器旋至最小，检流计拨至短路挡。拔下电源插头。将吸收池从架中取出，洗净晾干，放入专用的盒内保存。

（三）使用 72 型分光光度计注意事项

(1) 用空白溶液调节检流计的“0”和“100%”后，可依次把其余三份溶液送入光路测其吸光度。当测完此三份溶液再换另外三份待测液时，空白溶液不能倒，必须再用空白溶液调节透光率“0”和“100％”。直到所有的待测液都测完后，空白溶液才能倒掉。

(2) 如需改变波长时，每改变一次波长，则必须用空白溶液调节透光率“0”和“100％”。

(3) 换溶液或读完吸光度后暂时不测时，应把光路闸门拨到黑点位置，盖好暗箱盖，以减少硒光电池的疲劳，延长使用寿命。仪器连续使用不得超过 2h，如超过 2h 还需使用时，应让仪器休息半小时后再继续使用。

(4) 如用光量调节器不能把检流计的光点调到透光率“100％”时，应先将光量调节器旋至最小，再将分流器旋钮旋至灵敏度高的一挡，然后再用光量调节器调节检流计光点到透光率“100％”处。灵敏度的选择原则是：当用空白溶液调节透光率“100％”时，在保证能调到“100％”的前提下，应选用灵敏度较低的挡，以保证仪器有较高的稳定性。

(四) 使用吸收池注意事项

(1) 拿吸收池时，用手轻轻捏住毛玻璃面，不可触及透光面，以免沾污。

(2) 使用吸收池时，先用去离子水冲洗 2～3 次，再用待测溶液润洗 2～3 次，以免待测溶液被稀释。测定待测溶液时，一般是从稀到浓依次测定，以减小误差。

(3) 吸收池中的待测溶液以其高度的 3/4 为宜。太少，光线会有一部分不经过溶液；太多，溶液会洒入吸收池架中而使架腐蚀。

(4) 吸收池的外壁被沾湿时，先用滤纸片轻轻吸去液滴，再用叠为四层的镜头纸擦至完全透明。

(5) 若吸收池中盛过有色溶液后而着色，应先用盐酸-乙醇(1∶2)洗涤剂进行浸泡，再用水清洗。

四、721 型分光光度计

721 型分光光度计是在 72 型的基础上改进的。用体积小的晶体管稳压电源代替了笨重的磁饱和稳压器，用光电管代替了硒光电池作为光电转换元件。光电管配合放大线路，将微弱光电流放大后推动指针式微安表，以代替易损坏的灵敏光点检流计。将单色器、稳压电源和检流计几个部件组装在一起，成为一个整件，装置紧凑，操作方便。图 4－11 为 721 型分光光度计结构示意图。图 4－12 为 721 型分光光度计外形图。

721 型分光光度计采用钨丝灯作光源，玻璃棱镜为单色器。单色光经吸收池中溶液透射到光电管上，产生光电流，经高阻值电阻形成电位降。通过放大器放大后，可直接在微安表上读出吸光度或透光率。在吸收池暗箱的右侧装有一套光门

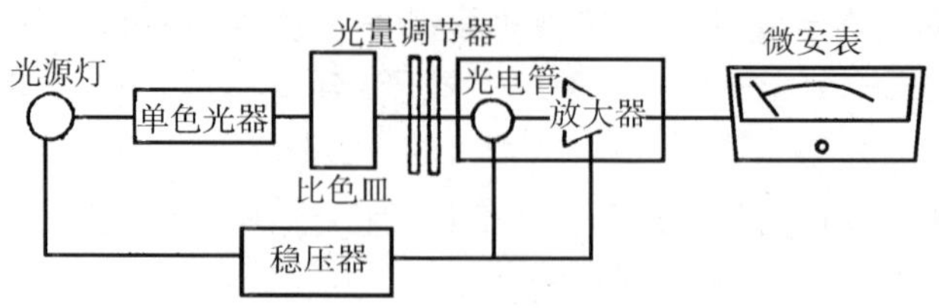

图 4－11　721 型分光光度计结构示意图

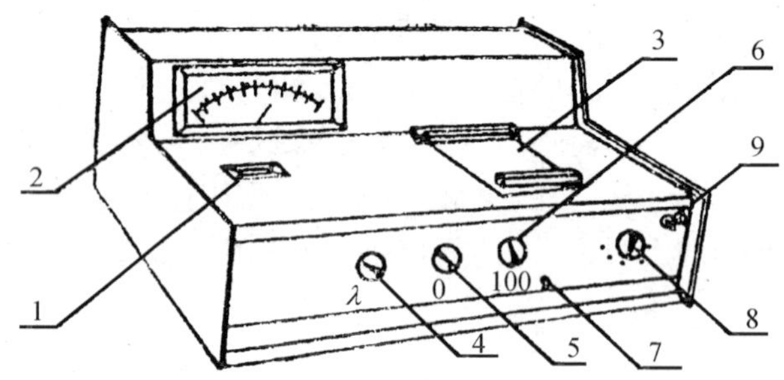

图 4－12　721 型分光光度计

1. 波长读数盘　2. 电表　3. 比色皿暗盒盖　4. 波长调节　5."0"透光率调节　6."100%"透光率调节　7. 比色皿架拉杆　8. 灵敏度选择　9. 电源开关

部件。暗盒盖打开后，右下角有一个装有顶杆的小孔，随吸收池暗箱盖的关与开，光门可以相应地关闭与开启。

(一) 使用方法

(1) 未接电源之前，应先检查"0"和"100%"调节旋钮是否处在起始位置，如不是，则应分别按逆时针方向轻轻旋转至不能再动。电表指针是否指"0"，如不指"0"，则应调节电表上的调整螺丝使指针指"0"。灵敏度选择旋钮处于"1"挡(最低挡)。然后旋转波长调节旋钮，调至所需波长。

(2) 开启电源开关。打开吸收池暗箱盖，此时光门关闭。调节调零旋钮，使电表指针指透光率"0"刻度。盖上吸收池暗箱盖，光门打开，调节"100%"旋钮，使指针指透光率"100%"刻度处。然后打开吸收池暗箱盖，仪器预热 20 min。

(3) 将盛有空白溶液的吸收池放入暗箱中比色皿架的第一格内，盛待测溶液的比色皿放入其他格内。

(4) 盖上暗箱盖，光门打开，空白溶液正好在光路上。旋转"100%"旋钮，使指针指透光率"100%"处，如指针达不到"100%"处，应旋转灵敏度旋钮，使灵敏度提高一挡。再打开暗箱盖，检查指针是否指透光率"0"刻度处。反复调节"0"和"100%"，待指针稳定后，即可测定。

(5) 拉出吸收池架，使待测溶液进入光路，即可从电表上读出溶液吸光光度值。必要时，可把吸收池架推回去，再把空白溶液置于光路上，调节“0”和“100％”，然后再拉出吸收池架，依次测定待测溶液吸光度值。

(6) 换另外三份待测溶液时，空白溶液不可倒掉，应再用空白溶液调节“0”和“100％”，直到所有的待测液测定完为止，才可倒掉空白溶液。

(7) 测量完毕，关闭电源，将各调节旋钮恢复至初始位置。取出吸收池洗净，晾干，存于专用盒内。

(二) 使用 721 分光光度计的注意事项

(1) 旋转调“0”和调“100％”旋钮时，一定要轻轻转动，转到不能动时切不可再用力，应报告指导教师帮助调节。

(2) 如吸收池架中洒入待测液，应及时擦干。

(3) 吸收池的使用参照 72 型分光光度计的使用说明。

(4) “灵敏度”挡分为五挡，“1”挡的灵敏度最低，逐挡增加。其选择原则是：当用空白溶液调节透光率“100％”时，在保证能调到 100％的前提下，应选用灵敏度较低的挡，以保证仪器有较高的稳定性。一般是先置“1”挡，当调不到 100％时，再逐挡增高。灵敏度改变时，应重新调节透光率“0”和“100％”。

(5) 如需改变波长时，每改变一次波长，必须用空白溶液调节透光率“0”和“100％”。

五、722 型光栅分光光度计

(一) 性能与结构

722 型光度计是以碘钨灯为光源、衍射光栅为色散元件、端窗式光电管为光电转换器的单光束、数显式可见光分光光度计。波长为 330～800 nm，波长精度为 ±2 nm，波长重现性为 0.5 nm，单色光的带宽为 6 nm，吸光度的显示范围为 0～1.999，吸光度的精确度为 0.004(在 A＝0.5 处)，试样架可放置 4 个吸收池。

722 型光度计的光学系统如图 4－13 所示。

碘钨灯发出的连续光经滤光片选择、聚光镜聚集后投向单色仪的进光狭缝，此狭缝正好处于聚光镜及单色器内准直镜的焦平面上，因此进入单色器的复合光通过平面反射镜反射到准直镜，变成平行光射向光栅，通过光栅的衍射作用，形成按一定顺序排列的连续单色光谱。此单色光谱重新回到准直镜上。由于单色器的出光狭缝设置在准直镜的焦平面上，这样，从光栅色散出来的光谱经准直镜后，利用聚光原理成像在出光狭缝上。出光狭缝选出指定带宽的单色光，通过聚光镜射在被测溶液中心，其透过光经光门射向光电管的阴极面。

波长刻度盘下面的转动轴与光栅上的扇形齿轮相吻合，通过转动波长刻度盘

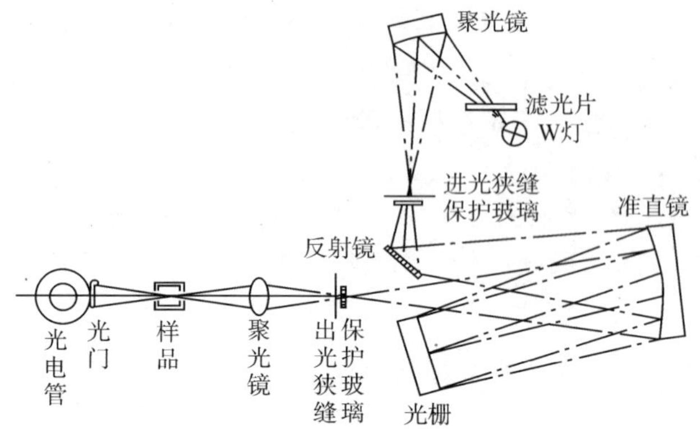

图 4-13　722 型光度计的光学系统

而带动光栅转动，以改变光源出射狭缝的波长值。

722 型光度计由光源室、单色器、试样室、光电管暗盒、电子系统及数字显示器等部件组成，其结构如图 4-14 所示，其外形如图 4-15 所示。

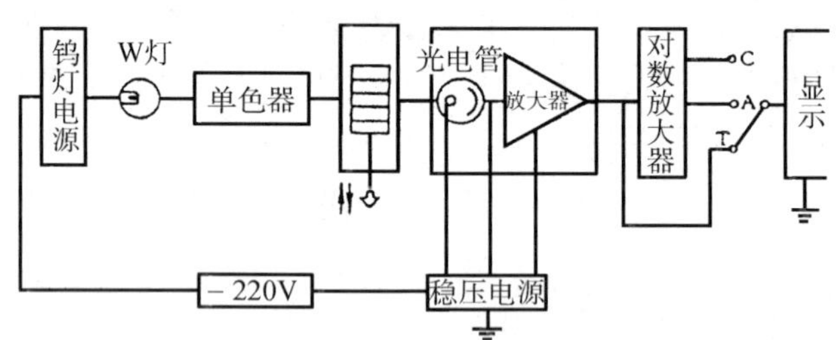

图 4-14　722 型光度计结构方框图

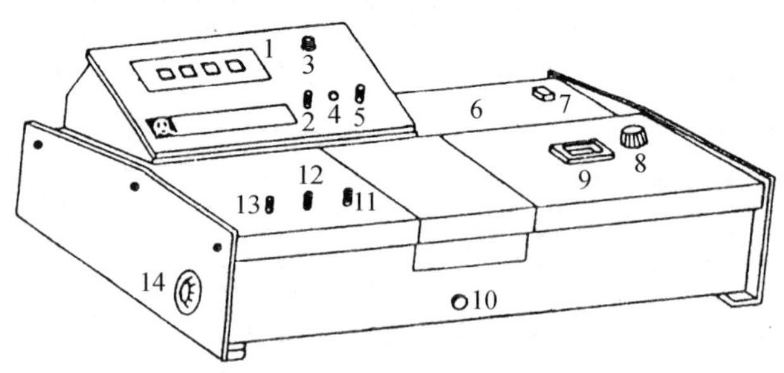

图 4-15　722 型光度计外形

1. 数字显示器　2. 吸光度调零旋钮　3. 选择开关　4. 斜率电位器　5. 浓度旋钮　6. 光源室　7. 电源开关　8. 波长旋钮　9. 波长刻度盘　10. 试样架拉手　11. 100%T 旋钮　12. 0%T 旋钮　13. 灵敏度调节钮　14. 干燥器

（二）使用方法

(1) 把防尘罩取下，将灵敏度调节钮 13 置于“1”挡（信号放大倍率最小），将选择开关 3 置于“*T*”挡（透射比）。

(2) 接通电源，将仪器上的电源开关 7 按下，指示灯即亮。

调节波长旋钮 8 使所需波长对准标线，调节 100%*T* 旋钮 11 使显示透射比为 70%左右，使仪器在此状态下预热 5～15 min。待显示数字稳定后再进行下述操作。

(3) 将试样室盖打开（光门自动关闭），调节 0%*T* 旋钮 12，使显示为“0.000”。

(4) 把盛参比溶液的吸收池放入试样架的第一格内，盛试样的吸收池放入第二格内，然后盖上试样室盖（光门打开，光电管受光）。把参比溶液推入光路，调节 100%*T* 旋钮，使之显示为“100.0”。若显示不到“100.0”，应增大灵敏度挡，然后再调节 100%*T* 旋钮，直到显示为“100.0”。

(5) 重复(2)和(4)操作，直到显示稳定。

(6) 稳定地显示“100.0”透射比后，将选择开关置于“*A*”挡（即吸光度），此时吸光度显示应为“0.000”，若不是，则调节吸光度调零旋钮 2，使其显示为“0.000”。然后把试样推入光路，这时的显示值即为试样的吸光度。

(7) 测定过程中，不要将参比溶液拿出试样室，以便其随时推入光路以检查吸光度零点是否有变化。如不为“0.000”，则不要先调节旋钮 2，而应将选择开关 3 置于“*T*”挡，用 100%*T* 旋钮调至“100.0”，再将选择开关置于“*A*”，这时如不为“0.000”，才可调节旋钮 2。

一般情况下不需要经常调节旋钮 2 和 12，但可随时进行(3)和(4)的操作，若发现这两个显示有改变，要及时调整。

(8) 测定完毕，关闭仪器电源开关（短时间不用，不必关闭电源，打开试样室盖，即可停止照射光电管），将吸收池取出，洗干净，放回原处。拔下电源插头，待仪器冷却 10 min 后盖上防尘罩。

六、紫外-可见分光光度计

紫外-可见分光光度计可用于：①定性分析。可以鉴定许多化合物，尤其是有机化合物的重要定性工具之一。通过紫外-可见光谱，可以判断化合物中发色基团间是否存在共轭关系。根据实际测得吸收带波长还可以估计共轭体系的长度及双键和取代基位置等。对于分子结构中的官能团以及不同构型、构象的物质可以通过对比的方法进行定性地鉴别。通过检查吸收峰或吸光系数也可以确定所测组分是否含有杂质。②定量分析。进行定量分析的理论依据是朗伯-比尔定律，即在一定波长处被测物质的吸光度与它的浓度呈线性关系。因此，通过测定溶液对一定波长的入射光的吸光度，便可求出该物质在溶液中的浓度和含量。紫外-可见分光光度法具有灵敏、准确、测定简便等优点，既可以测定单一的微量组分，也可以测定多组分混合物和高含量组分。③配合物的组成和稳定常数的测定。

测量波长范围较宽：一般紫外-可见分光光度计的波长范围为 200～800 nm，有些较精密仪器的波长范围为 190～1000 nm。故应用范围较广。

紫外-可见分光光度计分为单波长和双波长分光光度计两类。单波长分光光度计又分为单光束和双光束分光光度计。其种类、型号繁多，但基本部件如图 4-16 所示。

图 4-16 紫外-可见分光光度计基本部件

（一）光源

紫外光源一般用氘灯，可见光源一般用钨丝白炽灯，对光源的要求是发光强度足够并且稳定。

（二）单色器

单色器的作用是从光源发射出的复合光中分出某一波长的高纯度的入射单色光。单色器一般有入射狭缝，准直镜，色散元件，聚焦透镜和出射狭缝组成。其中关键部件是色散元件，色散元件可以是光栅或棱镜。光栅是利用光的干涉作用制成的色散元件，工作波段宽，色散均匀，分辨率较高；棱镜是利用光的折射作用将复合光分解为单色光的色散元件。

（三）吸收池

吸收池也叫比色皿，用于盛放待测溶液。玻璃比色皿用于可见光，石英比色皿用于紫外光。比色皿一般是长方体形，有 0.5 cm、1.0 cm、2.0 cm、3.0 cm 和 5.0 cm 等厚度不同的规格。用作盛参比溶液与样品溶液的比色皿应互相匹配，在盛同一溶液时 ΔT 应小于 0.2%。

（四）检测器

检测器是一类光电转换器。它能够将收到的光信号转变成为便于测量的电信号。常用的有光电池、光电管和光电倍增管。

（五）信号处理装置

检测器检测到的电信号较弱，需要经过放大才能以某种方式将测量结果显示出来。

（六）打印机

将处理的数据以谱图的形式打印出来。

注意事项

（1）比色皿的选择必须根据测试的波长范围。对仅在可见光区吸收的物质分析时，可以选用玻璃比色皿；对在紫外区吸收的物质分析时，必须使用石英比色皿。比色皿的种类可以根据刻在比色皿上的字母来辨认："G"表示玻璃，"S"表示石英。

（2）比色皿必须垂直放置于光路中，如果倾斜会造成测试误差。

（3）选择合适的比色皿厚度，或调节合适的浓度，尽可能使溶液的吸光度处于0.2～0.8之间，从而减小相对误差。

七、荧光分光光度计

荧光分光光度计是用于荧光分析的仪器，主要部件如图4－17所示。

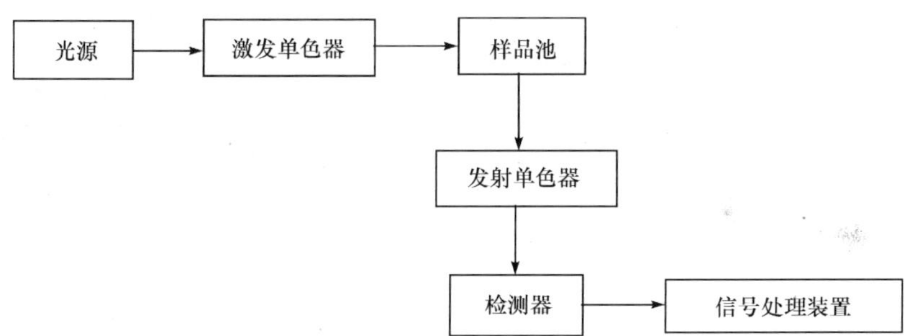

图4－17　荧光分光光度计主要部件

（一）光源

常见的光源有氙灯和高压汞灯。氙灯功率一般在100～500W。氙灯需要优质电源，以便保持氙灯的稳定性，延长其使用寿命。另外，激光器也可用作激发光源，它可以提高荧光测量灵敏度。

（二）单色器

单色器有激发单色器和发射单色器两种。激发单色器用于荧光激发光谱的扫描及选择激发波长；发射单色器用于扫描荧光发射光谱及分离荧光发射波长。

（三）样品池

样品池需要用低荧光材料制成，一般用四面透光的石英，制成长方体或正方体。

(四) 检测器

现代荧光光谱仪普遍使用光电倍增管作为检测器,新一代荧光光谱仪中使用了电荷耦合器件阵列检测器,可依次获得荧光二维光谱。

仪器用途:分子荧光光谱法的灵敏度和选择性较高,与紫外-可见分光光度法相比,其灵敏度可高出 2～4 个数量级,其检测下限可达 0.1～0.001 $\mu g \cdot cm^{-3}$。

(1) 荧光定量分析。荧光分析可以测定许多类有机化合物,在临床、生物化学和环境保护领域中十分重要。即使不产生荧光的物质,也可通过处理,使之转化为有荧光的物质,再进行定量测定。多数无机金属离子可以与有机试剂形成荧光配合物来进行荧光分析。另外还可以进行多组分的荧光测定。

(2) 基因研究与检测。DNA 的荧光效率很低,以某些荧光分子为探针,通过探针标记分子的荧光变化来研究 DNA 与小分子及药物作用机理,从而探讨致病原因及筛选和设计新的高效低毒药物。

(3) 溶液中单分子的研究,分子荧光利用激光诱导产生超高灵敏度,这已能实时检测到溶液中单分子的行为。目前,已观察到溶液中罗丹明 6G 分子,荧光素分子及其标记的 DNA 分子的单分子行为。

使用范围:不同的荧光光谱仪可以扫描的波长范围有所差别,一般在 200～900 nm。

注意事项

(1) 样品池必须是四面透光的石英池。

(2) 氙灯内充有高压气体,点燃的氙灯温度很高,在通电和点燃的情况下不允许对氙灯进行任何操作。

(3) 溶液的浓度要合适。浓度太大时,由于自淬灭或自吸收等,荧光强度与浓度不成线性关系。

八、原子吸收分光光度计

(一) 测量原理

原子吸收光谱法建立于 20 世纪 50 年代,其原理是物质的基态原子蒸气对其特征谱线具有强烈的吸收作用。当光源发射某元素的特征谱线通过该元素的基态原子蒸气时,原子外层电子将其吸收,造成入射光强度减弱,吸光度与原子蒸气厚度、蒸气中基态原子的数目之间关系符合朗伯-比尔定律。在实际操作中,蒸气中基态原子的数目接近被测元素总原子数,可推得原子吸收分析的定量关系式为 $A=kc$,其中 A 为吸光度,c 为待测物浓度,k 为比例系数。

（二）测定物质含量的方法

原子吸收光谱法常用作定量分析，其中最常用的为标准曲线法，如测人发中的锌。

（三）TAS-986 原子吸收分光光度计

TAS-986 原子吸收分光光度计外形如图 4－18 所示。

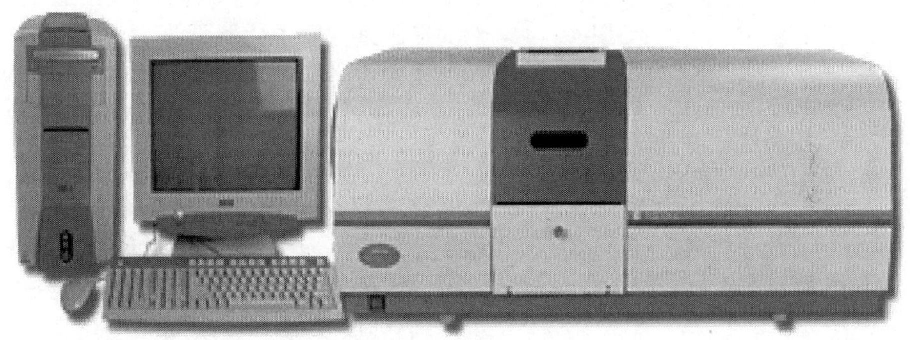

图 4－18　TAS-986 原子吸收分光光度计

1）构造

原子吸收分析仪由光源、原子化器、单色器、检测系统和显示记录系统组成（图 4－19）。原子吸收光谱法中，所使用的光源应为锐线光源，可提供锐、强、稳的特征辐射。目前常用的是空心阴极灯，如图 4－20 所示。空心阴极灯的阴极内含有待测元素，在电场的作用下，灯内所充填的几百帕的稀有气体轰击阴极，使阴极溅射出大量自由电子，从而产生待测元素的特征谱线。用不同的元素作阴极材料，可制成相应元素的空心阴极灯。

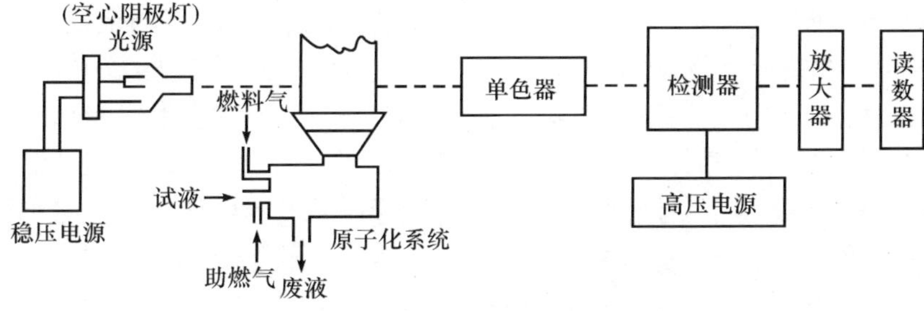

图 4－19　原子吸收分光光度计示意图

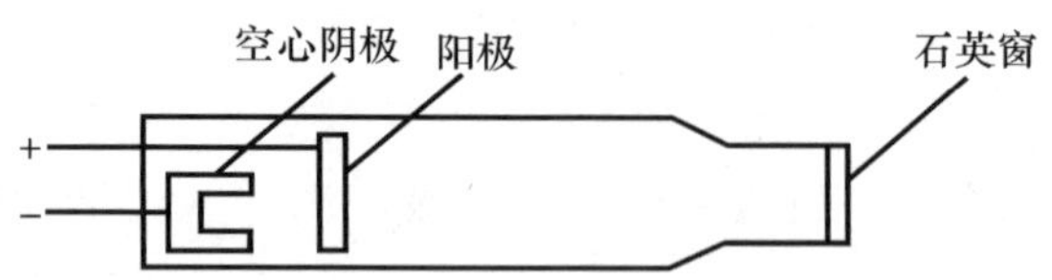

图 4-20　空心阴极灯

原子化器是仪器的关键部件，其作用是使试样原子化，将被测元素转变成基态原子蒸气，原子化效率的高低直接影响测定的准确度。原子化器可分为火焰型和非火焰型两大类。火焰型原子化器主要由喷雾器、雾化室、燃烧器、火焰和供气系统组成，如图 4-21 所示。其中最常用的火焰是空气-乙炔火焰，具有温度高、燃烧稳定、噪声小等特点。对于火焰型原子吸收光度计，可以通过改变灯电流的大小、燃烧器的高度、燃气流量等参数改变原子化率。相对于非火焰型原子化器（目前常用的是石墨炉原子化器），火焰型原子化器具有原子化效率较低、测定灵敏度不够高等缺点。

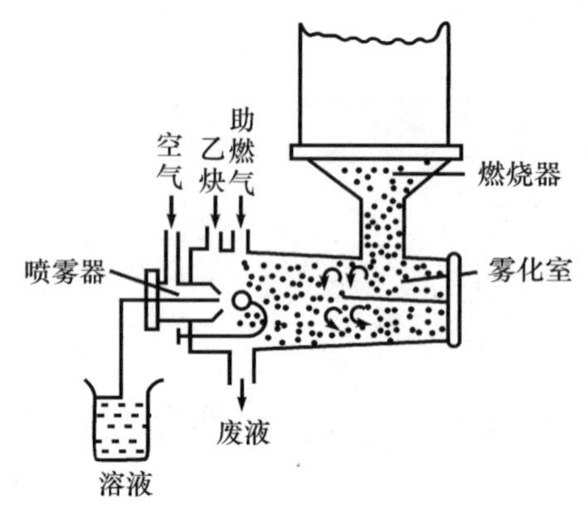

图 4-21　火焰原子化装置

单色器的作用是将待测元素的吸收谱线与其他谱线分开。目前常用的色散元件为光栅。检测系统包括检测器（如光电倍增管）、放大器、读数装置等。

2) TAS-986 原子吸收光度计的使用方法

(1) 开启电脑，打开排风机和仪器的电源，运行专用的 AAWin 软件。出现联机界面时，点击“确定”，仪器自动进行初始化。

(2) 初始化结束后，进入选择元素灯界面，对测量用灯和预热灯进行选择。

(3) 灯的选择完毕后，点击“下一步”，对仪器参数进行设置（测定发锌实验中，工作电流选择 3A；光谱带宽选择 0.2；燃气流量选择 1500；高度选择 10.0；位置选择—5）。然后点击“下一步”，对元素灯进行寻峰（即寻找元素的特征谱线），寻峰结束，完成对元素灯的设置。

(4) 点击“完成”进入测量界面。首先要进行样品设置向导。按照系列标准溶液和样品溶液的数量，以及测量需要进行的步骤进行设置。设置结束后点击“完成”。若对设置进行修改可点击“上一步”。

(5) 样品设置结束后即可进行标准样品和未知样品的测定。首先将系列标准溶液及样品溶液打开，准备进行测定。然后打开风机开关，设置空压机压力为 0.2～0.3MPa，再打开工作开关，然后打开乙炔气瓶的阀门（逆时针），之后点火。

(6) 火焰点燃之后，观察火焰状态。如果达不到测量要求(如火焰呈黄色或不稳)，调节燃烧器参数设置，或调整空压机的压力和乙炔气体的流量。

(7) 将吸管插入到去离子水中，点击“校零”后，再点击“测量”界面右上角出现的对话框。测量时先测空白溶液，然后按浓度从稀到浓的次序测定元素标准溶液，得到一系列的吸光度，测定结束后软件自动绘制标准曲线。最后对样品溶液进行测定，系统可根据其吸光度值自动计算出溶液中该金属元素的浓度。

(8) 测量完毕后，先关闭乙炔气瓶的阀门，将吸管插入去离子水中冲洗几分钟，然后关闭工作开关、风机开关，按下放水阀，最后关闭仪器和电脑的电源。

3) 使用 TAS-986 原子吸收分光光度计时要注意的问题：

(1) 测量前一定要检查废液管中是否有水封，是否已插入废液桶。

(2) 测定每个待测样品前，必须将吸管插入去离子水中洗净。

第三节 GC气相色谱仪

一、仪器原理及结构

气相色谱法(gas chromatography，GC)是一种以气体为流动相，以固体或液体为色谱柱固定相的色谱分离方法。气相色谱具有高选择性、高效性、检测限低、分析速度快、应用范围广等优点。气相色谱仪是目前在科学研究和工业生产中应用最广的分析仪器之一。凡是在－196～450℃的范围内，有一定蒸气压的组分(气体或可挥发性液体、固体)，或者经过化学转化能生成易挥发的稳定的衍生物的不挥发、易分解物质也可以进行分离。

气相色谱的分离原理是利用物质的沸点、极性及吸附性的差异来实现混合物的分离。在一定的温度下，样品中不同组分在载气和固体或液体固定相之间分配系数存在差异，因而实现混合物的分离，表现为按照不同的顺序流出，形成色谱峰。

第一台商品气相色谱仪问世于 20 世纪 50 年代，现在已经成为十分普及的仪器，国内有十几家生产厂商，国外有五六十家生产厂商，提供不同类型及不同用途的气相色谱仪。

6890 系列气相色谱系统是 Agilent 公司生产的气相色谱平台①。它是世界上第一套对压力和流量进行全面电子气路控制(EPC)的气相色谱仪，同时具有完善的功能和高度的自动化。气相色谱仪主要由气路系统、进样系统、检测器和数据处理系统构成。

① 文中部分图表引自 Agilent 仪器说明书，具体仪器操作、维护及工作站使用请参阅仪器说明书。

(一) 气路系统

6890 气相色谱仪的气路系统为 EPC 控制，可以数字化设定所有的气路参数，流量和压力，精确稳定，压力精度能达到 0.01Pa，提高了保留时间和峰面积的重复性，如图 4－22 所示。

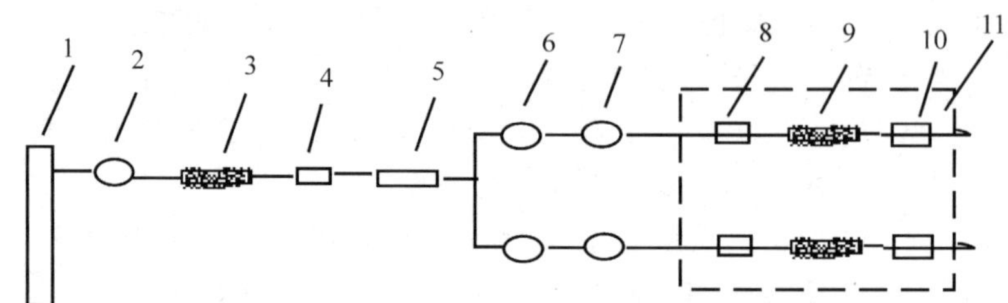

图 4－22　气相色谱仪结构示意图

1. 高压气瓶　2. 减压阀　3. 净化器　4. 稳压阀　5. 压力表
6. 针形阀　7. 压力表　8. 气化室　9. 色谱柱　10. 检测器　11. 恒温箱

(二) 进样系统

6890 气相色谱仪有多种进样器，选择方便。分流、不分流进样口，分流线性、歧视现象小、定量准确，并节省载气。挥发性物质分析进样口(VI)适合于痕量活性气体分析。程序升温气化进样口(PTV)可实现多次、大体积进样，有利于痕量组分的灵敏检测。

(三) 色谱柱

6890 气相色谱仪可以使用毛细管柱、金属填充柱和玻璃填充柱。

(四) 检测系统

6890 气相色谱仪有几种检测器可供选择。如果需要，将来还可以加装其他检测器。其中常用的有热导检测器(TCD)和火焰离子化检测器(FID)。

(五) 色谱工作站

6890 气相色谱仪色谱工作站可以实现操作自动化，全部参数由键盘输入，具有数据处理功能。

二、仪器操作

(一) 气源和气体净化器

气源就是为气相色谱仪提供载气和辅助气体的装置，通常为高压钢瓶、气体发生器及空气压缩机。常用作载气的有氢气、氮气、氩气和氦气，Agilent 6890GC对载气的要求很高，所有使用的气源范围应该在99.995%～99.9995%，氧气和总烃的含量必须非常低(<0.5ppm[①])。具体采用什么样的气源，可以根据实验室的条件来确定。各种气源的使用方法可以参见说明书。

气体净化器的目的是除去载气和检测气体中的水分、氧气和烃类等杂质。色谱柱与氧气或水分的持续接触，特别是在高温下，会导致色谱柱的严重破坏。如果气体在接头处有泄漏，净化器还可以起到一定的保护作用。Agilent 6890GC提供的气体净化器有水分净化器、氧气净化器和烃类净化器，并且有组合的气体净化器，可以用单一净化器除去多种污染物。

（二）流量和压力控制

6890系列气相色谱仪(GC)有两种气体控制方式。两种方式能用于同一仪器。

(1) EPC——电子气路控制。在键盘上设定流量和压力(进样口、检测器及三个以上的辅助气流)。

(2) 无EPC——常规流量/压力控制。进样口使用GC左侧气路上的流量控制器和压力调节器，检测器控制位于检测器后部的GC顶部。用皂沫流量计或其他装置测量流量。

（三）进样口类型与液体自动进样器

6890 GC有五种可使用的进样口(表4-1)。所有进样器都提供电子气路控制(EPC)，其中两种可不提供EPC。

表4-1 6890 GC进样口类型与气体控制方式

进样口类型	气体控制
分流/不分流	EPC和无EPC
吹扫填充柱	EPC和无EPC
冷柱头	仅有EPC
程序温度蒸发	仅有EPC
挥发性物质分析接口	仅有EPC

自动液体进样器包含一个或两个进样架、一个条形码阅读器和一个样品盘。使用GC键盘输入进样器和样品盘设置值并控制样品序列。进样器部件包括：

① 1 ppm$=10^{-6}$，下同。

(1) 进样器架。装有 5 μL 或 10 μL 的注射器用于注射样品。可安装两个架用于两个进样口进样。该架可以从进样口拆下置于 GC 后面的杆上。

(2) 样品托盘。最多可放置 100 个样品瓶。

(3) 进样器转动架。放置样品瓶、废液瓶和洗针溶剂瓶。

(4) 条形码阅读器。对几个不同的条形码阅读和解码。

(四) 检漏

Agilent 6890GC 不推荐使用液体检漏液(肥皂水是普通的一种),特别是在保持清洁很重要的地方。若使用检漏液,需要马上擦干液体以清除肥皂膜。当使用液体检漏液时,还要避免潜在的电击危险。关闭 GC 电源,并断开主电源线,注意不要把检漏液洒在电器部件上。

检漏所需的材料为电子检漏器(优先选用)和检漏液。

(1) 在气源(通常是钢瓶气)调节阀上设定输出载气压力约为 50 psi①。

(2) 设定检测器气体压力如下:

尾吹气=50 psi,氢气=50 psi,空气=50 psi,TCD 参比气=50 psi。

(3) 用检漏器检查每一个接头是否有漏气。

(4) 拧紧接头排除漏气,然后再检查一下,继续拧紧直到所有接头都密封好。

(5) 关闭进样口和检测器气源。

(五) 仪器维护

各个实验室可以根据 Agilent 公司推荐的仪器维护表及自己的实际情况定期进行仪器的维护。

第四节　Agilent 1100 高压液相色谱仪

高效液相色谱法(high performance liquid chromatography,HPLC)是 20 世纪 60 年代发展起来的,目前是最有效和应用最广泛的分离、分析技术。该方法具有高分离速度、高分离效率和高检测灵敏度。在仪器技术上采用了高压泵、高效固定相和高灵敏度检测器,几乎可以用于所有能溶于极性或弱极性溶剂中的有机物的分离。和气相色谱相比,高效液相色谱对热稳定性差、易于分解和变质、具有生理活性的物质及沸点高、相对分子质量大的物质都能够进行分离,应用范围更为广泛。GC 只能分析占有机物 15%～20%的物质,而 HPLC 能分析占有机物 80%～85%的物质。

---

① 1psi=6.894 76×10^3Pa,下同。

高效液相色谱按照流动相及固定相的状态或作用机理，可分为多种分离模式，但其仪器结构都基本相同。目前市场上的高效液相色谱仪种类很多，但都基本由高压输液泵、进样器、色谱柱、检测器和数据处理单元组成。

一、Agilent 1100 高压液相色谱仪的结构

Agilent 1100 高压液相色谱仪的结构如图 4 - 23 所示。Agilent 1100 系列组件外形设计独特、具有灵活多变的组合方式，主要由下面几部分组成：

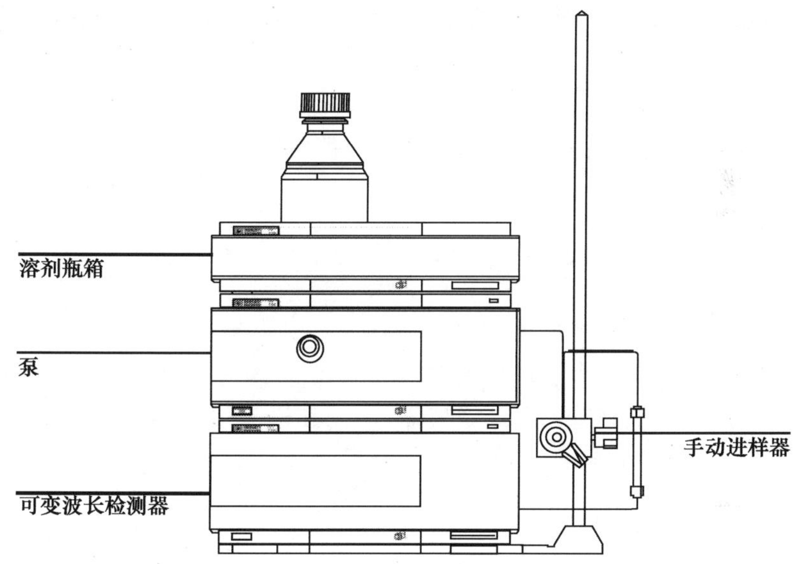

图 4 - 23　Agilent 1100 高压液相色谱仪结构图

(一) 高压输液泵

Agilent 1100 有单元泵、二元泵和四元泵等不同的配置。电子流控阀(EFC)控制的毛细液相泵系统精度高、流速范围广。

(二) 进样器

Agilent 1100 的进样器分为手动进样器(分析型或制备型)、标准自动进样器、微盘式自动进样器、微量标准自动进样器等，进样量 0.01～1800 μL 可供选择，温度范围 4～40℃，可设定步进 1℃，样品瓶容量可达 100 个(2 mL×100)。准确度高，重现性好。

(三) 色谱柱

样品在色谱柱上实现分离。可以根据样品的类型和分离模式进行选择。

(四) 检测器

Agilent 1100 具有多种检测器可供选择。其中最常用的有:可变波长扫描紫外检测器(VWD),波长范围 190～600 nm;二极管阵列检测器(DAD),波长范围 190～950 nm(双灯源)。其他还有多波长检测器(MWD)、荧光检测器(FID)等。

(五) 柱温箱和脱气机组件

柱温箱的温度范围:室温下,10～80℃。仪器还配有真空在线脱气机。

二、仪器操作

(一) 溶剂和样品的过滤

溶剂和样品过滤非常重要,它会对色谱柱、仪器起到保护作用,消除污染对分析结果的影响。色谱柱由于填料颗粒很细,色谱柱内腔很小,溶剂和样品中的细小颗粒会使色谱柱和毛细管容易堵塞仪器;溶剂和样品中的细小颗粒会增加进样阀的堵塞和磨损,同时也会增加泵头内的蓝宝石活塞杆和活塞的磨损。

(二) 流动相使用前的脱气

流动相使用前必须进行脱气处理,以除去其中溶解的气体(如 O_2),防止在洗脱过程中当流动相由色谱柱流至检测器时,因压力降低而产生气泡。气泡会增加基线的噪声,造成灵敏度下降,甚至无法分析。

(三) HPLC 用缓冲盐时要加在线 seal-wash 选项

HPLC 用缓冲盐时,由于泵头内的缓冲盐溶液存在高压析盐现象,析出的细小盐粒非常坚硬,它附着在蓝宝石活塞杆上,随着蓝宝石活塞杆的往复运动,容易产生划痕,并磨损密封垫,造成漏液等故障。在线 seal-wash 选项能有效地带走可能存在的缓冲盐结晶。

三、HPLC 的正确使用和科学保养

(1) 保持储液瓶清洁,对专用储液瓶应定期清洗;用试剂瓶作储液瓶时,要经常更换。

(2) 定期(如半个月)在稀硝酸溶液中超声清洗过滤器,保持过滤器畅通无阻。

(3) 使用 HPLC 试剂和新蒸二次蒸馏水作流动相，流动相使用前必须过滤，不要使用多日存放的蒸馏水(易长菌)。所使用的溶剂其截止波长一定要低于检测波长，对不是 HPLC 级的试剂要进行过滤(HPLC 试剂出厂前已用 0.02μm 滤膜过滤)。对流动相一定要脱气。

(4) 每次开始使用仪器时，要注意放空排气，确保泵头、流动池以及其他流路系统中无气泡存在。

第五章　基 本 实 验

实验一　容量仪器的校准

实验目的

1. 了解容量仪器校准的意义。
2. 掌握滴定管的校准方法;掌握移液管和容量瓶相对体积的校准方法。
3. 初步掌握滴定管、容量瓶和移液管的使用方法。

量器校准原理

滴定管、移液管和容量瓶是滴定分析实验中经常使用的玻璃量器。滴定管和移液管所标示的容积,是指放出液体的体积,称为量出式容器,在仪器上常以“A”标记;容量瓶所标示的容积是指其容纳液体的体积,称为量入式容器,在仪器上常以“E”标记。

各种量器的实际容量与其标示容量都有一定的误差。量器产品都允许有一定的容量误差,滴定管、移液管和容量瓶按其容量精密度分为 A 级和 B 级。国家规定的容量允差和水的流出时间见表 5 - 1～表 5 - 3。合格的产品,其容量一般小于允差。在准确度要求很高的定量分析工作中,应该对仪器进行容量校准,以保证其测量的精度能满足实验结果准确度的要求。

表 5 - 1　常用移液管的规格

标称容量/mL		2	5	10	20　25	50	100
容量允差/mL	A	±0.010	±0.015	±0.020	±0.030	±0.05	±0.08
	B	±0.020	±0.030	±0.040	±0.060	±0.10	±0.16
水的流出时间/s	A	7～12	15～25	20～30	25～35	30～40	35～40
	B	5～12	10～25	15～30	20～35	25～40	30～40

表 5 - 2　常用滴定管的规格

标称总容量/mL		5	10	25	50	100
分度值/mL		0.02	0.05	0.1	0.1	0.2
容量允差/mL	A	±0.010	±0.025	±0.04	±0.05	±0.10
	B	±0.020	±0.050	±0.08	±0.10	±0.20

续表

标称总容量/mL		5	10	25	50	100
水的流出时间/s	A	30～45		40～70	60～90	70～100
	B	20～45		35～70	50～90	60～100
等待时间/s		30				

表 5-3 常用容量瓶的规格

标称容量/mL		10	25	50	100	200	250	500	1000	2000
容量允差/mL	A	±0.020	±0.03	±0.05	±0.10	±0.15	±0.15	±0.25	±0.40	±0.60
	B	±0.04	0±0.06	±0.20	±0.20	±0.30	±0.30	±0.50	±0.80	±1.20

容量仪器的校准方法可以用相对校准和绝对校准两种方法。

当两种容量器皿有一定的比例关系时，可以采用相对校准法。因为在分析化学实验中，常利用容量瓶配制溶液，然后用移液管移取一部分进行测定，此时应知道二者的容量是否为准确的整数倍关系。例如，用 25 mL 移液管量取液体的体积应是 250 mL 容量瓶容积的 1/10。这种校准方法简单，实际工作中应用较多，但应在两件仪器配套使用时应用。

绝对校准就是测定容量器皿的实际容积，一般采用称量法。即在分析天平上称量容器容纳或放出纯水的质量 m，然后查得该温度时纯水的相对密度 ρ，再根据公式 $V=\frac{m}{\rho}$，将纯水的质量换算成纯水的体积。但考虑到水的相对密度受温度的影响，在空气中称量时受空气浮力的影响及玻璃的膨胀系数随温度变化的影响等因素，可以得到一个总校正值，由总校正值得出表 5-4。利用该表的数据，即可将纯水的质量换算成测试温度下的体积。

表 5-4 充满在 1 mL(20℃)玻璃容器中的纯水质量(在空气中用黄铜砝码称量)

温度/℃	1 mL 水的质量/g	温度/℃	1 mL 水的质量/g	温度/℃	1 mL 水的质量/g
10	0.998 39	17	0.997 66	24	0.996 38
11	0.998 32	18	0.997 51	25	0.996 17
12	0.998 23	19	0.997 35	26	0.995 93
13	0.998 14	20	0.997 18	27	0.995 69
14	0.998 04	21	0.996 96	28	0.995 44
15	0.997 93	22	0.996 80	29	0.995 18
16	0.997 80	23	0.996 60	30	0.994 91

【例 5-1】 21℃时，由滴定管中放出纯水，初读数为 0.00 mL，终读数为 10.03 mL，称得质量为 10.04 g，求该段滴定管的实际容积及误差。

解 查表 5-4，21℃时，1 mL 纯水的质量为 0.996 96 g。由公式 $V=m/\rho$，则实际容积为

$$V=\frac{10.04}{0.996\ 96}=10.07(\mathrm{mL})$$

误差为

$$10.07-10.03=+0.04(\mathrm{mL})$$

实验试剂与仪器

乙醇(95%，供干燥仪器用)，分析天平(万分之一)，酸式滴定管(50 mL)，容量瓶(250 mL)，移液管(25 mL)，锥形瓶(50 mL，具有玻璃磨口塞或橡皮塞，洗净、晾干)，普通温度计(0～50℃或 0～100℃，最小分度值 0.1℃)，透明胶纸。

实验内容与操作步骤

1. 移液管的校准

1) 称锥形瓶

取一个洗净晾干的 50 mL 具塞锥形瓶，在分析天平上称量其质量(称准至 0.001 g)。

2) 移取纯水

实验前应先预习第三章第二节“移液管”一节，学会正确使用移液管，然后进行下述操作：

用洁净的移液管从盛放纯水的烧杯中移取 25 mL 纯水至称好的锥形瓶中。

操作过程中应注意以下几点：①移出纯水未调液面之前应先用滤纸片擦干移液管下端的外壁；②向称好的锥形瓶中放水时，移液管的管端应与磨口以下的内壁相接触，切勿接触磨口，也不能触及瓶内的水；③放完水应立即盖上瓶塞。

3) 称量盛水的锥形瓶

两次称量之差即为移液管中放出纯水的质量 m。重复操作一次，两次放出纯水的质量之差应小于 0.01 g。

4) 测量水温

将温度计插入纯水中 5～10 min，测量水温。注意读数时不能把温度计的下端提出水面。

5) 计算

由表 5-4 查出该温度下纯水的密度 ρ，由公式 $V=m/\rho$ 计算移液管的实际容量。

2. 容量瓶的校准

(1) 称容量瓶。取洁净干燥的 100 mL 容量瓶一个，在分析天平上称量其质量(称准至 0.01 g)。

(2) 往容量瓶中注水。往已称量的容量瓶中注水至标线上几毫米处，待 2 min。然后用滴管吸出多余的水。应使液面最低点与标线上边缘相切。

(3) 称量盛水的容量瓶。

(4) 测量水温。

(5) 计算。两次称得质量之差即为容量瓶所容水的质量，查出该温度下纯水的密度，然后计算容量瓶的实际容量。

3. 移液管与容量瓶的相对校准

(1) 取洁净干燥的 250 mL 容量瓶 1 个。

(2) 用 25 mL 移液管准确移取纯水 10 次，注入容量瓶中。使用移液管的注意事项同前。

(3) 观察容量瓶中液面最低点是否与标线相切。如不相切，其间距超过 1mm 时，应用透明胶纸重做一标记。

经相互校准后的移液管和容量瓶必须配套使用。

4. 滴定管的校准

(1) 准备滴定管。将待校准的 50 mL 酸式滴定管洗净，用洁净的布擦干外壁。然后检查是否洗涤干净。方法如下：将洗涤好并擦干外壁的滴定管倒挂于滴定台上，等待 5 min 以上。打开旋塞，用洗耳球将水从管尖(流液口)充入。仔细观察液面在上升过程中是否变形(即弯液面边缘是否起皱)，如变形，应重新洗涤。

(2) 向滴定管中注水。向洗净的滴定管中注入纯水，液面应超过距最高标线约 5mm 处，垂直挂在滴定台上，等待 30s，然后调节液面至刻度 0.00(读准至 0.01 mL)。

(3) 称量锥形瓶。取一个洗净晾干的 50 mL 具塞锥形瓶，在分析天平上称量其质量(称准至 0.001 g)。

(4) 向锥形瓶中注水。由滴定管向锥形瓶中放水，当液面降至被校分度线以上约 0.5 mL 时，等待 15s。然后在 15s 内将液面调节至被校分度线，随即用锥形瓶内壁将滴定管管尖悬挂的液滴靠下，立即盖上瓶塞。

(5) 称量盛水的锥形瓶的质量。

(6) 测量水温。

(7) 计算被校分度线的实际容积并求出校正值。

(8) 按表 5 - 5 所列容量间隔进行分段校准，每次都从滴定管 0.00 mL 标线开始，每支滴定管重复校准一次。

表 5 - 5 滴定管校准记录格式

校准分段/mL	称量记录/g				水的质量/g			实际体积/mL	校正值/mL $\Delta V=V-V_{20}$
	瓶＋水	瓶	瓶＋水	瓶	1	2	平均		
0～10.00									
0～15.00									
0～20.00									
0～25.00									
0～30.00									
0～35.00									
0～40.00									
0～45.00									

(9) 绘制校准曲线。以滴定管读数为横坐标，校准值为纵坐标，绘制滴定管校准曲线。使用时以实际读数加上从曲线上查得的校正值，即为所用溶液的真实体积。

思考题

1. 称量时为什么只要求称准至 mg 位?
2. 称量纯水用的具塞锥形瓶，要求不要将磨口部分和瓶塞沾湿，为什么?
3. 分段校准滴定管时，为什么每次都要从 0.00 mL 开始?

实验二 分析天平称量练习

实验目的

1. 了解分析天平的构造，学习分析天平的使用方法。
2. 学习用差减法称量试样的方法。
3. 学会准确、简明地记录实验原始数据，学会正确运用有效数字。

实验原理

见第二章第九节。

实验试剂及仪器

细沙子(供称量练习用)，双盘半自动电光分析天平，单盘分析天平，称量瓶，瓷坩埚，洁净的小纸条。

实验内容与操作步骤

1. 学会分析天平的正确使用方法

预习第二章第九节按“直接称量法”的要求称量一个洁净、干燥的瓷坩埚，记录其质量 m_1。

2. 差减称量法练习

用差减称量法称取 0.5 g 左右试样(细沙子)。

步骤如下：

(1) 称出空坩埚的质量 m_1；

(2) 称量装有细沙子的称量瓶，记录质量 m_2；

(3) 倾出 0.5 g 左右的沙子至称好的坩埚中；

(4) 称量倾出部分沙子后称量瓶质量 m_3，则倾出沙子质量 $m_c=m_2-m_3$；

(5) 称量倾入沙子后的坩埚，记录质量 m_4，则坩埚中沙子质量 $m_D=m_4-m_1$。

3. 操作结果检验

(1) 检查称出试样(沙子)的质量是否符合要求(0.5 g 左右)。

(2) 检查称量结果。要求 m_c 与 m_D 的差值在 0.4 mg 以内。

4. 重复上述操作

按上述步骤再称取一份样品，以增加称量操作的熟练程度。这次称量可把已盛有沙子的坩埚与沙子质量作为坩埚质量，即不必把坩埚中的沙子倒出。

5. 实验报告格式

	Ⅰ/g	Ⅱ/g
坩埚质量(m_1)	12.3563	12.8743
称量瓶及试样质量(m_2)	8.8421	8.3241
倾出部分样品后称量瓶与试样质量(m_3)	8.3241	7.8338
倾出试样质量($m_c=m_2-m_3$)	0.5180	0.4903
坩埚及倾出试样质量(m_4)	12.8743	13.3645
坩埚中试样质量($m_D=m_4-m_1$)	0.5180	0.4902
操作结果的检验(m_c-m_D)	0.0000	0.0001

6. 注意事项

(1) 认真预习“天平与称量”一节的内容，了解天平的构造与使用方法；了解各种称量方法。

(2) 天平出现故障或调不到零点时,及时报告指导教师,不得擅自处理,以免损坏天平。

(3) 称量完毕,按要求检查好天平,经指导教师签名,方可离开天平室。

思考题

1. 称量的方法有几种? 什么情况下应用差减称量法?
2. 称量结果应记录至几位有效数字?
3. 为什么要求称量结果的偏差在 0.4 mg 以内?
4. 在加减砝码或换砝码以及取、放称量物时,必须休止天平,为什么?

实验三 粗盐的提纯

实验目的

1. 学会几种常见仪器的使用方法。
2. 掌握称量、溶解、沉淀、过滤、浓缩、抽滤等基本操作技术。
3. 通过实际操作,学习提纯无机化合物的基本方法。
4. 学会有关离子的定性鉴定方法。

实验原理

化学试剂或医药中用的氯化钠都是以粗盐为原料提纯的。而粗盐中含有 Ca^{2+}、Mg^{2+}、K^+ 和 SO_4^{2-}、NO_3^- 等可溶性杂质,以及泥沙等不溶性杂质。采用过滤的方法可将不溶性杂质除去;选择适宜的试剂可将 SO_4^{2-}、Mg^{2+}、Ca^{2+} 转化为沉淀而从中除去。首先,加入 $BaCl_2$ 溶液除去其中的 SO_4^{2-},再加入 Na_2CO_3 溶液除去 Mg^{2+}、Fe^{3+}、Ca^{2+} 及多余的 Ba^{2+},溶液中过量的 CO_3^{2-} 用盐酸来中和。所涉及的离子反应如下:

$$Ba^{2+} + SO_4^{2-} = BaSO_4 \downarrow$$

$$Ca^{2+} + CO_3^{2-} = CaCO_3 \downarrow$$

$$2Mg^{2+} + 2CO_3^{2-} + H_2O = Mg_2(OH)_2CO_3 \downarrow + CO_2 \uparrow$$

$$Ba^{2+} + CO_3^{2-} = BaCO_3 \downarrow$$

$$CO_3^{2-} + 2H^+ = H_2O + CO_2 \uparrow$$

粗盐中 K^+、NO_3^- 含量较少,同时由于 NaCl 的溶解度随温度变化不大,而 KNO_3、KCl、$NaNO_3$ 随温度降低其溶解度明显减小,故浓缩时,K^+、NO_3^- 都在溶液中,这时进行抽滤即可将 K^+、NO_3^- 除去,从而得到纯氯化钠。

在核定产品级别时,需做产品质量检验,即对 NaCl 及杂质含量进行分析。

NaCl 含量可用定量分析法测定。详见实验“可溶性氯化物中氯含量的测定”(在此不做要求)。杂质 SO_4^{2-} 可进行限量分析。限量分析是把产品配成一定浓度的溶液,与标准系列溶液进行目视比浊或比色,以确定其含量范围。如果产品的溶液的浊度或颜色不深于某一标准溶液,则杂质含量即低于某一规定的限度,这种分析方法称为限量分析。

实验仪器及试剂

台秤及砝码,烧杯(100 mL),量筒(10 mL、100 mL),塑料洗瓶(500 mL),酒精灯,玻棒,铁台(带铁环),长颈漏斗,石棉网,布氏漏斗,减压装置,点滴板,小试管,比色管。

pH 试纸,滤纸。

粗盐,$FeSO_4 \cdot 7H_2O$ 晶体,镁试剂,H_2SO_4(浓),Na_2CO_3(饱和),$(NH_4)_2C_2O_4$(饱和),HCl(6 $mol \cdot L^{-1}$),NaOH(6 $mol \cdot L^{-1}$),HAc(6 $mol \cdot L^{-1}$),$BaCl_2$(1 $mol \cdot L^{-1}$),$Na_3[Co(NO_2)_6]$(1 $mol \cdot L^{-1}$)。

实验步骤

1. 称量

在台秤上称取粗盐 5.0 g,放入 100 mL 烧杯中。

2. 溶解

向盛有粗盐的小烧杯中加入 30 mL 去离子水,加热、搅拌使其充分溶解。

3. 沉淀

用滴管向上述烧杯中逐滴加入 1 $mol \cdot L^{-1}$ $BaCl_2$ 溶液约 1 mL(20～30 滴),充分搅拌并将溶液加热,令生成的沉淀沉降。然后,沿杯壁在清液中加 2～3 滴 1 $mol \cdot L^{-1}$ 的 $BaCl_2$ 溶液,观察是否出现浑浊。如出现浑浊,表明 SO_4^{2-} 尚未除尽,需要再滴加 $BaCl_2$ 溶液,直至 SO_4^{2-} 沉淀完全。如果不出现浑浊,表明 SO_4^{2-} 已除尽。继续加热至沸后按下述操作进行。

4. 过滤

安装好过滤装置。将烧杯中的混浊液沿玻棒慢慢注入滤器中(注意:①玻棒应与滤纸的三层处接触;②滤器内液面应保持在距滤纸边缘 1 cm 以下)。液体倾完后,从洗瓶中挤出少量水淋洗烧杯 2～3 次,洗涤液也需完全滤入盛有滤液的小烧杯中。

5. 再沉淀

在滤液中慢慢加入 3 mL 饱和 Na_2CO_3 溶液，并充分搅拌，加热至沸，使沉淀沉降。在上清液中再滴加 2～3 滴饱和 Na_2CO_3 溶液，检查沉淀是否完全。如沉淀完全。继续加热至沸，按 4 操作再过滤一次。

6. 中和

为除去上述滤液中多余的 CO_3^{2-}，在不断搅拌下逐滴加入 6 mol · L^{-1} HCl 溶液，用 pH 试纸检验，直至 pH 约为 5 时为止。

7. 浓缩、抽滤

将上述液体加热浓缩至稀粥状，趁热倒入布氏漏斗中进行抽滤。这样就除去了滤液中的 K^+、NO_3^-，同时得到了纯品氯化钠。

8. 产品中 SO_4^{2-}、Mg^{2+}、K^+、Ca^{2+} 的检验

取少量产品溶于 5 mL 去离子水中备用。

1) Ca^{2+}

取 10 滴备用液放入一小试管中，滴加 6 mol · L^{-1} HAc 至酸性，再滴加饱和 $(NH_4)_2C_2O_4$ 溶液，若有白色沉淀(浑浊)出现，表示有 Ca^{2+}；若无浑浊出现，表示 Ca^{2+} 已被除净。

2) Mg^{2+}

取 2 滴备用液于点滴板上，加 1 滴 6 mol · L^{-1}NaOH 溶液和 1～2 滴镁试剂，若生成蓝色沉淀(变蓝)，表示有 Mg^{2+}；若无蓝色出现，则表示 Mg^{2+} 也被除净。

3) K^+

取 1 滴备用液于点滴板上，加 1 滴 0.1 mol · L^{-1} $Na_3[CO(NO_2)_6]$溶液，产生黄色沉淀(溶液变黄)表示有 K^+，否则表示试液中无 K^+。

4) SO_4^{2-} 的限量分析

试样中微量的 SO_4^{2-} 与 $BaCl_2$ 液作用，生成难溶的 $BaSO_4$，使溶液发生浑浊，溶液的浑浊度与 SO_4^{2-} 浓度成正比。

称取 1.00 gNaCl 产品，放于 25 mL 比色管中，加 15 mL 水溶解，再加入 0.50 mL 6 mol · L^{-1}HCl 和 3 mL 25%$BaCl_2$，然后稀释到刻度线，摇匀。把试样溶液与 SO_4^{2-} 标准系列溶液进行比浊，确定产品等级。

附：SO_4^{2-} 标准系列溶液的配制

取 0.01 mg · $L^{-1}$$SO_4^{2-}$ 标准溶液 1.00 mL、2.00 mL 和 5.00 mL 分别置于 3 支 25 mL 比色管中，再分别加入 3.00 mL 25%$BaCl_2$ 和 0.50 mL 6 mol · L^{-1}

HCl，稀释至刻度线，摇匀。其中含 0.01 mg SO_4^{2-} 相当于一级试剂，含 0.02 mg、0.05 mg SO_4^{2-} 的分别相当于二级、三级试剂。

思考题

1. 在除 Ca^{2+}、Mg^{2+}、SO_4^{2-} 时，为什么要先加 $BaCl_2$ 溶液，然后再加 Na_2CO_3 溶液？顺序相反行不行？
2. 为什么在溶液中加入沉淀剂($BaCl_2$ 或 Na_2CO_3)后要加热至沸？
3. 若加入 $BaCl_2$ 溶液将 SO_4^{2-} 沉淀后，不经过滤继续加 Na_2CO_3 溶液，只进行一次沉淀过滤可以吗？
4. 在检验 Ca^{2+} 是否存在时，为什么要加 HAc？

实验四　高锰酸钾的制备

实验目的

1. 了解碱熔法分解软锰矿的原理和方法。
2. 掌握碱熔、浸取、减压过滤、蒸发浓缩、重结晶等基本操作。

实验原理

软锰矿的主要成分是 MnO_2，以它为原料可制备高锰酸钾。制备过程分为两步：

第一步，先将软锰矿与碱在氧化剂(如 O_2、$KClO_3$ 等)存在下共熔，便可得到墨绿色的锰酸钾熔体，反应式如下：

$$2MnO_2 + 4KOH + O_2 \xlongequal{\text{熔融}} 2K_2MnO_4 + 2H_2O$$

本实验是以 $KClO_3$ 为氧化剂，其反应式为

$$3MnO_2 + 6KOH + KClO_3 \xlongequal{\text{熔融}} 3K_2MnO_4 + KCl + 3H_2O$$

第二步，将 K_2MnO_4 转化为 $KMnO_4$。K_2MnO_4 溶于水且在水溶液中发生歧化反应，生成 $KMnO_4$，反应式为

$$3MnO_4^{2-} + 2H_2O \rightleftharpoons MnO_2\downarrow + 2MnO_4^- + 4OH^-$$

加酸或通入 CO_2 气体有利于上述反应的进行，即中和掉所生成的 OH^-。常用通入 CO_2 的方法，反应式为

$$3K_2MnO_4 + 2CO_2 = 2KMnO_4 + MnO_2\downarrow + 2K_2CO_3$$

然后将 $KMnO_4$ 溶液经蒸发、浓缩、减压过滤、重结晶等一系列操作过程，最终得到 $KMnO_4$ 晶体。但这种方法在最理想的情况下，也只能使 K_2MnO_4 的转化率达到 66%，约有 33%又转变为 MnO_2。因此，就产率而言，这种方法(CO_2 法)不如电解

法产率高。电解法在此不做介绍。

实验仪器及试剂

台秤，铁坩埚(60 mL)，铁架台，铁夹，布氏漏斗，吸滤瓶，CO_2 钢瓶，研钵，烧杯，烘箱。

软锰矿粉，KOH(s)，$KClO_3$(s)，CO_2(g)，滤纸，玻璃砂。

实验步骤

1. 锰酸钾溶液的制备

在台秤上称取 4 g $KClO_3$ 固体和 8 g KOH 固体置于 60 mL 铁坩埚中，混合均匀。用铁夹把铁坩埚夹紧，固定在铁架台上，先用小火加热，并用铁棒搅拌。待混合物熔融后，一边用铁棒搅拌，一边将 5 g 软锰矿粉慢慢地分多次加进去。随着软锰矿粉的不断加入，熔融物黏度逐渐增大。这时应用力搅拌，以防止熔体结块，或粘在坩埚内壁上(若反应过于剧烈使熔体溢出，则可将火源移开)。待反应物干涸后，再提高温度，强热 5 min，并适当搅拌。

待熔体冷却后，从坩埚内取出，置于研钵中研细。然后放入 250 mL 烧杯中，用 40 mL 去离子水浸取，浸取过程中不断搅拌，并加热以促进其溶解。将浸取液进行减压过滤，得到墨绿色的 K_2MnO_4 溶液。

2. 用 CO_2 法将 K_2MnO_4 转化为 $KMnO_4$

趁热向溶液中通入 CO_2 气体，直到 K_2MnO_4 全部歧化生成 $KMnO_4$ 和 MnO_2 为止(可用玻棒蘸一些溶液，滴在滤纸上，如果只显紫色而无绿色痕迹，即可认为转化完毕)。然后用玻璃砂漏斗抽滤。弃去 MnO_2 残碴，将滤液转入蒸发皿中，加热蒸发，浓缩至表面出现晶膜。冷却结晶，抽滤至干，称量。

3. $KMnO_4$ 的重结晶

以每克湿产品加 3 mL 去离子水的比例，将制得的粗产品 $KMnO_4$ 晶体加热溶解，趁热过滤，冷却，重结晶，减压过滤，抽干晶体，母液回收。将晶体放在表面皿上，在烘箱内 80℃以下烘干 1h。冷却后，称量，计算产率。将产品放入指定容器中。

思考题

1. 熔融氧化软锰矿时能否用瓷坩埚和玻棒搅拌？为什么？
2. 过滤强碱性溶液，能否用滤纸？为什么？可用什么代替？
3. 本实验用过的容器壁上常会附着一些难以洗去的棕色物质是什么？如何

洗去?

4. 在烘干 $KMnO_4$ 晶体时,应注意什么?为什么?

5. 怎样检验产品的纯度?试设计分析方案。

实验五　重铬酸钾的制备

实验目的

1. 了解由铬铁矿制备 $K_2Cr_2O_7$ 的原理及方法。
2. 巩固熔融、浸取、结晶等操作。
3. 学习通过复分解反应制备化合物的方法。

实验原理

铬铁矿的主要成分是亚铬酸铁 $FeO \cdot Cr_2O_3$,其中含 Cr_2O_3 40%左右,除含杂质铁外,还有硅、铝等杂质。

由铬铁矿制备重铬酸钾的方法是:将铬铁矿粉与碱混合,在空气中加热熔融,生成可溶性的六价铬酸盐,反应式为

$$4FeO \cdot Cr_2O_3 + 8Na_2CO_3 + 7O_2 \xlongequal{\triangle} 8Na_2CrO_4 + 2Fe_2O_3 + 8CO_2 \uparrow$$

在实验中,为降低熔点,使上述反应在较低温度下进行,加入固体 NaOH 作助熔剂,与熔剂 Na_2CO_3 一起熔化 $FeO \cdot Cr_2O_3$,并以 $KClO_3$ 固体代替 O_2 加速氧化,反应式为

$$6FeO \cdot Cr_2O_3 + 12Na_2CO_3 + 7KClO_3 \xlongequal{\triangle} 12Na_2CrO_4 + 3Fe_2O_3 + 7KCl + 12CO_2 \uparrow$$

$$6FeO \cdot Cr_2O_3 + 24NaOH + 7KClO_3 \xlongequal{\triangle} 12Na_2CrO_4 + 3Fe_2O_3 + 7KCl + 12H_2O$$

同时,Fe_2O_3,Al_2O_3,SiO_2 转变为相应的可溶性物质。用去离子水浸取熔体,大部分铁以 $Fe(OH)_3$ 形式留于残渣中,过滤除去残渣及不溶物,将滤液调至 pH 7~8,则铝以 $Al(OH)_3$ 形式,硅以 H_3SiO_3 形式析出。再进行过滤,将得到的滤液酸化,使 Na_2CrO_4 转化为 $Na_2Cr_2O_7$,反应式为

$$2CrO_4^{2-} + 2H^+ \xlongequal{} Cr_2O_7^{2-} + H_2O$$

然后利用复分解反应,制得重铬酸钾,反应式为

$$Na_2Cr_2O_7 + 2KCl \xlongequal{} K_2Cr_2O_7 + 2NaCl$$

温度对 NaCl 溶解度影响很小,但对重铬酸钾的溶解度影响很大。所以,将溶液浓缩后,冷却,即有大量重铬酸钾晶体析出,NaCl 仍留在溶液中。

实验仪器及试剂

铁坩埚,坩埚钳,玻璃砂漏斗,蒸发皿,锥形瓶,抽滤装置,烧杯,台秤,煤气灯,

移液管(25 mL),容量瓶,量筒,研钵,酸式滴定管,水浴锅。

铬铁矿粉(100 目),无水 Na_2CO_3(s),NaOH(s)(A. R.),$KClO_3$(s)(A. R.),KCl(s),H_2SO_4(3 mol·L^{-1}),H_2SO_4-H_3PO_4 混酸(4∶1),二苯胺磺酸钠(0.2%),Fe^{2+} 溶液(0.1 mol·L^{-1})。

实验步骤

1. 氧化

称取 6 g 铬铁矿粉和 4 g 氯酸钾在研钵中混合均匀。另取碳酸钠和氢氧化钠各 4.5 g 于铁坩埚中,混匀后用小火加热直至熔融。然后将矿粉分多次(4 次左右)加入铁坩埚中并不断搅拌。矿粉加完后,用煤气灯强热 30 min,稍冷后将坩埚置于冷水中骤冷一下,以便浸取。

2. 熔块浸取

冷却后的熔块不易取出,可采取下述办法:加少量去离子水于坩埚中,小火加热至沸,将溶液倾入 100 mL 烧杯中,再向坩埚中加去离子水,加热至沸,如此反复 3~4 次,即可取出熔块。将烧杯中的溶液及熔块加热煮沸 15 min,并不断搅拌以加速溶解,稍冷后抽滤,滤渣用 10 mL 去离子水洗涤(滤液控制在 40 mL 左右)。

3. 中和除铝、硅

将滤液用 3 mol·L^{-1} H_2SO_4 调至溶液 pH 7~8,加热煮沸 2~3 min,趁热过滤,残渣用少量去离子水洗涤后弃去。

4. 复分解结晶

将滤液转移至 100 mL 蒸发皿中,再滴加 3 mol·L^{-1} H_2SO_4 调 pH 至 3~4 时,再加 2 g 氯化钾固体,在水浴锅上浓缩至表面有晶膜为止。冷却、结晶、抽滤,得重铬酸钾晶体。

5. 重结晶

将制得的 $K_2Cr_2O_7$ 溶于去离子水中[$m(K_2Cr_2O_7)$∶$m(H_2O)$=1∶1.5]加热使其溶解,浓缩冷却;结晶、抽滤(室温)得到纯 $K_2Cr_2O_7$,将产品在 40~50℃烘干即可。

6. 产品含量分析

(1) 准确称取 1.2~1.5 g 产品溶于 250 mL 容量瓶中,摇匀。

(2) 用移液管准确移取 25.00 mL 0.1 mol · L^{-1} Fe^{2+} 溶液于 250 mL 锥形瓶中，加入 10 mL H_2SO_4-H_3PO_4 混酸和 0.2%二苯胺磺酸钠 6 滴，用 $K_2Cr_2O_7$ 溶液滴定。

溶液由近无色变为绿色，最后变为蓝紫色即为终点，记下此时消耗 $K_2Cr_2O_7$ 溶液的体积，计算出产品中 $K_2Cr_2O_7$ 的质量分数硼 $w(K_2Cr_2O_7)$。

$$w(K_2Cr_2O_7)=\frac{\frac{1}{6}c(Fe^{2+})V(Fe^{2+})\times 0.25\times M(K_2Cr_2O_7)}{m_s V(K_2Cr_2O_7)}$$

思考题

1. 中和除铝、硅时，为何调 pH 7～8？pH 过高或过低有什么影响？
2. 由 Na_2CrO_4 转化为 $Na_2Cr_2O_7$ 在何种介质中进行？为什么？

实验六　硫酸亚铁铵的制备

实验目的

1. 制备硫酸亚铁铵，了解复盐的制备及特性。
2. 熟悉无机制备的一些基本操作。
3. 了解产品检验的一些方法。

实验原理

硫酸亚铁铵[$(NH_4)_2Fe(SO_4)_2 \cdot 6H_2O$]也叫莫尔氏盐，是一种复盐。一般亚铁盐在空气中都不稳定，很容易被氧气氧化，形成复盐后就比较稳定了。因此，在分析化学中常用$(NH_4)_2Fe(SO_4)_2 \cdot 6H_2O$ 作还原剂来标定 $KMnO_4$ 和 $K_2Cr_2O_7$ 标准溶液。

制备时，通常先用铁屑与稀硫酸反应生成 $FeSO_4$：

$$Fe + H_2SO_4(稀) = FeSO_4 + H_2\uparrow$$

然后将等物质量的 $FeSO_4$ 和$(NH_4)_2SO_4$ 溶液混合，经过加热、浓缩、冷却、结晶，得到溶解度比 $FeSO_4 \cdot 7H_2O$ 和$(NH_4)_2SO_4$ 都小的$(NH_4)_2Fe(SO_4)_2 \cdot 6H_2O$。

实验仪器及试剂

台秤，分析天平，锥形瓶，减压过滤装置，蒸发皿，比色管，吸管，水浴锅，表面皿。

铁屑，Na_2CO_3(10%)，H_2SO_4(3 mol · L^{-1})，$(NH_4)_2SO_4$(s)，无水乙醇，滤纸，KSCN(25%)，HCl(3 mol · L^{-1})。

实验步骤

1. 铁屑的净化(去油污)处理

称取 5 g 铁屑放在锥形瓶中，注入 20 mL 10% Na_2CO_3 溶液，小火加热并适当搅拌 5～8 min 以除去铁屑上的油污，用倾析法将碱液倒出，并用去离子水把铁屑反复冲洗干净。

2. 硫酸亚铁的制备

将 20 mL 3 mol・L^{-1} H_2SO_4 倒入盛铁屑的锥形瓶中，在水浴上加热至不再有气泡冒出为止(最好在通风橱中进行)，趁热用减压过滤分离溶液和残渣。滤液转移至蒸发皿内(若滤液稍有浑浊，可滴入硫酸酸化)。将锥形瓶内和滤纸上的残渣(铁屑)洗净，收集起来，用滤纸吸干后称量。算出已反应的铁屑质量，并依据反应式计算出 $FeSO_4$ 的理论产量。

3. 硫酸亚铁铵的制备

根据溶液中 $FeSO_4$ 的量，按 $m(FeSO_4):m[(NH_4)_2SO_4]=1:0.80$，称取固体 $(NH_4)_2SO_4$ 并配成饱和溶液加到 $FeSO_4$ 溶液中，在水浴锅上加热浓缩至表面出现晶体膜，放置，让溶液自然冷却，即析出硫酸亚铁铵晶体。冷却至室温后，减压抽滤，用无水乙醇洗涤晶体两次，将其转移至表面皿上晾干。观察产品的颜色和晶形，称量，计算产率。

4. 产品检验

Fe^{3+} 的限量分析：称取 1 g 产品(准确到 0.001 g)倒入 25 mL 的比色管中，用 15 mL 不含氧的去离子水溶解，再加入 2 mL 3 mol・L^{-1} HCl 和 1 mL 25% KSCN 溶液，最后用不含氧的去离子水稀释至刻度，摇匀。与标准溶液(由实验室提供)进行目视比色，确定产品的等级。

附：目视比色法测产品中 Fe^{3+} 含量所用标准溶液的配制方法

(1) 准确配制 0.01 mol・L^{-1} Fe^{3+} 标准溶液：称取铁铵盐 $NH_4Fe(SO_4)_2 \cdot 12H_2O$ 0.0216 g，溶于少量水中，加浓 H_2SO_4 1 mL，将溶液转移至 250 mL 容量瓶中，用去离子水稀释至刻度，摇匀。

(2) 用吸管吸取 5 mL Fe^{3+} 标准溶液注入 25 mL 比色管中，加 2 mL 3 mol・L^{-1} HCl 和 1 mL 20% KSCN 溶液，再用不含氧的去离子水稀释至刻度，摇匀。这就是一级试剂中 Fe^{3+} 含量的标准溶液。

(3) 分别吸取 10 mL，20 mL Fe^{3+} 标准溶液于 25 mL 比色管中，用同样方法可得到二级、三级试剂 Fe^{3+} 含量的标准溶液。

由于 $Fe(SCN)_3$ 溶液不稳定，故标准溶液现用现配。

此产品分析方法是将成品配成溶液与各标准溶液进行比色，以确定杂质含量范围。如果成品溶液的颜色不深于标准溶液，则认为杂质含量低于某一限度，所以称为限量分析。

思考题

1. 铁屑与稀硫酸反应制取 $FeSO_4$ 反应中，是铁过量还是酸过量？为什么？
2. 为什么用水浴锅加热而不用火直接加热？
3. 浓缩硫酸亚铁铵溶液时，能否浓缩至干？为什么？

实验七　铝锌合金中组分含量的测定

实验目的

1. 了解气体分压的概念。
2. 学习测量气体体积的基本方法和气压计的使用及分析天平的使用。
3. 初步学习用计算机进行实验数据的处理。

实验原理

金属铝、锌与稀盐酸（或稀硫酸）作用，放出氢气：

$$Al+3H^+ \longrightarrow Al^{3+}+\frac{3}{2}H_2\uparrow$$

$$Zn+2H^+ \longrightarrow Zn^{2+}+H_2\uparrow$$

由以上反应式知，1molAl 可置换出 3/2mol H_2；1mol Zn 可置换出 1mol H_2。若称取一定质量 m 的铝锌合金，与过量的稀盐酸（稀硫酸）作用，设合金中铝的质量分数为 x，则

$$\frac{3}{2}\frac{m\cdot x}{M(Al)}+\frac{m(1-x)}{M(Zn)}=n(H_2) \quad (5-1)$$

式中：$M(Al)$、$M(Zn)$分别为金属铝、锌的摩尔质量。

实验装置如图 5 - 1 所示。若在一定温度 T 和一定压力 p_o 下进行实验，设反应前该装置中水面上方空气和水蒸气的体积为 V_1，空气、水蒸气的分压分别为 p(空)、$p(H_2O)$，则由理想气体状态方程知：

$$p_oV_1=p(空)V_1+p(H_2O)V_1 \quad (5-2)$$

反应后，水面上方所含空气、水蒸气和氢气的体积为 V_2，三者分压分别为 p(空)、$p(H_2O)$和 $p(H_2)$，则

$$p_oV_2=p(空)V_2+p(H_2O)V_2+p(H_2)V_2 \quad (5-3)$$

因为 p(空)$V_1=p$(空)$V_2=n$(空)RT，R 为摩尔气体常量，所以式(5-3)－式(5-2)得

$$p(H_2)V_2=p_o(V_2-V_1)-p(H_2O)(V_2-V_1)$$

$$n(H_2)=\frac{[p_o-p(H_2O)](V_2-V_1)}{RT} \qquad (5-4)$$

将式(5-4)代入式(5-1)即可求出该合金中铝、锌的质量分数。

实验仪器及试剂

分析天平和砝码，气压计，温度计，铁台滴定管夹，小试管，长颈漏斗，橡皮管，橡皮塞及导气管，烧杯(100 mL)，量气管(50 mL)，量筒(10 mL)。

HCl(2 mol·L^{-1})，铝锌合金片。

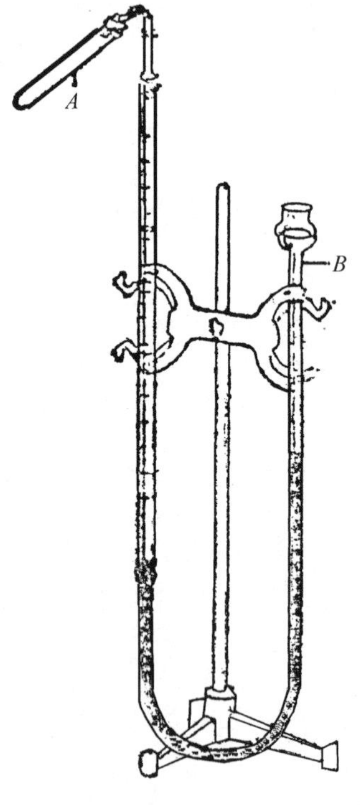

图 5-1　实验装置

实验步骤

(1) 准确称取 0.025～0.035 g 表面洁净的铝锌合金试样，放好待用。

(2) 按装置图 5-1 将仪器连接好。取下试管 A，用洗瓶将去离子水从漏斗 B 慢慢注入量气管中，至水面略低于“0”刻度(最好在 0～5 刻度间)。上下移动漏斗，以除去附着在量气管和橡皮管内壁的气泡。然后装上试管 A，塞紧塞子，检查装置是否漏气：将漏斗向下移动一段距离固定在某一位置上，如果量气管内的水面只在开始时略有下降，然后维持不变，说明装置不漏气；如果液面一直下降，则需检查各接口处是否严密，直至装置不漏气为止。

(3) 取下试管 A，用量筒量取 4 mL 2 mol·L^{-1} 盐酸，经一玻璃漏斗，注入试管 A(以防将酸沾在试管内壁上。将已称好的铝锌合金试样用水沾湿，贴在试管中部(切勿使之触及酸液)。小心安装好试管 A，把塞子塞紧，再检查一次装置是否漏气。

(4) 移动漏斗使液面与量气管中液面保持在同一水平上，记下量气管内液面的位置 V_1(读数时应注意眼睛与凹液面的最低处保持水平)。将试管 A 底部稍向上提，让酸液接触试样并使之落入酸中。此时反应开始，产生的氢气进入量气管中，为避免量气管内的压力太大，当管内水面下降时，漏斗也随着向下移动，使其中水面与量气管中水面基本相齐。注意试管的温度变化。反应停止后，待试管冷却至室温(量气管内水面在 3 min 内改变不超过 0.1

mL 即可)后,移动漏斗,使漏斗及量气管中的水面在同一水平线上,记录下量气管中水面位置 V_2,同时记录室温和大气压。

(5) 将实验数据输入计算机,得出结果。

思考题

1. 本实验中检查装置是否漏气的操作原理是什么?
2. 反应过程中,若由量气管压入漏斗的水过多而溢出,对测定结果有无影响?
3. 反应后,试管尚未冷却至室温就记录量气管内水面位置,对测定结果有何影响?

报告示例

铝锌合金中组分含量的测定

铝锌合金质量 m	______	g
反应后量气管内水面位置 V_2	______	mL
反应前量气管内水面位置 V_1	______	mL
氢气体积 V_2-V_1	______	mL
室温 T	______	K
大气压 p_o	______	kPa
室温时饱和水蒸气压 $p(H_2O)$	______	kPa
氢气物质的量 $n(H_2)=\frac{[p_o-p(H_2O)](V_2-V_1)}{RT}$	______	mol
合金中铝的质量分数 $w(Al)$	______	%
合金中锌的质量分数 $w(Zn)$	______	%

实验八　二氧化碳气体相对分子质量的测定

实验目的

1. 练习使用启普发生器和气体净化装置。
2. 巩固分析天平的称量操作。
3. 学会 CO_2 气体相对分子质量的测定方法。
4. 加深理解理想气体状态方程。

实验原理

测定气态物质相对分子质量的最简便的方法是利用理想气体状态方程式:

$$pV=nRT=\frac{m}{M_r}\cdot RT$$

式中：M_r 为该气体的相对分子质量；R 为摩尔气体常量；p、V、T 分别为实验测定的气体分压、体积、热力学温度。

本实验取一定体积 $V(CO_2)$ 的 CO_2 气体，准确称出其质量 $m(CO_2)$ 后，将 $V(CO_2)$、$m(CO_2)$ 代入上式，即可求出 CO_2 的相对分子质量 $M_r(CO_2)$。

实验仪器及试剂

分析天平，台秤，气压计，温度计，启普发生器，洗气瓶，导气管，锥形瓶（250 mL），干燥管。

石灰石，HCl（6 mol · L^{-1}），水。

实验步骤

(1) 按图 5－2 连接好制取二氧化碳的装置，洗气瓶中装水，借以除去 CO_2 中可能含有的 HCl 及其他杂质；干燥管中装无水氯化钙，可用来干燥 CO_2 气体。

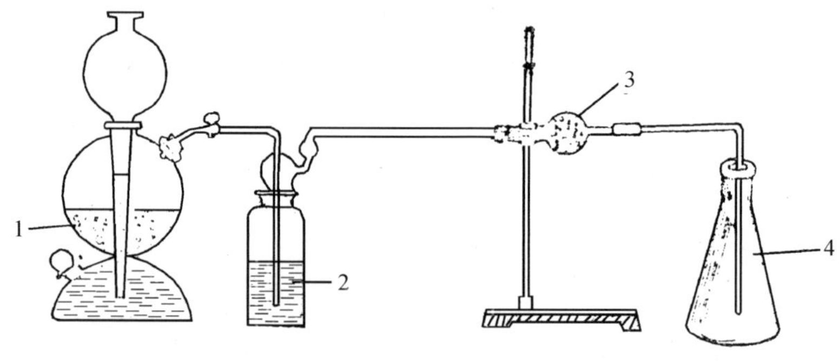

图 5－2 制取 CO_2 装置

1. 石灰石＋稀盐酸 2. 水 3. 无水氯化钙 4. 收集器

(2) 取一干燥而洁净的锥形瓶，配一合适的塞子，塞紧。用橡皮筋在瓶口上做一记号，以确定塞子塞入瓶口的位置，然后用分析天平准确称量出锥形瓶、塞子、空气、橡皮筋的总质量 m_1。

(3) 打开启普发生器中导管上的夹子使反应开始，产生的二氧化碳经净化、干燥导入锥形瓶中，直到充满为止（用燃着的火柴置于瓶口，如果火焰立即熄灭，表示 CO_2 已充满）。慢慢取出导气管，用塞子塞紧瓶口（应与原来塞入瓶口的位置相同）。

(4) 在分析天平上准确称出锥形瓶、塞子、二氧化碳、橡皮筋的总质量 m_2。为验证 CO_2 是否已将瓶中空气完全排出，应在称量后再通入 CO_2 2～3 min，再进行称量 m_2；两次称得质量差不得超过 2 mg，否则应重复通入 CO_2 和称量操作，直到前后两次称量的质量相符为止。

(5) 将锥形瓶内装水至橡皮筋处，连同橡皮塞在台秤上称量，记下质量 m_3。

同时记录实验室的大气压和温度。

(6) 最后根据实验数据计算出 CO_2 的相对分子质量。

思考题

1. 为什么橡皮塞塞入瓶口的位置要用橡皮筋固定?

2. 为什么 CO_2、锥形瓶、塞子和橡皮筋的总质量要在分析天平上称量,而水、锥形瓶、塞子及橡皮筋的质量可以在台秤上称量? 两者的要求有何不同?

3. 收集 CO_2 的锥形瓶能否倒置?

4. 哪些气体可用此方法测定其相对分子质量? 为什么?

报告示例

二氧化碳气体相对分子质量的测定

室温 T	________	K
大气压 p	________	kPa
空气＋锥形瓶 ＋ 塞子 ＋ 橡皮筋总质量 m_1	________	g
第一次(CO_2＋ 锥形瓶 ＋ 塞子 ＋ 橡皮筋)总质量 m_2	________	g
第二次(CO_2＋ 锥形瓶 ＋ 塞子 ＋ 橡皮筋)总质量 m_2	________	g
二氧化碳气 ＋ 锥形瓶 ＋ 塞子 ＋ 橡皮筋总质量 m_2	________	g
水＋锥形瓶＋塞子＋橡皮筋总质量 m_3	________	g
瓶的容积 $V=\dfrac{m_3-m_2}{\rho_{(水)}}$	________	mL
锥形瓶内空气质量 $m_4=\dfrac{pVM(空气)}{RT}$	________	g
锥形瓶＋塞子＋橡皮筋总质量 $m_5=(m_1-m_4)$	________	g
锥形瓶中二氧化碳质量 $m=(m_2-m_5)$	________	g
CO_2 的相对分子质量 $M_r(CO_2)=\dfrac{mRT}{pV}$	________	

其中,$\rho(H_2O)=1.00\ g\cdot mL^{-1}$,$M(空气)=29.0\ g\cdot mol^{-1}$,$R=8.314\ kPa\cdot L\cdot mol^{-1}\cdot K^{-1}$。

实验九　化学反应速率和活化能的测定

实验目的

1. 了解浓度、温度和催化剂对化学反应速率的影响。

2. 测定过二硫酸铵与碘化钾反应的反应速率,并计算反应级数、反应速率常数和反应的活化能。

实验原理

在水溶液中，过二硫酸铵与碘化钾发生如下反应：

$$(NH_4)_2S_2O_8 + 3KI = (NH_4)_2SO_4 + K_2SO_4 + KI_3$$

相应的离子反应式为

$$S_2O_8^{2-} + 3I^- = 2SO_4^{2-} + I_3^- \quad (5-5)$$

其反应速率方程为

$$v = k\, c^m(S_2O_8^{2-})\, c^n(I^-)$$

式中，v 为反应的瞬时速率，如 $c(S_2O_8^{2-})$、$c(I^-)$ 为初始浓度，则 v 即为起始反应的瞬时速率；k 为反应速率常数；m 与 n 之和为反应级数。

实验能测定的速率是一定时间 Δt 内的平均速率 $\bar{v}$，则化学反应的 $\bar{v}$ 可表示为

$$\bar{v} = \frac{-\Delta c(S_2O_8^{2-})}{\Delta t}$$

由于在 Δt 时间内反应物浓度的变化很小，所以可以近似地用平均速率 $\bar{v}$ 代替瞬时速率：

$$v = \frac{-\Delta c(S_2O_8^{2-})}{\Delta t} = k\, c^m(S_2O_8^{2-})\, c^n(I^-)$$

为了能测出在 Δt 时间内 $S_2O_8^{2-}$ 浓度的改变值，需要在混合 $(NH_4)_2S_2O_8$ 和 KI 溶液的同时，加入一定体积已知浓度的 $Na_2S_2O_3$ 溶液和淀粉溶液，这样在反应(5-5)进行的同时，也进行着如下反应：

$$2S_2O_3^{2-} + I_3^- = S_4O_6^{2-} + 3I^- \quad (5-6)$$

反应(5-6)进行得非常快，瞬间即可完成，而反应(5-5)比反应(5-6)慢得多，因此由反应(5-5)生成的 I_3^- 立即与 $S_2O_3^{2-}$ 作用，生成无色的 $S_4O_6^{2-}$ 和 I^-。故在反应开始的一段时间内，看不到碘与淀粉反应而显示的蓝色，但当 $S_2O_3^{2-}$ 用尽，反应(5-5)继续生成的 I_3^- 就与淀粉反应显示出蓝色。

从反应开始到有蓝色出现标志着 $S_2O_3^{2-}$ 全部用尽，$S_2O_8^{2-}$ 浓度的改变量 $\Delta c(S_2O_8^{2-})$ 就是 $S_2O_3^{2-}$ 的初始浓度。再从反应(5-5)和反应(5-6)可以看出，$S_2O_8^{2-}$ 浓度的改变量为 $S_2O_3^{2-}$ 浓度改变量的一半，即

$$\Delta c(S_2O_8^{2-}) = \frac{1}{2}c(S_2O_3^{2-})$$

记录从反应开始到溶液出现蓝色所需的时间 Δt，由 $S_2O_3^{2-}$ 的不同初始浓度可求 m、n 和反应速率常数 k。

根据 Arrhenius 公式，反应速率常数 k 与温度 T 有如下关系：

$$\lg k = A - \frac{E_a}{2.303RT}$$

式中：E_a 为反应的活化能；R 为摩尔气体常量；A 为经验常数；T 为热力学温度。测出不同温度时的 k，以 $\lg k$ 对 $\frac{1}{T}$ 作图，就可通过直线的斜率 $\frac{-E_a}{2.303R}$ 计算出反应的活化能 E_a。

实验仪器及试剂

秒表，量筒，烧杯，大试管，恒温水浴槽，碱式滴定管，温度计，加液器。

$(NH_4)_2S_2O_8$（0.2 mol · L^{-1}），KI（0.1 mol · L^{-1}），$Na_2S_2O_3$（0.01 mol · L^{-1}），KNO_3（0.1 mol · L^{-1}），$(NH_4)_2SO_4$（0.2 mol · L^{-1}），$Cu(NO_3)_2$（0.02 mol · L^{-1}），淀粉溶液（0.2%）。

实验步骤

1. 浓度对化学反应速率的影响

在室温下，分别将 0.1 mol · L^{-1} KI 溶液、0.2%淀粉、0.01 mol · L^{-1} $Na_2S_2O_3$ 溶液装入碱式滴定管中，然后分别取 4.00 mL KI 溶液、1 mL 淀粉溶液、1 mL $Na_2S_2O_3$ 溶液都倒入 50 mL 的小烧杯中。用加液器准确量取 4.00 mL $(NH_4)_2S_2O_8$ 溶液，迅速倒入小烧杯中，同时按动秒表，不断搅拌，当溶液刚出现蓝色时，立即按停秒表，记录反应时间和温度。

用同样的方法按表 5 - 6 中的用量进行另外四次实验。为了使实验时离子强度和总体积保持不变，不足的量分别用 0.2 mol · L^{-1} KNO_3 和 0.2 mol · L^{-1} $(NH_4)_2SO_4$ 来补充。

表 5 - 6　浓度对反应速率的影响　　室温 T=______℃

实验编号		Ⅰ	Ⅱ	Ⅲ	Ⅳ	Ⅴ
试剂用量/mL	0.1 mol · L^{-1} KI	4	4	4	2	1
	0.2%淀粉溶液	1	1	1	1	1
	0.01 mol · L^{-1} $Na_2S_2O_3$	1	1	1	1	1
	0.1 mol · L^{-1} KNO_3	0	0	0	2	3
	0.2 mol · L^{-1} $(NH_4)_2SO_4$	0	2	3	0	0
	0.2 mol · L^{-1} $(NH_4)_2S_2O_8$	4	2	1	4	4
反应物的初始浓度/(mol · L^{-1})	KI					
	$(NH_4)_2S_2O_8$					
	$Na_2S_2O_3$					
反应时间 Δt/s						
反应速率 $\Delta c(Na_2S_2O_3)/2\Delta t$/(mol · L^{-1} · s^{-1})						
速率常数 k						
反应级数		m=	n=		$m+n$=	

化学反应速率可表示为

$$v=\frac{-\Delta c(S_2O_8^{2-})}{\Delta t}=\frac{-\Delta c(S_2O_3^{2-})}{2\Delta t}=k\,c^m(S_2O_8^{2-})\,c^n(I^-)$$

根据Ⅰ组实验数据可得

$$\frac{-\Delta c(S_2O_3^{2-})}{2\Delta t_1}=k\,c_1^m(S_2O_8^{2-})\,c_1^n(I^-)$$

根据Ⅱ组实验数据可得

$$\frac{-\Delta c(S_2O_3^{2-})}{2\Delta t_2}=k\,c_2^m(S_2O_8^{2-})\,c_2^n(I^-)$$

根据Ⅵ组实验数据可得

$$\frac{-\Delta c(S_2O_3^{2-})}{2\Delta t_4}=k\,c_4^m(S_2O_8^{2-})\,c_4^n(I^-)$$

Ⅰ、Ⅱ组的 $c(I^-)$相同，可得$\frac{\Delta t_2}{\Delta t_1}=\frac{c_1^m(S_2O_8^{2-})}{c_2^m(S_2O_8^{2-})}$求出 m 值；Ⅰ、Ⅵ组的 $c(S_2O_8^{2-})$相同，可得$\frac{\Delta t_4}{\Delta t_1}=\frac{c_1^n(I^-)}{c_4^n(I^-)}$，求出 n 值，此反应的级数为 $m+n$。然后将 m、n 代入各式中求 k，再求 $\bar{k}$。

也可以用表中的Ⅰ、Ⅱ、Ⅲ组数据作图求出 m，用Ⅰ、Ⅵ、Ⅴ组数据作图求出 n，然后再求 k。

2. 温度对化学反应速率的影响

取一大试管，加入 0.1 mol・L^{-1}KI 溶液 2 mL、0.2%淀粉溶液 1 mL、0.01 mol・L^{-1} $Na_2S_2O_3$ 溶液 1 mL 和 0.1 mol・L^{-1} KNO_3 溶液 2 mL，另取一大试管加入 0.2 mol・L^{-1} $(NH_4)_2S_2O_8$ 溶液 4 mL，将两支大试管同时放入比室温高 10℃的恒温水浴槽中，待试管中溶液与水温相同时，将$(NH_4)_2S_2O_8$ 迅速加到 KI 的混合液中，同时按动秒表并不断搅拌。当溶液刚出现蓝色时，记录反应时间。

在比室温分别低 10℃和高 20℃的条件下，重复上述实验，记录反应时间，并计算活化能 E_a(表 5－7)。

表 5－7 温度对化学反应速率的影响

实验编号	Ⅳ	Ⅵ	Ⅶ	Ⅷ
反应温度/℃				
反应时间 Δt/s				
速率常数 k				
反应活化能 E_a/(kJ・mol^{-1})				

3. 催化剂对反应速率的影响

按表 5－6 中实验编号Ⅳ的试剂用量将 KI、$Na_2S_2O_3$、淀粉和 KNO_3 加入到一大试管中，再加入 2 滴 0.02 mol · L^{-1} $Cu(NO_3)_2$ 溶液，摇匀，然后迅速加入 0.2 mol · L^{-1} $(NH_4)_2S_2O_8$ 溶液 4 mL，振荡试管，记时（表 5－8），并与实验编号 Ⅳ（不加催化剂）的反应时间相比较，得出定性结论。

表 5－8　催化剂对反应速率的影响

实验编号	0.02 mol · L^{-1} $Cu(NO_3)_2$ 用量	反应时间/s
Ⅳ	0	
Ⅸ	2 滴	

思考题

1. 根据化学反应方程式，是否可以确定反应级数？用本实验的结果加以说明。

2. 实验中为什么可以由反应溶液出现蓝色的时间长短来计算反应速率？溶液出现蓝色后，反应是否终止了？

3. 本实验 $Na_2S_2O_3$ 用量过多或过少，对实验结果有何影响？$(NH_4)_2S_2O_8$ 溶液是慢慢加入的，对实验结果又有何影响？

4. 若不用 $c(S_2O_8^{2-})$，而用 $c(I^-)$或 $c(I_3^-)$的变化来表示反应速率，则反应速率常数 k 是否一样？

实验十　乙酸解离度和解离常数的测定

实验目的

1. 了解测定乙酸解离度和解离常数的方法。

2. 学会使用酸度计。

实验原理

乙酸（常用 CH_3COOH 或 HAc 表示）是弱电解质，在水溶液中存在以下解离平衡：

$$HAc + H_2O \rightleftharpoons Ac^- + H_3O^+$$

若 HAc 的起始浓度为 c_0，$c(H^+)$、$c(Ac^-)$、$c(HAc)$分别为 H^+、Ac^-、HAc 的平衡浓度，则有

$$c(H^+) = c(Ac^-)$$

$$c(\mathrm{HAc})=c_0-c(\mathrm{H^+})$$

$$K_a^\ominus=\frac{[c(\mathrm{H^+})/c^\ominus][c(\mathrm{Ac^-})/c^\ominus]}{[c(\mathrm{HAc})/c^\ominus]}=\frac{[c(\mathrm{H^+})/c^\ominus]^2}{[c_0-c(\mathrm{H^+})]/c^\ominus}$$

$$\alpha=\frac{c(\mathrm{H^+})}{c_0}\times 100\%$$

所以测出已知浓度的 HAc 溶液的 pH，就可以计算出它的解离度和解离常数。

实验仪器及试剂

酸度计，玻璃电极，饱和甘汞电极，电磁搅拌器，烧杯(50 mL)，量筒，温度计。

标准缓冲溶液(pH 4.01)，HAc(0.2 mol · L^{-1})标准溶液。

实验步骤

1. 配制不同浓度的 HAc 溶液

按表 5-9 中试剂用量，用滴定管分别放出 0.2 mol · L^{-1}的 HAc 标准溶液加入五只干燥的 50 mL 烧杯中，用蒸馏水稀释配成不同浓度的溶液。

表 5-9　配制不同浓度的 HAc 溶液

溶液编号	$V(\mathrm{HAc})$/mL	$V(\mathrm{H_2O})$/mL	$c(\mathrm{HAc})$/(mol · L^{-1})
1	3.00	45.00	
2	6.00	42.00	
3	12.00	36.00	
4	24.00	24.00	
5	48.00	0.00	

2. 测定 HAc 溶液的 pH，计算解离度和解离常数

将溶液按由稀到浓的次序在酸度计分别测定它们的 pH，记录数据和室温，填入表 5-10 中，计算解离度和解离常数。

表 5-10　测定溶液的 pH　　温度 $T=$______℃

溶液编号	c(HAc)/(mol · L^{-1})	pH	$c(\mathrm{H^+})$/(mol · L^{-1})	α(HAc)	$K_a^\ominus$(HAc)	
					测定值	平均值
1						
2						
3						
4						
5						

思考题

1. 改变所测 HAc 溶液的浓度或温度，解离度和解离常数有无变化？若有变化，如何变？

2. 测定 HAc 溶液的 pH 时，为什么要采取浓度由稀到浓的顺序进行？

3. 判断“解离度越大，酸度就越大”这句话是否正确，并说明理由。

实验十一 缓冲溶液的配制及其性质

实验目的

1. 学会配制缓冲溶液。
2. 了解缓冲溶液的性质。
3. 了解影响缓冲溶液缓冲能力大小的因素。

实验原理

含有弱酸及其共轭碱或弱碱及其共轭酸的溶液，可抵抗少量的强酸、强碱而保持溶液的 pH 基本不变，这样的溶液叫缓冲溶液。抵抗少量的强酸、强碱而保持 pH 基本不变的作用称缓冲作用。

如果缓冲溶液是由弱酸 HA 及其共轭碱 A^- 组成的，当向溶液中加入少量的强酸时，缓冲溶液中的抗酸成分 A^- 便和 H^+ 生成 HAc，溶液的 pH 不会因加入少量的强酸而发生变化。

$$H^+ + A^- \xlongequal{\quad} HA$$

当向溶液中加入一定量强碱时，缓冲溶液中的抗碱成分 HA 便和 OH^- 生成 H_2O，溶液的 pH 也不会因加入少量的强碱而发生变化。

$$HA + OH^- \xlongequal{\quad} H_2O + A^-$$

当稀释时，HAc 和 Ac^- 浓度以相同的比例减小，其比值不变。因此，适当稀释缓冲溶液不影响溶液的 pH。

缓冲溶液之所以有缓冲作用主要是溶液中存在着大量的抗酸成分和抗碱成分。缓冲溶液的缓冲能力并不是无限的，若加入过量的强酸、强碱，溶液中的抗酸成分和抗碱成分耗尽时，它就失去了缓冲能力。

弱酸 HA 和其共轭碱 A^- 组成缓冲溶液，pH 可由式(5-7)计算：

$$pH = pK_a^{\ominus} - \lg \frac{c_a}{c_b} \tag{5-7}$$

弱碱(NH_3)和其共轭酸(NH_4^+)组成的缓冲溶液，pH 计算公式如下：

$$pH = 14 - pK_b^\ominus + \lg \frac{c_b}{c_a} \tag{5-8}$$

由式(5－7)、式(5－8)可知，配制缓冲溶液时，首先选择共轭酸碱对的 $pK_a^\ominus$（$pK_b^\ominus$）等于或接近缓冲溶液的 pH(pOH)，然后根据所需要的 pH 具体调节共轭酸碱对的浓度比。提高共轭酸碱对的浓度，可提高缓冲溶液的缓冲能力，但浓度不能太高。浓度一般控制在 0.1～1 mol · L^{-1}之间，当共轭酸碱对浓度比为 1∶1 时，缓冲溶液的缓冲能力最大。

实验仪器及试剂

烧杯(100 mL)，试管，量筒(10 mL)，吸量管，pHs-2c 型精密级酸度计。

NaAc(0.1 mol · L^{-1})，HAc(0.1 mol · L^{-1})，$NH_3 \cdot H_2O$(0.1 mol · L^{-1})，NH_4Cl(0.1 mol · L^{-1})，HCl(0.1 mol · L^{-1})，NaOH(0.1 mol · L^{-1})。

实验步骤

1. 配制缓冲溶液

分别配制 pH 4.00、pH 10.00 的四种缓冲溶液各 80.00 mL，用酸度计测定 pH，记录数据于表 5－11 中，并比较实测值和理论值。

表 5－11 缓冲溶液的配制

缓冲溶液编号	pH_1	缓冲组分	各组分体积/mL	实测 pH_2
1	4.00			
2	4.75			
3	10.00			

2. 缓冲溶液的性质

取三个 100 mL 烧杯，分别加入上述配制好的 pH 4.00 的缓冲溶液 25.00 mL。各滴加 10 滴 0.1mol · L^{-1} HCl 溶液、10 滴 0.1 mol · L^{-1} NaOH 溶液和 25 mL 蒸馏水，搅拌均匀后，用酸度计测定溶液的 pH_2 值，将数据记表 5－12 中。将 pH 4.00 的溶液换成 pH 10.00 的溶液，重复上述操作。

表 5-12　缓冲溶液的性质

缓冲溶液编号	pH_1	加入试剂	混合液 pH_2	ΔpH
1		10 滴 HCl		
		10 滴 NaOH		
		25 mL 蒸馏水		
3		10 滴 HCl		
		10 滴 NaOH		
		25 mL 蒸馏水		

3. 缓冲能力与共轭酸碱对组分的关系

将步骤 1 中配制的 pH 4.00、pH 4.75 的缓冲溶液重复步骤 2 的操作，结果填入表 5-13 中。

取 42.5 mL 0.1 mol·L^{-1} HAc 和 7.5 mL 蒸馏水置于 100 mL 烧杯（溶液编号 4）中，用酸度计测 pH。然后将溶液等分分别放入两个小烧杯中，各滴加 10 滴 0.1 mol·L^{-1} HCl 和 10 滴 0.1 mol·L^{-1} NaOH 溶液，测其 pH_2，记录数据填入表 5-13 中。

取 42.5 mL 蒸馏水和 7.5 mL 0.1 mol·L^{-1} NaAc 溶液（溶液编号 5），重复上述操作。

表 5-13　缓冲能力与共轭酸碱对组分的关系

溶　液	pH_1	所加试剂	混合液 pH_2	ΔpH
1		10 滴 HCl		
		10 滴 NaOH		
		25 mL H_2O		
2		10 滴 HCl		
		10 滴 NaOH		
		25 mL H_2O		
4		10 滴 HCl		
		10 滴 NaOH		
5		10 滴 HCl		
		10 滴 NaOH		

思考题

1. 缓冲溶液具有哪些重要的性质？
2. 为什么缓冲溶液具有缓冲能力？

实验十二 氧化还原反应

实验目的

1. 掌握电极电势、反应介质酸度及反应物浓度对氧化还原反应的影响。
2. 熟悉几种重要的氧化剂、还原剂。
3. 了解影响氧化还原反应的因素。

实验原理

氧化还原反应是很重要的一类化学反应。它的本质特征是在反应过程中有电子的转移，因而使元素的氧化数发生变化。元素原子氧化数升高（即失去电子）的反应称为氧化反应，含该元素的物质为还原剂。相反，元素氧化数降低（得电子）的反应称为还原反应，含该元素的物质为氧化剂。

水溶液中，物质氧化还原能力的强弱，可用相关的电对的电极电势(φ)进行比较：电极电势(φ)越高，电对中氧化态物质的氧化能力越强。反之，电对中还原态物质的还原能力越强。因此，氧化还原反应的自发方向总是电极电势较高的电对中的氧化态物质与电极电势较低的电对中的还原态物质反应，分别转化为相应的还原态和氧化态物质。

物质的浓度与电极电势(φ)的关系可用能斯特方程表示：

$$\varphi=\varphi^{\ominus}+\frac{0.0592V}{n}\lg\frac{c(\mathrm{Ox})/c^{\ominus}}{c(\mathrm{Red})/c^{\ominus}} \qquad (25℃)$$

式中：$\varphi^{\ominus}$为标准电极电势；$c(\mathrm{Ox})$及$c(\mathrm{Red})$分别表示氧化态和还原态的平衡浓度；$c^{\ominus}$为标准浓度。因此，氧化态或还原态物质浓度变化都会改变其电极电势(φ)。

有些反应，如含氧酸根离子参加的氧化还原反应中经常有 H^+ 参加，因而介质的酸度也会对 φ 值产生影响。

电极电势(φ)的高低对氧化还原反应的方向、反应速率及产物等都有影响。通过本次实验，我们将对此加深理解。

实验仪器及试剂

小试管，玻棒，吸管，小烧杯，酒精灯。

HCl(6 mol · L^{-1})，NaOH(6 mol · L^{-1})，CCl_4，溴水，碘水，淀粉(1%)，Zn 片，

H_2O_2(3%),NH_4F(饱和),$NaHCO_3$(s),H_2SO_4(3 mol · L^{-1}),HAc(3 mol · L^{-1}),Na_2SO_3(0.5 mol · L^{-1}),$Na_2S_2O_3$(0.5 mol · L^{-1}),AsO_4^{3-} 试液,$CuSO_4$(0.2 mol · L^{-1}),$KMnO_4$(0.01 mol · L^{-1}),KI(0.1 mol · L^{-1}),KBr(0.1 mol · L^{-1}),$(NH_4)_2Fe(SO_4)_2$(0.1 mol · L^{-1}),Na_2S(0.1 mol · L^{-1}),$Pb(NO_3)_2$(0.1 mol · L^{-1}),$FeCl_3$(0.1 mol · L^{-1}),$FeSO_4$(0.1 mol · L^{-1})。

实验步骤

1. 电极电势与氧化还原反应的关系

(1) 在试管中加入 1 mL 0.2 mol · L^{-1} $CuSO_4$ 溶液,然后插入 Zn 片,15 min 后,观察溶液的颜色和 Zn 片表面的变化。

(2) 将 2 滴 0.1 mol · L^{-1} $FeCl_3$ 和 10 滴 0.1 mol · L^{-1} 的 KI 溶液在试管中混匀,加 5 滴 CCl_4 充分振荡,放置片刻,观察 CCl_4 层的变化。将 0.1 mol · L^{-1} KBr 代替 0.1 mol · L^{-1} KI,重复上述操作。根据实验结果,定性比较 $\varphi(Br_2/Br^-)$、$\varphi(I_2/I^-)$、$\varphi(Fe^{3+}/Fe^{2+})$的高低,并指出最强的氧化剂和还原剂。

(3) 取两支试管,一支加入 5 滴 0.1 mol · L^{-1} $FeSO_4$ 溶液,另一支加 5 滴蒸馏水后,分别滴入 2 滴溴水,充分振荡后,观察两溶液颜色。再取两支试管,各加入 5 滴 0.1 mol · L^{-1} $FeSO_4$ 溶液,向其中一试管中滴入 5 滴饱和 NH_4F 溶液,各加入 2 滴碘水,充分振荡后,观察溶液的颜色变化,并加以解释。根据实验结果,说明电极电势与氧化还原反应方向的关系。

(4) 将 2 滴 0.1 mol · L^{-1} KI 和 1 滴 3 mol · L^{-1} H_2SO_4 混入一试管中,再滴入 3% H_2O_2 数滴,观察溶液的颜色变化。再滴入 1%的淀粉 1 滴,有何现象? 向溶液中再滴加 6 mol · L^{-1} NaOH 溶液数滴,观察现象,并试用碘在碱性介质中的标准电极电势图来解释。

2. 氧化剂、还原剂的相对性

(1) H_2O_2 的氧化性。在盛有 5 滴 0.1 mol · L^{-1} $Pb(NO_3)_2$ 的小试管中,滴加 0.1 mol · L^{-1} Na_2S 溶液 5 滴,观察沉淀的颜色。静置后,倾出上清液,在沉淀上滴加 3% H_2O_2 数滴,在水浴中微热片刻后,观察其现象。

(2) H_2O_2 的还原性。取 5 滴 0.1 mol · L^{-1} $KMnO_4$ 溶液于一试管中,滴加 2 滴 3 mol · L^{-1} H_2SO_4 后,再逐滴加入 3% H_2O_2,观察其颜色的变化。

3. 介质酸度对氧化还原反应的影响

(1) 在各盛有 10 滴 0.1 mol · L^{-1} KBr 的两试管中,分别滴入 10 滴 3 mol · L^{-1} H_2SO_4 和 10 滴 3 mol · L^{-1}的 HAc,然后各滴入 2 滴 0.01 mol · L^{-1} $KMnO_4$

溶液，观察并比较紫色褪去的快慢，写出反应式，并加以解释。

(2) 取三支试管，各加入 10 滴 0.5 mol · L^{-1} Na_2SO_3 溶液，向第一支试管中滴入 2 滴 3 mol · L^{-1} H_2SO_4，向第二支试管滴入 2 滴蒸馏水，向第三支试管中滴入 2 滴 6 mol · L^{-1} NaOH 溶液，然后向三支试管中滴入 0.01 mol · L^{-1} $KMnO_4$ 溶液 2 滴，摇匀。观察并解释其现象。

(3) 将 5 滴 AsO_4^{3-} 试液和 2 滴 0.1 mol · L^{-1} KI 溶液混入一试管内，微热后，滴加 2 滴 6 mol · L^{-1} HCl 和 1 滴 1% 淀粉溶液，观察其现象。再加入少许 $NaHCO_3$ 固体，以调节溶液至微碱性，观察溶液颜色变化，再滴入 1 滴 6 mol · L^{-1} HCl，溶液的颜色又如何变化？试加以解释。

4. 浓度、沉淀平衡、配位平衡对氧化还原反应的影响

(1) 取 5 滴 0.1 mol · L^{-1} $(NH_4)_2Fe(SO_4)_2$ 溶液，加入 5 滴 0.1 mol · L^{-1} KI 溶液，再滴入 5 滴 CCl_4 振荡，观察 CCl_4 层的颜色。再取 5 滴 0.1 mol · L^{-1} $(NH_4)_2Fe(SO_4)_2$ 溶液，滴入 5 滴饱和 NH_4F 溶液，再加入 5 滴 0.1 mol · L^{-1} KI 溶液和 5 滴 CCl_4，观察 CCl_4 层的颜色，并与前一实验比较，试加以解释。

(2) 向 20 滴 0.2 mol · L^{-1} $CuSO_4$ 溶液中加入 10 滴 0.1 mol · L^{-1} KI 溶液，再逐滴加入 0.5 mol · L^{-1} $Na_2S_2O_3$ 溶液，以除去反应中生成的碘。离心分离后，观察沉淀颜色。并用 $\varphi^{\ominus}(I_2/I^-)$、$\varphi^{\ominus}(Cu^{2+}/Cu)$，$K_{sp}^{\ominus}(CuI)$解释此现象。

(3) 向 10 滴 0.1 mol · L^{-1} $FeCl_3$ 溶液中逐滴加入饱和 NH_4F 溶液至溶液恰变为无色。再滴入 10 滴 0.1 mol · L^{-1} KI 溶液及 5 滴 CCl_4，充分振荡后，静置片刻，观察 CCl_4 层颜色。与 $(NH_4)_2Fe(SO_4)_2$ 的结果进行比较，并加以解释。

思考题

1. H_2O_2 为什么既具有氧化性又具有还原性？反应后可生成何种产物？
2. 以 $KMnO_4$ 为例，说明 pH 对氧化还原产物的影响。
3. 自行设计实验，确定 $\varphi^{\ominus}(Pb^{2+}/Pb)$、$\varphi^{\ominus}(Zn^{2+}/Zn)$、$\varphi^{\ominus}(Cu^{2+}/Cu)$的相对大小。

实验十三 沉淀溶解平衡

实验目的

1. 加深对溶度积原理的理解，并应用其原理分离金属离子。
2. 了解影响沉淀溶解平衡的因素。
3. 观察分步沉淀现象和沉淀的转化。
4. 学习离心分离等试管操作。

实验原理

沉淀平衡是难溶电解质在一定温度下与它的饱和溶液中相应离子所建立的化学平衡。若以 A_mB_n 代表难溶电解质，A^{n+}、B^{m-}代表溶解的离子，它们之间存在着下列平衡：

$$A_mB_n = mA^{n+} + nB^{m-}$$

其标准平衡常数为

$$K^{\ominus} = \left[\frac{c(A^{n+})}{c^{\ominus}}\right]^m \cdot \left[\frac{c(B^{m-})}{c^{\ominus}}\right]^n = K_{sp}^{\ominus}$$

式中：$K^{\ominus}$称为标准溶度积常数，简称溶度积；$c(A^{n+})$、$c(B^{m-})$分别为平衡时 A^{n+}、B^{m-}的浓度；$c^{\ominus}$为标准浓度。$K_{sp}^{\ominus}$的大小是判断水溶液中能否生成沉淀和沉淀是否溶解的主要依据。反应商 $Q=[A^{n+}]^m \cdot [B^{m-}]^n$，则

$Q > K_{sp}^{\ominus}$，沉淀生成；

$Q = K_{sp}^{\ominus}$，处于沉淀溶解平衡；

$Q < K_{sp}^{\ominus}$，沉淀溶解。

常见的沉淀溶解方法有：①生成弱电解质；②生成配合物；③发生氧化还原反应。

在一定条件下，如果溶液中含有多种离子，且都能与所加沉淀剂反应生成沉淀，形成沉淀的溶解度又相差较大，在这种情况下向溶液中缓缓滴入沉淀剂，反应商先达到 $K_{sp}^{\ominus}$的离子先沉淀出来，当它沉淀完全（$c \leqslant 10^{-5}$ mol · L^{-1}）后，另一种离子开始沉淀，这种先后沉淀的过程称为分步沉淀。在实际工作中常利用分步沉淀进行离子的分析和分离。

若在沉淀甲中加入某试剂，能使其形成溶度积更小的沉淀乙，则这一过程称为沉淀的转化。这也是沉淀溶解的一种方法。

实验仪器及试剂

小试管，离心管，玻棒，小烧杯，离心机。

Cu^{2+}试液，Mn^{2+}试液，$NaBiO_3$(s)(A. R.)，$(NH_4)_2C_2O_4$(饱和)，H_2SO_4(3 mol · L^{-1})，$Pb(NO_3)_2$(0.001 mol · L^{-1})，KI(0.001 mol · L^{-1})，HCl(6 mol · L^{-1})，HAc(6 mol · L^{-1})，$NH_3 \cdot H_2O$(6 mol · L^{-1})，HNO_3(6 mol · L^{-1})，$Pb(NO_3)_2$(0.1 mol · L^{-1})，KI(0.1 mol · L^{-1})，NaCl(0.1 mol · L^{-1})，$AgNO_3$(0.1 mol · L^{-1})，$Ca(NO_3)_2$(0.1 mol · L^{-1})，Na_2S(0.1 mol · L^{-1})，$K_4[Fe(CN)_6]$(0.1 mol · L^{-1})，K_2CrO_4(0.1 mol · L^{-1})。

实验内容

1. 沉淀的生成

(1) 在小试管中加入 5 滴 0.1 mol · L^{-1} $Pb(NO_3)_2$ 溶液和 5 滴 0.1 mol · L^{-1} KI 溶液,观察实验现象;在另一试管中加入 5 滴 0.001 mol · L^{-1} $Pb(NO_3)_2$ 溶液和 5 滴 0.001 mol · L^{-1} KI 溶液,观察并解释其现象。

(2) 在小试管中加入 10 滴 0.1 mol · L^{-1} NaCl 溶液和 5 滴 0.1 mol · L^{-1} $KClO_4$ 溶液,然后逐滴加入 0.1 mol · L^{-1} $AgNO_3$ 溶液,观察生成沉淀的颜色及其变化并加以解释。

(3) 在离心试管中加入 5 滴 0.1 mol · L^{-1} $AgNO_3$ 溶液,逐滴加入 0.1 mol · L^{-1} NaCl 溶液,待反应完全后,观察其颜色并进行离心分离。用去离子水洗沉淀 3 次。在沉淀上滴加 0.1 mol · L^{-1} Na_2S 溶液,观察沉淀的颜色变化并加以解释。

2. 沉淀的溶解

(1) 在一离心试管中加入 10 滴 0.1 mol · L^{-1} $Ca(NO_3)_2$ 溶液和 6 滴饱和 $(NH_4)_2C_2O_4$ 溶液,观察其现象。用玻棒搅匀浊液,倾出一半至另一离心管中,将其离心后,弃去清液,分别在二沉淀上滴加 6 mol · L^{-1} 的 HCl 和 6 mol · L^{-1} 的 HAc,观察其现象。

(2) 在一离心管中加入 5 滴 0.1 mol · L^{-1} $AgNO_3$ 溶液,逐滴加入 0.1 mol · L^{-1} NaCl 溶液,观察沉淀的生成。将其离心分离后,在沉淀上滴加 6 mol · L^{-1} 的氨水。观察现象并加以解释。

取离心管两支,分别加入 5 滴 0.1 mol · L^{-1} Na_2S 溶液和 5 滴 $(NH_4)_2C_2O_4$ 溶液,然后各滴入 4 滴 0.2 mol · L^{-1} $CuSO_4$ 溶液,观察其现象。离心分离后,在二沉淀上各滴加 6 mol · L^{-1} 氨水数滴,观察其现象,并判断 $K_{sp}^{\ominus}(CuS)$、$K_{sp}^{\ominus}(CuC_2O_4)$ 的大小。

(3) 将 5 滴 0.1 mol · L^{-1} $AgNO_3$ 溶液置于一离心管中,加入 3 滴 0.1 mol · L^{-1} Na_2S,观察沉淀的生成。离心分离后,弃去清液,在沉淀上滴加 10 滴 6 mol · L^{-1} HNO_3,微热,仔细观察反应现象并加以解释。

3. 利用溶度积原理进行 Cu^{2+} 和 Mn^{2+} 的分离

(1) 取 3 滴 Cu^{2+} 试液于一试管中,再滴加 0.1 mol · L^{-1} Na_2S 溶液数滴,观察沉淀的颜色。再滴加 3 mol · L^{-1} H_2SO_4 溶液 1 mL,沉淀是否溶解?

(2) 将(1)中的 Cu^{2+} 试液换成 Mn^{2+} 试液,重复上述操作,有何现象?

(3) 取 Cu^{2+} 试液和 Mn^{2+} 试液各 3 滴于一离心管中,再加入 3 mol · L^{-1} H_2S

溶液 1 mL,摇匀后,滴加 6 滴 0.1 mol · L^{-1} Na_2S 溶液,观察其现象。将离心管放入热水浴中片刻,离心,上清液中再滴加 1 滴 Na_2S 溶液,若不再有沉淀生成,表示已沉淀完全;否则应继续滴加 0.1 mol · L^{-1} 的 Na_2S 溶液。待沉淀完全后,离心,用吸管小心吸出上清液(尽量吸干)于一试管中。将清液和沉淀做如下处理:

沉淀:将沉淀用去离子水洗涤 3 次后,滴加 10 滴 6 mol · L^{-1} HNO_3,水浴加热。观察沉淀的溶解和所得溶液的颜色。将所得溶液分为两份,向其中一份滴加 0.1 mol · L^{-1} $K_4[Fe(CN)_6]$,判断沉淀中是否含 CuS;向另一份中加少量 $NaBiO_3$ 固体,观察溶液是否变红,从而判断沉淀中是否含 MnS。

在酸性介质中,Cu^{2+} 与 $K_4[Fe(CN)_6]$作用生成红棕色沉淀:

$$2Cu^{2+} + Fe(CN)_6^{4-} = Cu_2[Fe(CN)_6] \downarrow$$

Mn^{2+} 可被 $NaBiO_3$ 氧化为 MnO_4^-,使溶液显紫红色:

$$2Mn^{2+} + 5BiO_3^- + 14H^+ = 2MnO_4^- + 5Bi^{3+} + 7H_2O$$

溶液:将所得溶液分为两份。一份中滴加 2 滴 0.1 mol · L^{-1} $K_4[Fe(CN)_6]$溶液,观察其现象;另一份中滴加 2 滴 3 mol · L^{-1} H_2SO_4 后,加热除去其中的 H_2S,冷却后,加入适量 $NaBiO_3$ 固体,观察溶液的颜色变化并判断溶液中是否含 Mn^{2+}。

思考题

1. 根据实验结果,判断 Mn^{2+} 和 Cu^{2+} 是否被分离开?简述分离原理。
2. 有什么方法能促使沉淀溶解?试说明所列举方法的理论依据。
3. 使用离心机应注意什么?

实验十四 配 位 反 应

实验目的

1. 了解配位化合物的生成及配离子的性质。
2. 比较配离子的相对稳定性,了解它与简单离子的区别。
3. 了解影响配位平衡的因素。

实验原理

配位化合物是由一定数目的配体和中心形成体以配位键相结合,按一定的组成和空间构型所形成的化合物,简称配合物。配合物一般分内界和外界两部分。内界即配离子,是由中心形成体与配体通过配位键连接的、能稳定存在的复杂离子。如配合物$[Cu(NH_3)_4]SO_4$ 中$[Cu(NH_3)_4]^{2+}$是配离子,Cu^{2+}是中心形成体,NH_3 是配体,NH_3 中的 N 原子是配位原子。配位数即每分子配合物中配位原子的个数,此配合物的配位数为 4。含有一个配位原子的配体叫单基(齿)配体,如

NH_3。一个多基(齿)配体通过两个或两个以上的配位原子与中心原子形成的配合物称为螯合物。如 EDTA 共有六个配位能力很强的配位原子,它既可作四基配体,也可作六基配体,故绝大多数金属离子均能与 EDTA 形成多个五元环结构的螯合物,它比一般的单基、双基的配体形成的配合物要稳定。配离子的性质决定配合物的性质。而配离子与简单离子有明显的不同。随着配离子的生成,溶液的颜色、酸碱性、物质的溶解度,氧化还原性等性质都有所改变。如 Cu^{2+} 可以和 NaOH 溶液作用生成 $Cu(OH)_2$ 沉淀,而当向 Cu^{2+} 溶液中加入氨水后,Cu^{2+} 与 NH_3 作用形成 $[Cu(NH_3)_2]^{2+}$,从而减少溶液中的游离 Cu^{2+} 浓度,甚至难以达到形成 $Cu(OH)_2$ 时所需 Cu^{2+} 的最低浓度,所以就不能和 NaOH 作用生成 $Cu(OH)_2$ 蓝色沉淀了。

配合物的稳定性常用稳定常数 $K_f^{\ominus}$ 表示,在一定温度下,若金属离子 M 与配位剂 L 形成 1∶1 的配合物 ML:

$$M + L = ML$$

反应的标准平衡常数 $K_f^{\ominus}$ 称为 ML 的标准稳定常数,计算公式为

$$K_f^{\ominus} = \frac{[c(ML)/c^{\ominus}]}{[c(M)/c^{\ominus}] \cdot [c(L)/c^{\ominus}]}$$

式中:$c(ML)$、$c(M)$、$c(L)$分别为 ML、M、L 的平衡浓度;$c^{\ominus}$ 为标准浓度。稳定常数越大,ML 越稳定。而配位平衡同样受溶液的酸度、沉淀反应、氧化还原反应等影响。

实验仪器及试剂

小试管,离心管,离心机。

HNO_3(6 mol·L^{-1}),HCl(6 mol·L^{-1}),NaOH(6 mol·L^{-1},0.1 mol·L^{-1}),$NH_3 \cdot H_2O$(浓,6 mol·L^{-1}),NaCl(0.1 mol·L^{-1}),$Na_2S_2O_3$(0.1 mol·L^{-1}),KI(0.1 mol·L^{-1}),KBr(0.1 mol·L^{-1}),KSCN(0.1 mol·L^{-1}),KNO_3(0.1 mol·L^{-1}),$BaCl_2$(0.1 mol·L^{-1}),$FeCl_3$(0.1 mol·L^{-1}),Na_2S(0.1 mol·L^{-1}),CCl_4,$CuSO_4$(0.2 mol·L^{-1}),$Na_3[Co(NO_2)_6]$(20%),$(NH_4)_2C_2O_4$(饱和),NH_4F(饱和),$SnCl_2$(0.5 mol·L^{-1}),EDTA(0.02 mol·L^{-1})。

实验步骤

1. 配合物的生成

(1) 在两个离心管中各加入 10 滴 0.2 mol·L^{-1} $CuSO_4$ 溶液,然后分别滴加 0.1 mol·L^{-1}的 $BaCl_2$ 溶液和 0.1 mol·L^{-1}的 NaOH 溶液数滴,离心分离后,观察其沉淀颜色。

(2) 另取一试管，滴加 10 滴 0.2 mol·L^{-1}的 $CuSO_4$ 溶液，逐滴加入 0.02 mol·L^{-1}的 EDTA，观察溶液的颜色变化。将其分为两份，分别滴加 0.1 mol·L^{-1}的 $BaCl_2$ 和 0.1 mol·L^{-1}NaOH 溶液各数滴，观察其现象，与上述实验比较并加以解释。

(3) 在小试管中加入 5 滴 0.1 mol·$L^{-1}$$FeCl_3$ 溶液，再滴 2 滴 0.1 mol·L^{-1} KSCN 溶液，观察反应现象。所得溶液 A 保留待用。向 10 滴 0.2 mol·L^{-1} $CuSO_4$溶液中逐滴加入 6 mol·L^{-1}氨水，仔细观察反应现象。所得溶液 B 保留待用。

(4) 在盛有 1 滴 0.1 mol·L^{-1} $AgNO_3$ 溶液的试管中，滴加 0.1 mol·L^{-1} NaCl 溶液，再逐滴加入 6 mol·L^{-1}氨水，观察实验现象，所得溶液 C 保留待用。

(5) 在一试管中加入 0.1 mol·L^{-1} KNO_3 溶液 2 滴，再滴加 2 滴 20% $Na_3[Co(NO_2)_6]$溶液，用玻棒搅拌并摩擦试管内壁，透过有色溶液观察黄色 $K_2Na[Co(NO_2)_6]$沉淀的生成。

2. 影响配位平衡的因素

(1) 在 A 溶液中，逐滴加入 6 mol·L^{-1}NaOH 溶液，观察颜色的变化并加以解释。在 B 溶液中，滴加 6 mol·L^{-1} HNO_3 溶液，观察并解释其现象。另取 5 滴 0.1 mol·$L^{-1}$$FeCl_3$ 溶液于一试管中，滴加 10 滴饱和$(NH_4)_2C_2O_4$ 溶液，观察其现象。再滴加 3 滴 0.1 mol·L^{-1}KSCN 溶液，观察有无血红色物质生成。再滴加 6 mol·L^{-1} HCl 溶液，溶液有何变化并解释。

(2) 向 C 溶液中滴加 0.1 mol·$L^{-1}$$Na_2S$ 溶液，观察反应现象并加以解释。

(3) 在离心管中加入 5 滴 0.1 mol·L^{-1} $AgNO_3$ 溶液和 5 滴 0.1 mol·L^{-1} NaCl 溶液，离心分离，将沉淀洗涤后，在沉淀上滴加 6 mol·L^{-1}氨水数滴，并用玻棒搅拌；待沉淀完全溶解后，向其中滴加 5 滴 0.1 mol·L^{-1}KBr 溶液，有何现象？离心分离，在洗涤后的沉淀上滴加 0.1 mol·$L^{-1}$$Na_2S_2O_3$ 溶液，使沉淀溶解，在所得溶液中滴加 0.1 mol·L^{-1}KI 溶液，观察其现象。

通过上述实验结果，比较 AgCl、AgBr、AgI 的 $K_{sp}^{\ominus}$ 大小和$[Ag(NH_3)_2]^+$、$[Ag(S_2O_3)_2]^{3-}$的稳定性。

(4) 将 3 滴 0.1 mol·$L^{-1}$$FeCl_3$ 溶液和 1 滴 0.1 mol·L^{-1}KSCN 溶液加入一试管中，再滴加 0.5 mol·$L^{-1}$$SnCl_2$ 溶液数滴，观察溶液的颜色变化并加以解释。取两支试管各滴入 10 滴 0.1 mol·$L^{-1}$$FeCl_3$ 溶液，向其中一试管中滴加 10 滴饱和$(NH_4)_2C_2O_4$ 溶液，另一试管中滴加 10 滴去离子水，再向两试管中各加入 10 滴 0.1 mol·L^{-1}KI 溶液和 1 mL CCl_4，充分振荡后，观察两试管中 CCl_4 层的颜色，解释其现象。

(5) 取 0.1 mol·$L^{-1}$$FeCl_3$ 溶液 2 滴，加入 1 滴 0.1 mol·L^{-1}KSCN 溶液，向

其中滴入饱和 NH_4F 溶液至刚刚褪色，再加入饱和 $(NH_4)_2C_2O_4$ 溶液数滴，观察颜色的变化并加以解释；同时比较 $Fe(SCN)_3$、FeF_3、$[Fe(C_2O_4)_3]^{3-}$ 的稳定性。

思考题

1. 通过实验现象，讨论溶液的酸度、沉淀反应、氧化还原反应对配位平衡的影响及配位反应的特点。
2. 指出简单离子与配离子的异同点。

实验十五 铜、汞、银、锌单质及其化合物的性质

实验目的

1. 通过实验掌握 Cu、Hg、Ag、Zn 的氢氧化物的酸性、碱性及形成配合物的能力和有关离子的鉴定方法。
2. 掌握 Cu(Ⅰ)和 Cu(Ⅱ)、Hg(Ⅰ)和 Hg(Ⅱ)相互转化的条件。
3. 巩固沉淀的分离和洗涤等基本操作。
4. 学会 Hg 的安全使用及含汞废液的处理方法。

实验仪器及试剂

小试管，离心管，离心机，滴管。

HCl(6 mol·L^{-1}，2 mol·L^{-1}，浓)，H_2SO_4(1 mol·L^{-1}，3 mol·L^{-1})，HNO_3(2 mol·L^{-1})，KI(0.1 mol·L^{-1})，$NH_3·H_2O$(2 mol·L^{-1}，浓)，NaOH(2 mol·L^{-1}，6 mol·L^{-1})，葡萄糖(10%)，$AgNO_3$(0.1 mol·L^{-1})，$Hg(NO_3)_2$(0.2 mol·L^{-1})，$ZnSO_4$(0.2 mol·L^{-1})，$SnCl_2$(0.2 mol·L^{-1})，$CuCl_2$(0.5 mol·L^{-1})。

实验内容

1. Cu、Ag、Hg、Zn 的氧化物和氢氧化物的生成和性质

1) $Cu(OH)_2$ 和 CuO 的生成和性质

(1) 取 20 滴 0.2 mol·L^{-1} $CuSO_4$ 溶液，滴入 2 mol·L^{-1} NaOH 溶液至有大量沉淀生成，观察沉淀的颜色和状态。将沉淀和溶液摇匀后分为 3 份，其中 1 份滴入 3 mol·L^{-1} H_2SO_4；第 2 份中滴入过量的 2 mol·L^{-1} NaOH(不含 CO_2)溶液；将第 3 份加热至固体变黑，再滴入 2 mol·L^{-1} 的盐酸，观察各有何现象？写出以上反应的反应式。

(2) 氧化亚铜的生成和性质。取 10 滴 0.2 mol·L^{-1} $CuSO_4$ 溶液，滴入过量的 6 mol·L^{-1} NaOH 溶液，至开始生成的沉淀全部溶解，再滴入 10%葡萄糖溶液

20 滴，混匀后微热，观察有何现象？写出反应方程式。

将上述沉淀离心分离，洗涤后取少量与 3 mol · L^{-1} H_2SO_4 加热，观察有何现象？另取少量沉淀注入 3 mL 浓氨水，振荡后静置 10 min，观察其变化。

2）氧化银的生成和性质

（1）取 2 mL 0.1 mol · L^{-1} $AgNO_3$ 溶液，慢慢滴入新配制的 2 mol · L^{-1} NaOH 溶液，振荡，观察 Ag_2O 的颜色、状态。离心分离，弃去清液，将沉淀洗涤后分为两份，分别与 2 mol · L^{-1} HNO_3 和 2 mol · L^{-1} $NH_3 \cdot H_2O$ 反应，观察反应现象。

（2）银镜反应。在一洁净的试管中加入 2 mL 0.1 mol · L^{-1} $AgNO_3$ 溶液，再滴 2 mol · L^{-1} $NH_3 \cdot H_2O$ 至开始生成的沉淀恰好溶解为止。再多滴 2 滴，然后滴入数滴 10% 葡萄糖溶液，摇匀后放在 90℃ 热水浴中静置。观察试管内壁有何变化？写出反应式。

3）氧化汞的生成和性质

在 10 滴 0.2 mol · L^{-1} $Hg(NO_3)_2$ 溶液中，滴加 2 mol · L^{-1} NaOH 溶液数滴，观察生成沉淀的颜色和状态。将沉淀分为两份，一份注入 2 mol · L^{-1} HNO_3，另一份继续滴入2 mol · L^{-1} NaOH 溶液，观察沉淀是否溶解，写出有关反应式。

4）锌的氢氧化物的生成和性质

在 10 滴 0.2 mol · L^{-1} $ZnSO_4$ 溶液中滴加 2 mol · L^{-1} NaOH 溶液至有大量沉淀生成（不要过量）。将沉淀分为两份，一份加 2 mol · L^{-1} H_2SO_4，一份继续滴入 2 mol · L^{-1} NaOH 溶液，观察有何现象发生，并加以解释。

2. 铜、汞、银、锌的配合物

1）$[Cu(NH_3)_4]SO_4$ 的生成和性质

在 3 mL 0.2 mol · L^{-1} $CuSO_4$ 溶液中，滴加 2 mol · L^{-1} $NH_3 \cdot H_2O$，观察发生的现象。继续滴加 2 mol · L^{-1} 氨水至沉淀完全溶解为止，观察溶液的颜色。将所得溶液分为两份，一份逐滴滴入 2 mol · L^{-1} H_2SO_4，另一份加热至沸。观察各有何变化？写出反应式并加以解释。

2）$[Ag(NH_3)_2]NO_3$ 的生成和性质

详见实验十四中 2(3)。

3）汞的配合物的生成和应用

取 1 滴 0.2 mol · L^{-1} $Hg(NO_3)_2$（有毒!）溶液于试管中，再滴加 0.1 mol · L^{-1} KI 溶液，观察沉淀的颜色。然后继续滴加 0.1 mol · L^{-1} KI 溶液至沉淀消失为止。反应式为

$$NH_4^+ + 2[HgI_4]^{2-} + 4OH^- = \left[O \begin{matrix} Hg \\ \\ Hg \end{matrix} NH_2 \right] I \downarrow + 7I^- + 3H_2O$$

4) 锌配合物的生成

向 0.2 mol·L^{-1} $ZnSO_4$ 溶液中滴加 2 mol·L^{-1} $NH_3·H_2O$，观察生成的沉淀。继续滴入过量的 2 mol·L^{-1} $NH_3·H_2O$，直至沉淀完全溶解为止。将溶液分为两份：一份加热至沸；另一份中逐滴滴入 2 mol·L^{-1} HCl，并不断振荡。观察是否有沉淀生成，写出反应式。

用 0.2 mol·L^{-1} $Hg(NO_3)_2$ 溶液代替 0.2 mol·L^{-1} $ZnSO_4$ 溶液，重复上述操作。

比较 Zn^{2+}、Hg^{2+} 与氨水反应有何不同。

3. 铜(Ⅰ)与铜(Ⅱ)化合物的相互转化

1) 碘化亚铜的生成

在一试管中滴入 2 滴 0.2 mol·L^{-1} $CuSO_4$ 溶液后，滴加 6 滴 0.1 mol·L^{-1} KI 溶液，观察有何变化。再滴入少量 0.1 mol·L^{-1} $Na_2S_2O_3$ 溶液以除去反应中生成的碘（加入 $Na_2S_2O_3$ 溶液不能过量，否则，将使 CuI 溶解），观察碘化亚铜的颜色和状态，写出反应式。

$Na_2S_2O_3$ 溶液溶解 CuI 的反应式为

$$2CuI + 4S_2O_3^{2-} = 2[Cu(S_2O_3)_2]^{3-} + 2I^-$$

2) 氯化亚铜的生成和性质

取 10 mL 0.5 mol·L^{-1} $CuCl_2$ 溶液，加 3 mL 浓盐酸和少量铜屑，加热至溶液呈深棕色为止。取出几滴，注入 10 滴去离子水中，如有白色沉淀生成，则迅速把全部溶液倒入 200 mL 去离子水中，观察沉淀的生成。待大部分沉淀析出后，倾出上清液，并用 20 mL 去离子水洗涤沉淀。取出少量沉淀分成两份：一份中滴加浓氨水；另一份中滴加浓盐酸。观察沉淀是否溶解，写出反应式。

4. 汞(Ⅰ)与汞(Ⅱ)化合物的相互转化

1) Hg^{2+} 转化为 Hg_2^{2+}

在 5 滴 0.2 mol·L^{-1} $Hg(NO_3)_2$ 溶液中滴加 2 滴 6 mol·L^{-1} HCl、1 滴 0.2 mol·L^{-1} $SnCl_2$ 溶液，观察沉淀的生成。然后再向试管中加入数滴 $SnCl_2$，观察沉淀的溶解。在所得溶液中滴 3 滴 2 mol·L^{-1} NaOH 溶液，再滴入 2 mol·L^{-1} $NH_3·H_2O$，观察有何现象发生。

$$2Hg^{2+}+Sn^{2+}+2Cl^{-}=\!=\!=Hg_2Cl_2\downarrow+Sn^{4+}$$

$$Hg_2Cl_2+Sn^{2+}=\!=\!=2Hg\downarrow+Sn^{4+}+2Cl^{-}$$

2）Hg_2^{2+} 的歧化分解

取 10 滴 0.2 mol·L^{-1} $Hg(NO_3)_2$ 溶液放入试管中，滴入 1 滴汞，振荡，片刻后用滴管把清液移入另一试管（余下的汞回收!），向清液中滴入 2 mol·L^{-1} $NH_3\cdot H_2O$。观察有何现象，写出反应式。

5. Cu^{2+}、Hg^{2+}、Ag^{+}、Zn^{2+} 的鉴定

详见实验十九。

思考题

1. 使用汞及其化合物时，应注意哪些安全问题？为什么要把汞储存在水面以下？

2. 试从平衡移动原理角度讨论，可以用哪些方法破坏锌氨配离子？

3. 做银镜反应实验时，若在热水浴中常移动试管，试管壁上就常附着黑色物质，这是什么？做好这个实验的注意事项有哪些？

4. 已知 $\varphi^{\ominus}\{[Cu(NH_3)_4]^{2+}/Cu\}=-0.065V$，试说明为什么不宜用铜器存氨水？

实验十六　铝、铬、铁单质及其化合物的性质

实验目的

通过实验了解 Al、Cr、Fe 单质及其化合物的性质，如水溶性、氧化性、配位性等。

实验仪器及试剂

小试管，离心管，离心机，蒸发皿，酒精灯，长滴管，石棉网。

砂纸，吸水纸，铝片，$(NH_4)_2Fe(SO_4)_2\cdot 6H_2O$ 晶体，乙醚，NaOH（6 mol·L^{-1}，1 mol·L^{-1}），HCl（6 mol·L^{-1}，1 mol·L^{-1}），Na_2SO_3(s)（A. R.），H_2SO_4（6 mol·L^{-1}），$NH_3\cdot H_2O$（6 mol·L^{-1}），HAc（6 mol·L^{-1}）、铝试剂（0.1%）、H_2O_2（3%）、$KMnO_4$（0.01 mol·L^{-1}），$(NH_4)_2Cr_2O_7$(s)（A. R.），$HgCl_2$（0.5 mol·L^{-1}），Na_2S（0.5 mol·L^{-1}），$NaNO_3$（0.5 mol·L^{-1}），$AlCl_3$（0.1 mol·L^{-1}），$K_2Cr_2O_7$（0.1 mol·L^{-1}），$AgNO_3$（0.1 mol·L^{-1}），$BaCl_2$（0.1 mol·L^{-1}），$Pb(NO_3)_2$（0.1 mol·L^{-1}），$FeSO_4$（0.1 mol·L^{-1}），$FeCl_3$（0.1 mol·L^{-1}），KSCN（0.1 mol·L^{-1}），$K_3[Fe(CN)_6]$（0.1 mol·L^{-1}），$K_4[Fe(CN)_6]$（0.1 mol·L^{-1}）。

实验内容

1. 铝

(1) 金属铝在空气中氧化及与水的反应。用砂纸将一铝片擦净。在洁净的铝表面上滴数滴 0.5 mol·L^{-1} $HgCl_2$ 溶液。当此溶液覆盖下的金属表面呈灰色时，用吸水纸将液体擦去，并擦干；然后将此铝片放置在空气中，观察表面有大量蓬松的氧化铝析出后，将铝片置入盛水的试管中，观察氢气的放出。如果气体的产生过于缓慢时，将此试管微微加热。写出反应式。

(2) 在试管中加入 5 滴 0.5 mol·L^{-1} $NaNO_3$ 溶液和 5 滴 1 mol·L^{-1} NaOH 溶液，再加入少量铝粉，用湿润的 pH 试纸检验管口的气体。

(3) 氢氧化铝的性质。在 10 滴 0.1 mol·L^{-1} $AlCl_3$ 溶液中，滴 1 mol·L^{-1} NaOH 溶液，得到 $Al(OH)_3$ 沉淀。将沉淀分为 3 份，分别加入 1 mol·L^{-1} NaOH 5 滴、6 mol·L^{-1} NaOH 5 滴和 1 mol·L^{-1} HCl 5 滴，观察发生的现象。

(4) 硫化铝的性质。在分别盛有 5 滴 0.1 mol·L^{-1} $AlCl_3$ 溶液的试管中，逐滴加入 0.5 mol·L^{-1} Na_2S 溶液，观察沉淀的颜色。离心分离后，向沉淀中分别滴加浓 HCl 和 0.5 mol·L^{-1} Na_2S 溶液，各有何现象产生？

(5) $AlCl_3$ 的水解。取 1 mL 0.1 mol·L^{-1}的 $AlCl_3$ 溶液于蒸发皿中，蒸发至干，再用强火灼烧，得到产物是否为 $AlCl_3$ 固体？冷却后，加入 1 mL 水，微热，固体是否溶解？

(6) Al^{3+} 的鉴定。在 2 滴 0.1 mol·L^{-1} $AlCl_3$ 溶液中，滴入 3 滴 6 mol·L^{-1} HAc，再滴加 0.1%铝试剂，微热，再加氨水至有氨气产生并有鲜红的絮状沉淀，证明有 Al^{3+} 存在。

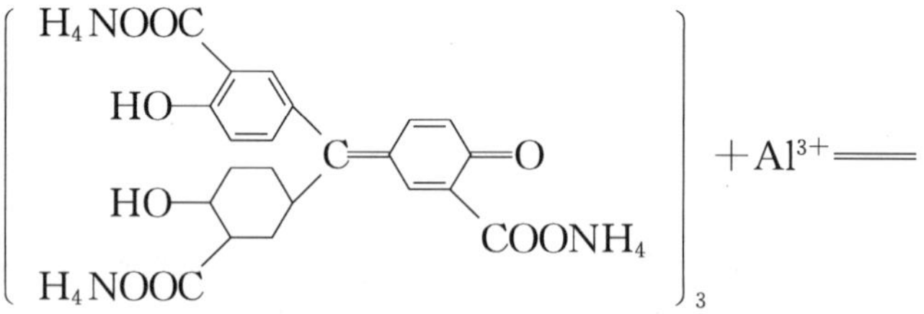

[H_4NOOC, HO, HO, H_4NOOC, C=, =O, $COONH_4$]$_3$ $+ Al^{3+}$ ══

铝试剂

[H_4NOOC, HO, HO, H_4NOOC, C=, =O, C—O^-, ‖O]$_3$ Al↓ $+ 3NH_4^+$

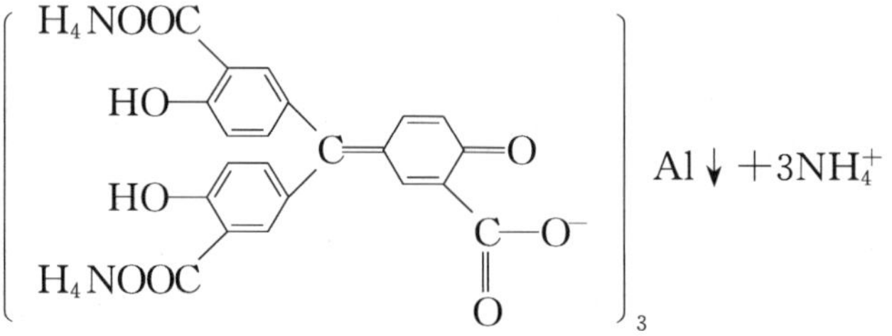

鲜红色沉淀

2. 铬(Cr)

1) Cr_2O_3 的生成与性质

在蒸发皿中放约 1 g$(NH_4)_2Cr_2O_7$ 固体，在石棉网上加热使其分解，观察反应现象(勿俯视)。把产物分装在 3 支试管中。第 1 支试管中注入 2 mL 水，第 2 支试管中注入 2 mL 6 mol · L^{-1} H_2SO_4，第 3 支试管中注入 6 mol · L^{-1} NaOH 溶液 2 mL，3 支试管均加热至沸，观察固体是否溶解。试加以解释。

2) $Cr(OH)_3$ 的生成和性质

取 10 滴 0.1 mol · L^{-1} $CrCl_3$ 溶液于一试管中，滴加 6 mol · L^{-1} $NH_3 \cdot H_2O$ 至沉淀完全，观察产物的颜色。将沉淀分为 2 份：①一份滴 6 mol · L^{-1} HCl；②一份滴入过量 6 mol · L^{-1} NaOH 溶液。观察沉淀溶解情况。将溶液②煮沸又有何现象?

$$Cr(OH)_3 + OH^- = [Cr(OH)_4]^-$$

3) Cr(Ⅲ)的还原性

取 5 滴 0.1 mol · L^{-1} $CrCl_3$ 溶液于一试管中，滴加 10 滴 3% H_2O_2，微热，观察其现象，若加入过量的 6 mol · L^{-1} NaOH 溶液，有何现象? 再用 6 mol · L^{-1} H_2SO_4 酸化，又有何现象? 试加以解释。

$$2CrO_2^- + 3H_2O_2 + 2OH^- = 2CrO_4^{2-} + 4H_2O$$

4) Cr(Ⅲ)的水解作用

在盛有 5 滴 0.1 mol · L^{-1} $CrCl_3$ 溶液的试管中，滴加 5 滴 0.1 mol · L^{-1} Na_2S 溶液，观察发生的现象。将沉淀洗涤(除去多余的 S^{2-})，滴加 6 mol · L^{-1} HCl，观察发生的现象，解释生成的沉淀为何不是 Cr_2S_3。

5) Cr(Ⅵ)的氧化性

在一支试管中滴加 5 滴 0.1 mol · L^{-1} $K_2Cr_2O_7$ 溶液，用 2 滴 6 mol · L^{-1} H_2SO_4 酸化，然后加入少量固体 Na_2SO_3，观察溶液的颜色变化。

6) CrO_4^{2-} 与 $Cr_2O_7^{2-}$ 在水溶液中的平衡与转化

取一试管，加入 0.1 mol · L^{-1} K_2CrO_4 溶液 5 滴，观察其颜色。加入 2 滴 3 mol · L^{-1} H_2SO_4 后，溶液颜色有何变化? 再加入 6 mol · L^{-1} NaOH 溶液至碱性，溶液颜色又有何变化? 试加以解释。

7) 铬酸根难溶物的生成

取 3 支试管各加入 2 滴 0.1 mol · L^{-1} $K_2Cr_2O_7$ 溶液，再分别滴加浓度均为 0.1 mol · L^{-1} 的 $AgNO_3$、$BaCl_2$、$Pb(NO_3)_2$ 溶液，观察各试管中沉淀的颜色和状态。

8) CrO_4^{2-}($Cr_2O_7^{2-}$)的检验

取 3 滴 0.1 mol · L^{-1} $K_2C_2O_7$ 溶液用 2 滴 3 mol · L^{-1} H_2SO_4 酸化后，冷至室

温，再加乙醚 5 滴及 3% H_2O_2 数滴，并用力振荡试管，待分层后，观察乙醚层的颜色变化。

$$Cr_2O_7^{2-} + 4H_2O_2 + 2H^+ = 2CrO_5 + 5H_2O$$

3. 铁

1) Fe^{2+} 的还原性

(1) 在酸性介质中，在盛有 10 滴 0.1 mol·L^{-1} $FeSO_4$ 溶液的试管中，滴加 5 滴 3 mol·L^{-1} H_2SO_4 后，再滴加 2 滴 0.01 mol·L^{-1} $KMnO_4$ 溶液，摇匀，观察其现象。

(2) 在碱性介质中，向一试管中注入 1 mL 去离子水和 2 滴 3 mol·L^{-1} H_2SO_4。将液体煮沸以赶尽溶于其中的空气。然后加入少量 $(NH_4)_2Fe(SO_4)_2 \cdot 6H_2O$ 晶体。轻轻振荡，使其溶解。在另一试管中加入 1 mL 6 mol·L^{-1} NaOH 溶液煮沸，以赶尽其中的空气。冷却后，用一长滴管吸取 NaOH 溶液 0.5 mL，插入盛有 $(NH_4)_2Fe(SO_4)_2$ 溶液的试管底部，慢慢放出 NaOH 溶液（整个操作都要避免将空气带入溶液中）。观察产物的颜色和状态。振荡后放置一段时间，观察有何变化，试加以解释。

2) FeS 的生成和性质

在盛有 5 滴 0.5 mol·L^{-1} Na_2S 溶液的离心管中，滴加 0.1 mol·L^{-1} $FeSO_4$ 溶液数滴，观察产物的颜色和状态。离心分离，弃去清液，在沉淀上逐滴加入 1 mol·L^{-1} HCl，沉淀是否溶解？

3) Fe^{3+} 的氧化性

在盛有 2 滴 0.5 mol·L^{-1} Na_2S 溶液的离心管中，加入 5 滴 0.1 mol·L^{-1} $FeCl_3$ 溶液，观察沉淀的颜色。离心分离后，向沉淀上滴加 10 滴 6 mol·L^{-1} HCl，放置 1 min 后，用玻棒搅动，仔细观察沉淀的溶解情况。将所得溶液分为两份，向其中一份中滴加 1 滴 0.1 mol·L^{-1} KSCN 溶液，另一份加入 1 滴 0.1 mol·L^{-1} $K_3[Fe(SCN)_6]$ 溶液，观察反应现象，并加以解释。

4) 铁的配合物的生成及 Fe^{2+}、Fe^{3+} 的鉴定方法

(1) Fe^{2+}。取 0.1 mol·L^{-1} $FeSO_4$ 溶液 2 滴，加入 0.1 mol·L^{-1} $K_3[Fe(CN)_6]$（赤血盐）溶液 1 滴，观察沉淀的颜色。

(2) Fe^{3+}。取 0.1 mol·L^{-1} $FeCl_3$ 溶液 2 滴，加入 0.1 mol·L^{-1} $K_4[Fe(CN)_6]$（黄血盐）溶液 1 滴，观察沉淀的颜色。

思考题

1. 稀 $FeCl_3$ 溶液为淡黄色，当它遇到什么物质时，可呈现血红色、浅绿色、蓝色？说出各物质的名称并写出反应式。

2. 如何保存 $FeSO_4$ 溶液？

3. 为什么 Al^{3+} 有强烈的水解性？哪些元素的离子与它相似？

4. 比较从单质铝生成 Al_2O_3 和从水溶液中的离子生成 Al_2O_3 的 $\Delta_f G_m^{\ominus}(298)$ 值，能否通过交换反应在水溶液中生成 Al_2O_3？

实验十七　卤素、氧、硫单质及其化合物的性质

实验目的

通过实验掌握卤素、氧、硫元素单质及其化合物的主要性质。

实验仪器及试剂

小试管，离心管，烧杯(100 mL)，玻棒，石棉网，离心机。

氯水，碘水，溴水，CCl_4，Zn 粉，NaCl(s)，MnO_2(s)，浓氨水，浓 H_2SO_4，浓 HNO_3，浓 HCl(6 mol · L^{-1})，HCl(1 mol · L^{-1})，HCl(3 mol · L^{-1})，H_2SO_4(1 mol · L^{-1})，HNO_3，KBr(s)，KI(s)，王水，靛蓝溶液，饱和 $(NH_4)_2S$，无水乙醇，$(NH_4)_2S_2O_8$(s)，I_2(s)，$BaCl_2$(0.5 mol · L^{-1})，NaOH(1 mol · L^{-1})，$NiSO_4$(0.2 mol · L^{-1})，淀粉、KI 试纸，乙酸铅试纸。

0.1 mol · L^{-1} 的溶液：KBr，KI，NaClO，KIO_3，Na_2SO_3，$KMnO_4$，$ZnSO_4$，$CdSO_4$，$AgNO_3$，$Hg(NO_3)_2$，Na_2S，$Na_2S_2O_3$，$MnSO_4$，3%H_2O_2。

实验内容

1. 卤素单质及其化合物的性质

1) 卤素单质的性质

(1) 在干燥的石棉网上放一小匙锌粉和半小匙碘混合均匀，在混合物上滴 1～2 滴水，观察有何现象并加以解释。

(2) 在一试管中加入 2 滴 0.1 mol · L^{-1} KBr 溶液、10 滴 CCl_4 后，再滴加氯水，边滴边振荡，观察 CCl_4 层中的颜色变化。

(3) 将(2)中 0.1 mol · L^{-1} KBr 溶液换成 0.1 mol · L^{-1} KI 溶液，重复上述操作。观察其现象。

(4) 将(3)中的氯水用溴水代替，结果会怎样？根据以上实验结果，小结卤素的置换顺序，写出反应方程式。

2) 卤离子的还原性

(1) 将一小匙 NaCl 固体置于一试管中，加入 15 滴浓 H_2SO_4，振荡，观察有何现象。用玻棒蘸少许浓氨水移近管口，观察现象，写出反应式并加以解释。

(2) 在试管中加入一小匙 KBr 固体,再滴入 15 滴浓 H_2SO_4,振荡,观察发生的现象,在试管口上悬一湿淀粉 KI 试纸,观察现象,写出有关反应式,并加以解释。

(3) 将(2)中 KBr 固体换成 KI 固体,淀粉 KI 试纸换成乙酸铅试纸,重复上述操作。

根据实验结果,小结 Cl^-、Br^-、I^- 的还原性的相对强弱。

3) 卤素含氧化合物的氧化性

(1) 向四支试管中分别加入 5 滴浓 HCl、5 滴 0.2 mol · L^{-1} $NiSO_4$ 溶液、5 滴 0.1 mol · L^{-1} KI 溶液(加 2 滴 3 mol · L^{-1} H_2SO_4 酸化)和 5 滴靛蓝溶液(加 2 滴 3 mol · L^{-1} H_2SO_4 酸化),再向每支试管中滴加 5 滴 0.1 mol · L^{-1} NaClO 溶液。解释发生的现象(注:NaClO 溶液配制:取 0.5 mL 氯水于试管中,用 1 mol · L^{-1} NaOH 溶液调至碱性即可)。

(2) 取 2 支试管,各加入 2 滴 0.1 mol · L^{-1} KI 溶液,其中一试管中用 2 滴 3 mol · L^{-1} H_2SO_4 酸化,再向 2 支试管中各滴入饱和 $KClO_3$ 溶液,并不断振荡,观察 2 支试管中发生的现象,并说明 $KClO_3$ 在中性和酸性介质中氧化性有何不同。

(3) 取 0.1 mol · L^{-1} $KClO_3$ 溶液 4 滴于一试管中,用 3 mol · L^{-1} H_2SO_4 酸化后,滴入 0.1 mol · L^{-1} Na_2SO_3 溶液,观察溶液的颜色变化。

根据实验结果,比较 IO_3^- 和 $HClO_3^-$ 氧化性强弱。

2. 过氧化氢的性质

1) H_2O_2 的酸性

取 5 滴 1 mol · L^{-1} NaOH 液和 10 滴无水乙醇(以降低生成物溶解度)于一试管中,再滴入 10 滴 3% H_2O_2,振荡试管,观察产物的颜色与状态。写出反应式并加以解释。

2) H_2O_2 的氧化性

在试管中加入 5 滴 0.1 mol · L^{-1} KI 溶液并用 1 滴 3 mol · L^{-1} H_2SO_4 酸化,再滴入 5 滴 3% H_2O_2,观察溶液的颜色变化,写出反应式并加以解释。

3) H_2O_2 的还原性

取 5 滴 0.1 mol · L^{-1} $AgNO_3$ 溶液,滴加 5 滴 1 mol · L^{-1} NaOH 溶液,然后逐滴加入 3% H_2O_2,观察并记录实验现象。

4) H_2O_2 的催化分解

在试管中注入 1 mL 3% H_2O_2,再加入少量 MnO_2 固体,观察现象,并用带火星的木条检验所放出的气体,写出反应式并加以解释。

3. 硫的化合物的性质

1) 硫化氢的还原性

在试管中加入 2 滴 0.1 mol · L^{-1} $KMnO_4$ 溶液,用 2 滴 3 mol · L^{-1} H_2SO_4 酸化,然后滴加饱和 H_2S 水溶液数滴,观察并记录所发生的现象,写出离子反应式。

2) 难溶硫化物的生成与溶解

取 4 支离心管,分别加入 10 滴浓度均为 0.1 mol · L^{-1} 的 $ZnSO_4$、$CdSO_4$、$AgNO_3$、$Hg(NO_3)_2$ 溶液,再各加入 10 滴饱和$(NH_4)_2S$水溶液,观察其现象,离心沉降后,弃去清液,对沉淀做如下处理:

(1) 向 ZnS 沉淀中加入 1 mL mol · L^{-1} HCl,观察并记录沉淀是否溶解。

(2) 向 CdS 沉淀中加入 1 mL mol · L^{-1} HCl,观察沉淀是否溶解。离心分离后,加入 1 mL 6 mol · L^{-1} HCl,观察并记录溶解情况。

(3) 向 Ag_2S 沉淀中加入 1 mL 6 mol · L^{-1} HCl,观察沉淀是否溶解。离心分离,将沉淀洗涤后,再滴入 1 mL 浓 HNO_3,并在水浴中加热,观察是否有变化。

(4) 向 HgS 沉淀中加入 1 mL 浓 HNO_3 并加热,观察沉淀是否溶解。离心分离弃去清液后,向沉淀中滴入王水,观察有无变化。

根据以上实验结果,比较四种金属硫化物与酸作用及溶解条件,写出有关反应式。

3) SO_3^{2-} 的氧化还原性

(1) 向盛有 5 滴 0.1 mol · L^{-1} $KMnO_4$ 溶液和 2 滴 3 mol · L^{-1} H_2SO_4 的试管中,滴入 0.1 mol · L^{-1} Na_2SO_3 溶液,观察并记录发生的现象,写出有关反应式。

(2) 将 5 滴 0.1 mol · L^{-1} Na_2S 溶液和 5 滴 0.1 mol · L^{-1} Na_2SO_3 溶液混合后,逐滴滴入 3 mol · L^{-1} H_2SO_4,观察并记录发生的现象。

4) SO_3^{2-} 的化学性质

(1) 向盛有 5 滴碘水的试管中,滴加 0.1 mol · L^{-1} 的 $Na_2S_2O_3$ 溶液,观察其现象;若向溶液中滴加 0.5 mol · L^{-1} $BaCl_2$ 溶液,有无沉淀生成?

(2) 取 5 滴 0.1 mol · L^{-1} $AgNO_3$ 溶液,加入过量 0.1 mol · L^{-1} $Na_2S_2O_3$ 溶液,有何现象?

(3) 取 5 滴 0.1 mol · L^{-1} $AgNO_3$ 溶液,加入 3 滴 0.1 mol · L^{-1} $Na_2S_2O_3$ 溶液,放置后观察并记录现象。反应生成的白色沉淀 $Ag_2S_2O_3$ 在水中发生歧化反应:

$$Ag_2S_2O_3 + H_2O = H_2SO_4 + Ag_2S$$

5) $S_2O_8^{2-}$ 的氧化性

取少量固体$(NH_4)_2S_2O_8$ 于一试管中，滴入 10 滴 3 mol · L^{-1} H_2SO_4、2 滴 0.1 mol · L^{-1} $AgNO_3$ 溶液(催化剂)，水浴加热后，滴加 0.1 mol · L^{-1} $MnSO_4$ 溶液 1 滴，并继续加热，观察并记录所发生的现象。

$$2Mn^{2+} + 5S_2O_8^{2-} + 8H_2O \xlongequal{Ag^+} 2MnO_4^- + 10SO_4^{2-} + 16H^+$$

此反应可作为 Mn^{2+} 的鉴定反应。

附：H_2S 气体的获得及鉴定

在盛有 5 滴 0.1 mol · L^{-1} Na_2S 溶液的试管中，滴加 5 滴 6 mol · L^{-1} HCl，用湿的 pH 试纸及乙酸铅试纸检验逸出的气体。

思考题

1. 结合中学做过的有关卤素性质的实验，小结卤素及卤离子的性质。
2. 若不用王水，能否将 HgS 溶解？设计用 $FeCl_3$(s)、6 mol · L^{-1} HCl，在加热条件下，溶解 HgS 沉淀的实验。

实验十八 氮、磷、碳单质及其化合物的性质

实验目的

1. 通过实验掌握 NH_4^+、NO_3^-、NCN^-、HNO_3、PO_4^{3-} 和 CO_3^{2-} 的化学性质。
2. 掌握 NH_4^+、NO_3^-、NO_2^-、PO_4^{3-}、CO_3^{2-} 的鉴定方法。

实验仪器及试剂

小试管，大试管，离心管，酒精灯，铁架台(带铁夹)，点滴板，pH 试纸。

α-萘胺，对氨基苯磺酸，浓 H_2SO_4，浓 HNO_3，CCl_4，奈斯勒试剂，靛蓝溶液，硫粉，活性炭，NaSCN (s)(A.R.)，NH_4Cl(s)(A.R.)，$FeSO_4 \cdot 7H_2O$(s)(A.R.)，NH_4NO_3(s)(A.R.)，$(NH_4)_2SO_4$(s)(A.R.)，NH_4HCO_3(s)(A.R.)，饱和 $(NH_4)_2MoO_4$ 溶液，饱和 $Ba(OH)_2$ 溶液，HAc(6 mol · L^{-1})，HNO_3(1 mol · L^{-1})，HCl(1 mol · L^{-1})，$NH_3 \cdot H_2O$(1 mol · L^{-1})，H_2SO_4(3mol · L^{-1})，$BaCl_2$(0.5 mol · L^{-1})，$KMnO_4$(0.1 mol · L^{-1})，KI(0.1 mol · L^{-1})，Na_3PO_4(0.1 mol · L^{-1})，Na_2HPO_4(0.1 mol · L^{-1})，NaH_2PO_4(0.1 mol · L^{-1})，Na_2CO_3(0.1 mol · L^{-1})，$NaHCO_3$(0.1 mol · L^{-1})，$AgNO_3$(0.1 mol · L^{-1})，铜屑，锌片。

实验内容

1. 铵态氮肥的性质

(1) 观察下列物质的颜色、状态，试验它们在水中的溶解性并用 pH 试纸测定

其 pH。

	NH_4Cl	NH_4NO_3	$(NH_4)_2SO_4$	NH_4HCO_3
颜色、状态				
溶解性				
pH				

(2) NH_4Cl 的热分解。在一支垂直固定在铁架台上的短粗且干燥的试管中放入 0.5 gNH_4Cl 固体,加热。用湿润的 pH 试纸横放在管口,检验放出的气体,观察试纸的颜色变化。继续加热,试纸颜色又有何变化?同时观察试管壁上部有何现象发生。试证明它仍是氯化铵,并加以解释。

2. 硝酸的氧化性

(1) 向硫粉(黄豆粒大)中,加入 1 mL 浓 HNO_3,水浴加热,观察有何气体产生。10 min 后,停止加热,待冷却后,向其中滴加 0.5 mol · L^{-1} $BaCl_2$ 溶液,观察有何现象发生。

(2) 向少量铜屑中注入 1 mL 浓 HNO_3,观察并记录发生的现象。

(3) 向少量铜屑中注入 1 mL 1 mol · L^{-1} HNO_3,微热,与(2)比较,观察有何不同。

(4) 向锌片中加入 1 mL 1 mol · L^{-1} HNO_3,放置片刻后,取出少量溶液,检验有无 NH_4^+ 生成。

3. 亚硝酸的氧化还原性

(1) 取 2 滴 0.1 mol · L^{-1} $KMnO_4$ 溶液于一试管中,加入 2 滴 3 mol · L^{-1} H_2SO_4 后,加入少量 $NaNO_2$ 固体,观察反应现象。

(2) 在一试管中加入少量固体 $NaNO_3$,1 mL 去离子水,2 滴 3 mol · L^{-1} H_2SO_4 和 10 滴 CCl_4,然后滴加 2 滴 0.1 mol · L^{-1} KI 溶液,振荡,观察并记录 CCl_4 层的颜色变化。

4. 磷酸盐的性质与 PO_4^{3-} 的鉴定

(1) 取 3 支试管,分别加入 10 滴 0.1 mol · L^{-1} Na_3PO_4、Na_2HPO_4、NaH_2PO_4 溶液,再各滴入 10 滴 0.1 mol · L^{-1} $AgNO_3$ 溶液,观察并记录发生的现象。

(2) 取 3 支试管,分别加入 5 滴 0.1 mol · L^{-1} 的 Na_3PO_4、Na_2HPO_4、NaH_2PO_4 溶液,再各滴入 0.1 mol · L^{-1} $CaCl_2$ 溶液。观察发生的现象。然后向各试管中加 5 滴 1 mol · L^{-1} HCl,观察沉淀的溶解情况,再继续分别加 2 滴 1 mol ·

L^{-1} HCl，沉淀是否溶解？若再向各试管中滴加 1 mol · L^{-1} $NH_3 \cdot H_2O$，观察各试管中沉淀开始析出的先后顺序。

(3) PO_4^{3-} 的鉴定反应

取 PO_4^{3-} 试液 5 滴于一试管中，加 8 滴浓 HNO_3 和 10 滴 $(NH_4)_2MoO_4$ 溶液，微热，用玻棒摩擦管壁，观察沉淀的生成及颜色[如果现象不明显，可以加少量 NH_4NO_3(s)以增加反应的灵敏性]。

$$PO_4^{3-} + 3NH_4^+ + 12MoO_4^{2-} + 24H^+ \Longrightarrow (NH_4)_3PO_4 \cdot 12MoO_3 \cdot 6H_2O\downarrow + 6H_2O$$

5. *碳及碳酸根离子的性质*

1) 活性炭的吸附作用

向盛有 1 mL 靛蓝溶液的试管中，加少量活性炭，加热数分钟，观察溶液的颜色变化。

2) CO_3^{2-} 的水解作用

将 1 滴 0.1 mol · L^{-1} Na_2CO_3 溶液和 1 滴 0.1 mol · L^{-1} $NaHCO_3$ 溶液，分别滴在 pH 试纸上，检验它们的酸碱性，解释它们的 pH 为何不同。

3) CO_3^{2-} 的鉴定

在盛有 5 滴 0.1 mol · L^{-1} Na_2CO_3 溶液的离心管中，加入 5 滴 1 mol · L^{-1} HCl。迅速将另一底部外壁上悬有 1 滴新配制的饱和 $Ba(OH)_2$ 溶液的离心管插入其中，如 $Ba(OH)_2$ 溶液变浊，则表示气体为 CO_2。写出反应式。

6. *NO_3^-、NO_2^-、NH_4^+ 的鉴定*

1) NH_4^+ 的鉴定

奈氏法：取少量 NH_4Cl 固体溶于 1 mL 去离子水中，取 1 滴该溶液于点滴板上，滴 2 滴奈斯勒试剂(碱性四碘合汞溶液)，即生成红棕色沉淀。反应式为

$$HgI_2 + 2I^- \Longrightarrow [HgI_4]^{2-}$$

$$NH_4^+ + 2[HgI_4]^{2-} + 4OH^- \Longrightarrow \left[O\begin{matrix} Hg \\ \\ Hg \end{matrix} NH_2 \right] I\downarrow + 3H_2O + 7I^-$$

2) NO_2^- 的鉴定

取少量 $NaNO_2$ 固体溶于 1 mL 去离子水中。将 1 滴该溶液置于一试管中，滴入 9 滴去离子水，再滴入 5 滴 6 mol · L^{-1} HAc 酸化，然后加入 2 滴对氨基苯磺酸和 1 滴 α-萘胺，溶液即显红色。反应式为

$$H_2N-C_6H_4-SO_3H + C_{10}H_7-NH_2 + NO_2^- + 2H^+ =\!=\!=$$

$$H_2N-C_{10}H_6-N=N-C_6H_4-SO_3H + 2H_2O$$

红色

3) NO_3^- 的鉴定

向有 5 滴 0.5 mol · L^{-1} $NaNO_3$ 溶液的试管中加入少量 $FeSO_4 \cdot 7H_2O$ 晶体，振荡使其溶解，混匀，然后斜持试管，沿管壁慢慢注入 1～2 mL 浓 H_2SO_4，由于浓硫酸密度大，沉到试管底部，形成两层。这时，两层交界处有一棕色环。说明有 NO_3^- 存在。反应方程式如下：

$$NO_3^- + 3Fe^{2+} + 4H^+ =\!=\!= NO + 3Fe^{3+} + 2H_2O$$

$$Fe^{2+} + NO =\!=\!= [Fe(NO)]^{2+}$$

棕色

NO_2^- 有同样的反应，当有 NO_2^- 存在时，可先加入 H_2SO_4 和尿素，使 NO_2^- 分解，然后再用本方法检验 NO_3^-。

思考题

1. 总结硝酸与金属反应的一般规律。

2. 为什么一般情况下不用硝酸作为酸性反应介质？稀硝酸与金属反应和稀硫酸或稀盐酸与金属反应有何不同？

3. 使用浓 H_2SO_4、浓 HNO_3 应注意哪些安全问题？

4. 在 NaH_2PO_4 溶液中加入少量 NaOH 溶液。然后加入 $CaCl_2$ 溶液有何现象发生？若用 HNO_3 代替 NaOH 又有何现象发生？为什么？

5. 欲用酸溶解 Ag_3PO_4 沉淀，在 HCl、H_2SO_4 和 HNO_3 中，选用哪一种最适宜？为什么？

实验十九　常见离子的定性鉴定方法

实验目的

掌握常见离子的定性鉴定方法，为定性分析物质的组成打下基础。

实验内容

1. 常见阳离子的定性鉴定方法

1) K^+ 的鉴定

(1) 亚硝酸钴钠法。取 1 滴 K^+ 试液于离心管中,加入 1 滴 0.1 mol · L^{-1} $Na_3Co(NO_2)_6$ 溶液,产生黄色 $K_2Na[Co(NO_2)_6]$ 沉淀,证明有 K^+ 存在。

(2) 四苯硼钠法。取 1 滴 K^+ 试液于离心管中,加入 2 滴 3% $NaB(C_6H_5)_4$ 溶液,生成白色沉淀,证明试液中有 K^+ 存在。

(3) 焰色反应。用洁净的镍丝蘸 K^+ 试液,放在煤气灯的无色火焰中灼烧,火焰呈紫色(为消除 Na^+ 的火焰干扰,可透过蓝色钴玻璃观察),表示有 K^+ 存在。

2) Na^+ 的鉴定方法

(1) 乙酸铀酰锌法。取 1 滴 Na^+ 试液滴入离心管中,加 4 滴 95%乙醇和 8 滴乙酸铀酰锌溶液,用玻棒摩擦管壁,生成淡黄绿色 $NaZn(UO_2)_3(Ac)_9 \cdot 9H_2O$ 晶形沉淀[若有大量 K^+ 干扰,则生成 $KAcUO_2(Ac)_2$ 针状结晶],则表示有 Na^+ 存在。

(2) 焰色反应。用洁净的铂丝蘸少许 Na^+ 试液,在氧化焰中灼烧,呈黄色火焰,证明有 Na^+ 存在。

3) Ca^{2+} 的鉴定

(1) 焰色反应。用洁净的镍铬丝或铂丝沾 Ca^{2+} 试液少许,在无色氧化焰上灼烧,火焰呈砖红色,表示有 Ca^{2+} 存在。

(2) 取 2 滴 Ca^{2+} 试液于离心管中,加 4～5 滴饱和 $(NH_4)_2C_2O_4$ 溶液,再加 2 mol · L^{-1} $NH_3 \cdot H_2O$ 至碱性,在水浴上加热,生成白色沉淀 CaC_2O_4,表示有 Ca^{2+} 存在。

4) Mg^{2+} 的鉴定(对硝基偶氮间苯二酚)

镁试剂Ⅰ法:取 1 滴 Mg^{2+} 试液于点滴板上,加 1 滴 6 mol · L^{-1} NaOH 溶液和 1 滴镁试剂Ⅰ溶液,生成蓝色沉淀(若 Mg^{2+} 量少时仅溶液变蓝),表示有 Mg^{2+} 存在。

5) Ba^{2+} 的鉴定

(1) K_2CrO_4 法。取 1 滴 Ba^{2+} 试液于离心管中,加 1 滴 2 mol · L^{-1} HAc 和 1 滴 1 mol · L^{-1} K_2CrO_4 溶液,生成黄色沉淀,离心分离,在沉淀上加 2 滴 2 mol · L^{-1} NaOH 溶液,沉淀不溶解,表示有 Ba^{2+} 存在。

(2) 焰色反应。用洁净的铂丝沾 Ba^{2+} 试液少许,于无色的氧化焰上灼烧,火焰呈黄绿色,证明是 Ba^{2+} 试液。

(3) 玫瑰红酸钠法。取 1 滴中性或弱酸性介质中的 Ba^{2+} 试液于滤纸上,加 5%玫瑰红酸钠试剂 1 滴,形成红棕色斑点。再加 0.5 mol · L^{-1} HAc 溶液 1 滴,斑点变为红色,表示有 Ba^{2+} 存在。

6) Al^{3+} 的鉴定

(1) 铝试剂法。取 2 滴 Al^{3+} 试液于离心管中,加入 3 滴 6 mol · L^{-1} HAc,再

滴加 0.1%的铝试剂，微热。再加氨水至有氨味，产生鲜红色絮状沉淀，证明有 Al^{3+} 存在。

(2) 茜素磺酸钠法。在滤纸上加 Al^{3+} 试液和 0.1%茜素磺酸钠(简称 Aliz · S)各 1 滴，再滴加 1 滴 6 mol · L^{-1} 氨水，生成红色斑点，表示有 Al^{3+} 存在。

7) Fe^{3+} 的鉴定

(1) 黄血盐 $K_4[Fe(CN)_6]$ 法。取 1 滴 Fe^{3+} 试样于点滴板上，加 1 滴 0.1 mol · L^{-1} $K_4[Fe(CN)_6]$，有普鲁士蓝沉淀生成，表示有 Fe^{3+} 存在。

(2) KSCN(或 NH_4SCN)法。取 1 滴 Fe^{3+} 试液于点滴板上，加 2 滴 0.1 mol · L^{-1} KSCN 溶液，溶液立即呈现血红色，表示有 Fe^{3+} 存在。

8) Fe^{2+} 鉴定

(1) 赤血盐法。取 1 滴新配制的 Fe^{2+} 试液于点滴板上，加 2 滴 0.1 mol · L^{-1} $K_3[Fe(CN)_6]$ 溶液，生成滕氏蓝(纯蓝)沉淀，表示有 Fe^{2+} 存在。

(2) 邻二氮菲法。取 1 滴新制的 Fe^{2+} 试液于点滴板上，加 1～2 滴 2%邻二氮菲，溶液呈橘红色，证明有 Fe^{2+} 存在。

9) Zn^{2+} 鉴定

(1) 二苯硫腙法。在 2 滴 Zn^{2+} 试样中，滴入 5 滴 6 mol · L^{-1} NaOH 溶液，再滴入 10 滴二苯硫腙四氯化碳溶液(将 0.1 g 二苯硫腙溶于 1000 mL CCl_4 或 $CHCl_3$ 中)，搅拌，并在水浴上将溶液加热。水溶液呈粉红色表示有 Zn^{2+} 存在。CCl_4 层则由绿色变为棕色。

(2) 诱导法。取 1 滴 0.02% $CoCl_2$ 溶液于点滴板上，加 1 滴 $(NH_4)_2Hg(SCN)_4$ 溶液，搅拌，此时不生成蓝色沉淀。再加 1 滴 Zn^{2+} 试液，摩擦，即生成蓝色沉淀，表示有 Zn^{2+} 存在。

10) Cu^{2+} 的鉴定

取 1 滴 Cu^{2+} 试液于点滴板上，滴加 1 滴 0.1 mol · L^{-1} $K_4[Fe(CN)_6]$ 溶液，生成红棕色 $Cu_2[Fe(CN)_6]$ 沉淀，加入 6 mol · L^{-1} $NH_3 \cdot H_2O$ 沉淀溶解，生成蓝色溶液，表示有 Cu^{2+} 存在。

11) Hg^{2+} 的鉴定

取 2 滴 Hg^{2+} 试液于离心管中，加入 2 滴 0.5 mol · L^{-1} $SnCl_2$ 溶液，生成白色沉淀(Hg_2Cl_2)，并逐渐变灰或黑色(Hg)，表示有 Hg^{2+} 存在。

12) Ag^+ 的鉴定

(1) K_2CrO_4 法。取 1 滴 Ag^+ 试液(近中性)于离心管中，加 1 滴 1 mol · L^{-1} K_2CrO_4 溶液，产生砖红色沉淀，表示有 Ag^+ 存在。

(2) 取 2 滴 Ag^+ 试液滴入离心管中，加 1 滴 3 mol · L^{-1} HCl 溶液，生成白色凝乳状沉淀，离心分离。在沉淀上加 2 滴 2 mol · L^{-1} 氨水，使沉淀溶解。再逐滴加 2 mol · L^{-1} HNO_3 溶液，摇动，又生成白色沉淀，证明有 Ag^+ 存在。

13) Pb^{2+}的鉴定

(1) K_2CrO_4 法。取1滴 Pb^{2+}试液于离心管中,加1滴1 mol·$L^{-1}K_2CrO_4$ 溶液,产生黄色沉淀,表示有 Pb^{2+}存在。

(2) 二苯硫腙法。取1滴 Pb^{2+}试液于离心管中,加2滴1 mol·L^{-1}酒石酸钾钠溶液,再滴加6 mol·L^{-1}氨水,调至溶液的pH为9～11,加入0.01%二苯硫腙4～5滴,用力振动,下层呈红色,表示有 Pb^{2+}存在。

14) Ni^{2+}鉴定

(1) 丁二酮肟法。取1滴 Ni^{2+}试液于离心管中,加1滴3 mol·L^{-1}氨水,再加1滴1%丁二酮肟,生成鲜红色沉淀,表示有 Ni^{2+}存在。

(2) 二硫代乙二酰胺($(H_2NCS)_2$)法。取1滴氨性介质中的 Ni^{2+}试液于滤纸上,再用1%$(H_2NCS)_2$ 在斑点周围画圈,如显蓝色或蓝紫环,表示有 Ni^{2+}存在。

15) Mn^{2+}的鉴定

(1) $NaBiO_3$ 法。取1滴 Mn^{2+}试液于离心管中,加3滴2 mol·$L^{-1}HNO_3$ 和少许固体 $NaBiO_3$,搅拌,或适当水浴加热后离心沉降,溶液显紫红色,表示有 Mn^{2+}存在。

(2) 取含 Mn^{2+}试液1滴于离心管中,加0.5 mol·L^{-1}HAc 和 NaAc 缓冲液调节pH为2～4,加饱和$(NH_4)_2C_2O_4$ 溶液2滴,加少量固体 $NaNO_2$,生成粉黄色配位化合物,表示有 Mn^{2+}存在。

16) Cr^{3+}的鉴定

(1) 取1滴 Cr^{3+}试液,滴入4滴6 mol·L^{-1}NaOH 溶液,然后滴入3滴3% H_2O_2,微热至溶液呈浅黄色。待试管冷却后,加0.5 mL 乙醚,再慢慢滴入6 mol·$L^{-1}HNO_3$ 酸化,摇动试管,在乙醚层出现深蓝色,表示有 Cr^{3+}存在。

(2) 取1滴 Cr^{3+}试液,滴入4滴6 mol·L^{-1}NaOH 溶液,再滴入3滴3% H_2O_2,微热至溶液呈浅黄色。待冷却后,加2滴 Ag^+试液,产生砖红色沉淀,表示有 Cr^{3+}存在。

17) Sn^{2+}的鉴定方法

同 Hg^{2+}的鉴定方法。

18) Bi^{3+}的鉴定

(1) 取1滴 Bi^{3+}试液,加2滴3 mol·$L^{-1}HNO_3$,加1滴2.5%硫脲,生成鲜黄色可溶的配合物,表示有 Bi^{3+}存在。

(2) 取1滴试液于点滴板上,加2滴2.5%的硫脲和2%$CuSO_4$ 溶液(如果加$CuSO_4$后有沉淀生成,应再加2滴硫脲),再加1～2滴4%的KI溶液,生成橙色[橙红色沉淀($Bi(tu)_3I_3 \cdot Cu(tu)_3I$]沉淀,表示有 Bi^{3+}存在(tu 表示硫脲)。

19) Co^{2+}的鉴定

(1) 取1滴Co^{2+}试液于离心管中,加饱和NH_4SCN或其固体,再加3～5滴丙酮,依Co^{2+}量的大小而呈蓝色或绿色$[Co(SCN)_4]^{2-}$,表示有Co^{2+}存在。

(2) 4-[(5-氯吡啶)偶氮]-1,3-二胺基苯(简称5-Cl-PADAB)法:取1滴Co^{2+}试液于点滴板上,加1滴0.04%5-Cl-PADAB乙醇溶液和1滴6 mol·L^{-1}HCl,溶液呈玫瑰色,表示有Co^{3+}存在。

20) Cd^{2+}的鉴定

镉试剂2B(Cadion 2B)法:于定量滤纸上加1滴0.02%镉试剂,烘干,再加1滴Cd^{2+}试液(应先调至酸性,并含少量酒石酸钾钠),烘干。然后加1滴2 mol·L^{-1}KOH溶液,则斑点成红色,表示有Cd^{2+}存在。

21) As^{3+}的鉴定

取3滴As^{3+}试液于离心管中,加3滴6 mol·L^{-1}NaOH溶液及少量Zn粉,在离心管上部小心塞上一小团脱脂棉,用$AgNO_3$试纸盖上管口,放在热水浴上加热,试纸变黑,表示有As^{3+}存在。

22) NH_4^+的鉴定

(1) 气室法在一表面皿中加2滴NH_4^+试液和2滴2 mol·L^{-1}NaOH溶液,很快用另一贴有pH试纸的表面皿盖上。将此气室于水浴中加热。如pH试纸呈碱色(pH大于10),则表示有NH_4^+存在。

(2) 奈氏法。取1滴NH_4^+试液于点滴板上,加2滴奈斯勒试剂,产生红棕色沉淀(如NH_4^+浓度小仅显棕或黄色),表示有NH_4^+存在。

2. 常见阴离子的鉴定方法

1) Cl^-的鉴定

(1) 取1滴试液于离心管中,加1滴$AgNO_3$试剂(0.1 mol·L^{-1})生成白色沉淀,离心分离,用水洗涤沉淀1～2次,加0.1 mol·$L^{-1}$$Na_2AsO_3$溶液2滴,生成黄色沉淀,表示有$Cl^-$存在。

(2) 取1滴Cl^-试液于离心管中,加1滴0.1 mol·$L^{-1}$$AgNO_3$溶液,生成白色沉淀,离心分离,向沉淀上滴加6 mol·$L^{-1}$$NH_3$·$H_2O$,并不断搅拌,待沉淀溶解完全后,再加2 mol·$L^{-1}$$HNO_3$溶液数滴,沉淀重新出现,表示有$Cl^-$存在。

2) Br^-的鉴定

(1) 取2滴试液于离心管中,加少量研细的固体$K_2Cr_2O_7$及2滴浓H_2SO_4,混匀。将一预先被$NaHCO_3$褪色的品红溶液浸过的滤纸放在管口上方,离心管放入水浴中微热,析出的Br_2使滤纸呈紫红色,表示有Br^-存在。此法可在Cl^-、I^-存在下鉴定微量Br^-(滤纸应保持湿润,并不与管壁接触。当Br^-不存在时,滤纸呈现玫瑰红色)。

(2) 在 2 滴 Br^- 试液中，加 4 滴 CCl_4、2 滴 Cl_2 水，搅拌后，CCl_4 层显红棕色，再加过量 Cl_2 水，CCl_4 层变浅黄色（Br_2）或无色（BrO^-、BrO_3^-），表示有 Br^- 存在。

3) I^- 的鉴定

(1) 取 1 滴试液于离心管中，加 1 滴 1 $mol \cdot L^{-1}$ HAc 酸化，加入 2% $Bi(NO_3)_2$、2%$CuSO_4$ 和硫脲各 1 滴，生成红色或橙红色沉淀，证明有 I^- 存在。

(2) 取 1 滴试液于离心管中，加 1 滴 3 $mol \cdot L^{-1}$ H_2SO_4 酸化，加入 4 滴 CCl_4 后，再滴加 Cl_2 水，用力振荡，当 CCl_4 层显紫红色时，表示有 I^- 存在。Cl_2 水过量时，颜色将褪去。

4) SO_4^{2-} 的鉴定

(1) 取 1 滴 Ba^{2+} 溶液于滤纸上，加 1 滴新配制的 0.5%玫瑰红酸钠溶液，生成红棕色斑点，在此斑点上加 1 滴 SO_4^{2-} 试液，则斑点变为白色，表示有 SO_4^{2-} 存在。

(2) 取 2 滴试液于离心管中，用 6 $mol \cdot L^{-1}$ HCl 酸化后，再多加 1 滴试液，加 2 滴 0.5 $mol \cdot L^{-1}$ $BaCl_2$ 溶液，析出白色 $BaSO_4$ 沉淀，证明有 SO_4^{2-} 存在。

(3) 取 1 滴试液于离心管中，加 1 滴 0.05 $mol \cdot L^{-1}$ $KMnO_4$ 溶液及 Ba^{2+} 溶液 1 滴，生成紫红色沉淀。加热 2～3 min，加数滴 3%H_2O_2，紫红色褪去，沉淀仍为粉红色 $BaSO_4 \cdot KMnO_4$ 混晶，表示有 SO_4^{2-} 存在。

5) NO_3^- 的鉴定

取 1 小粒 $FeSO_4 \cdot 7H_2O$ 结晶放在点滴板上，加 1 滴试液，2 滴浓 H_2SO_4，反应后在 $FeSO_4$ 周围形成棕色环，表示有 NO_3^- 存在（NO_2^- 的干扰可加氨基苯磺酸消除）。

6) NO_2^- 的鉴定

(1) 取 1 滴试液于点滴板中，加 2 滴 2 $mol \cdot L^{-1}$ HAc 酸化，再加对氨基苯磺酸和 α-萘胺各 1 滴，立即出现红色，表示有 NO_2^- 存在（若 NO_2^- 浓度过大，则红色很快褪去）。

(2) 取 1 滴试液于离心管中，加 1 滴 2 $mol \cdot L^{-1}$ HAc 酸化，再加 2 滴 2.5%硫脲、2 滴 2 $mol \cdot L^{-1}$ HCl 及 1 滴 0.5 $mol \cdot L^{-1}$ $FeCl_3$ 溶液，溶液立即呈深红色，表示有 NO_2^- 存在。

7) SO_3^{2-} 的鉴定

(1) 取 1 滴试液（不含 S^{2-}）于点滴板上，加入 1 滴 3 $mol \cdot L^{-1}$ HCl 中和，再加 1 滴 0.1%的品红溶液，如很快褪色，证明有 SO_3^{2-} 存在（若含 S^{2-}，须先加 $CdCO_3$ 除去 S^{2-}）。

(2) 取 1 滴试液，加 1 滴 3 $mol \cdot L^{-1}$ HCl 中和，加 1 滴 3%$Na_2[Fe(CN)_5NO]$ 溶液，溶液呈玫瑰红色，加 1 滴饱和 $ZnSO_4$ 溶液，颜色加深，再加 1 滴 0.1 mol ·

$L^{-1}K_4[Fe(CN)_6]$溶液，产生红色沉淀，表示有 SO_3^{2-} 存在。

8) $S_2O_3^{2-}$ 的鉴定

(1) 取 1 滴 0.5 mol · $L^{-1}FeCl_3$ 溶液于点滴板上，加 2 滴试液，如溶液变深紫色，且在 1～2 min 内褪色，表明有 $S_2O_3^{2-}$ 存在。

(2) 取 2 滴试液于离心管中，加入 2 滴 2 mol · L^{-1} HCl 溶液，微热，同时管口盖上，用 1 滴 $K_2Cr_2O_7$ 湿润过的滤纸，在滤纸上的斑点变绿且离心管中有硫磺沉淀或变浑浊，表示有 $S_2O_3^{2-}$ 存在。

(3) 在点滴板上加 1 滴 $S_2O_3^{2-}$ 试液，再加入 2 滴 0.1 mol · $L^{-1}AgNO_3$ 溶液，产生沉淀，沉淀的颜色由白色→黄色→棕色→黑色。

9) $C_2O_4^{2-}$ 的鉴定

(1) 取 2 滴试液于离心管中，加热 70℃左右，加 1 滴 3 mol · L^{-1} H_2SO_4 和 1 滴 0.02 mol · $L^{-1}KMnO_4$ 溶液，振动试管，紫色褪去，并有 CO_2 气体产生，表示有 $C_2O_4^{2-}$ 存在。

(2) 取 1 滴 0.5 mol · $L^{-1}MnSO_4$ 溶液于离心管中，加 2 滴 2 mol · L^{-1}NaOH 溶液，生成白色沉淀。在水浴上加热几分钟，离心分离，弃去清液，此时沉淀为黄棕色 $MnO(OH)_2$，冷却，加试液 2 滴，再加 2 滴 3 mol · L^{-1} H_2SO_4，沉淀溶解，溶液呈红色，表示有 $C_2O_4^{2-}$ 存在。

10) CH_2COO^- (Ac^-)的鉴定

取 5 滴试液于离心管中，加 2 滴浓 H_2SO_4 和 4 滴戊醇，于水浴中加热 1～2 min，生成乙酸戊酯(梨精)，再将离心管中内溶物倾入一盛有冷水的烧杯中，此时可嗅到酯的特殊香味，表示有 CH_3COO^-存在。

11) CO_3^{2-} 的鉴定

(1) 取 2 滴试液于离心管中，调 pH 8～9，加少量氯化 *N*-(2,4-二硝基苯基)吡啶盐固体，生成橙红色沉淀，表示有 CO_3^{2-} 存在。

(2) 取 1 滴试液于玻璃载片上，加 1 滴 $BaCl_2$ 溶液，小火蒸干，冷却，以水浸湿，盖上载玻片，在盖片周围加 1 滴 3 mol · L^{-1} HCl，当 HCl 浸入沉淀上时，仔细观察有 CO_2 气泡放出，表示有 CO_3^{2-} 存在。

12) PO_4^{3-} 的鉴定

(1) 取 5 滴试液于离心管中，加 8 滴 6 mol · $L^{-1}HNO_3$ 和 10 滴 0.1 mol · L^{-1} $(NH_4)_2MoO_4$ 试剂，在水浴中加热，生成黄色沉淀，证明有 PO_4^{3-} 存在。

(2) 取 2 滴试液于离心管中，加入 2 滴镁混合试剂(NH_4Cl 和 $MgCl_2 \cdot NH_3$ 的混合液)，形成白色晶状沉淀 $MgNH_4PO_4$。离心后弃去清液，加 4 滴 6 mol · L^{-1} HAc，使沉淀溶解，再加 1 滴 0.1 mol · L^{-1} $AgNO_3$ 溶液，得到黄色沉淀，表示有 PO_4^{3-} 存在(AsO_4^{3-} 有干扰)。

13) SiO_3^{2-} 的鉴定

(1) 在滤纸上加 1 滴试液和 1 滴 3%$(NH_4)_2MoO_4$ 溶液，烘干，再加 1 滴联苯胺乙酸溶液及 1 滴 NaAc(饱和)溶液，斑点显蓝色，表示有 SiO_3^{2-} 存在。

(2) 取 1 滴试液于载玻片上，加 1 滴 0.1 mol · L^{-1}NaF 溶液和 1 滴浓 HCl，缓慢加热至边缘出现固体薄层，冷却。在显微镜下观察生成淡红色的晶体，表示有 SiO_3^{2-} 存在(同 F^- 鉴定)。

14) S^{2-} 的鉴定

(1) 在试管中加 2 滴试液，2 滴 6 mol · L^{-1} HCl，迅速盖上用 $Na_2Pb(OH)_4$ 试剂浸湿的滤纸，如滤纸变黑，表示有 S^{2-} 存在。

(2) 取 1 滴试液于点滴板上，加 1 滴 3%亚硝酰铁氰化钠，溶液变成紫色，表示有 S^{2-} 存在。

15) SCN^- 的鉴定

(1) Fe^{3+} 法取 1 滴试液，加 1 滴 0.1 mol · L^{-1} $FeCl_3$ 溶液，溶液呈血红色，证明有 SCN^- 存在。

(2) 取试液 1 滴于坩埚中，加半滴(约 0.02 mL)0.5 mol · L^{-1} $Co(NO_3)_2$，蒸干，残渣如呈紫色，加几滴丙酮，有机层呈蓝绿色或绿色，证明有 SCN^- 存在。

16) F^- 的鉴定

(1) 同 SiO_3^{2-} 的鉴定(2)。

(2) 加 1 滴锆-茜素 S 试剂(0.1%$ZrCl_4$ 和 0.1%茜素 S 等体积混合，溶液呈紫红色)于滤纸上，在空气中干燥滤纸，加 1 滴 1∶1 的乙酸湿润，加 1 滴中性试液于湿斑上，紫红色湿斑变成黄色，表示有 F^- 存在。

17) CN^- 的鉴定

(1) 取 1 滴试液加 2 mol · L^{-1} NaOH 使其呈强碱性，加 1 滴 25%$FeSO_4$ 溶液，煮沸。加 2 滴 2 mol · L^{-1} HCl 酸化，加 1 滴 0.5 mol · L^{-1} $FeCl_3$，生成蓝色沉淀，表示有 CN^- 存在。

(2) 取几滴试液于小试管中，加 1～2 滴 1 mol · L^{-1} H_2SO_4，立即将预先用等体积 $Cu(Ac)_2$ 和联苯胺试剂湿润的滤纸盖在管口，滤纸出现蓝色斑点，表示有 CN^- 存在。

实验二十　酸碱标准溶液的配制

实验目的

1. 了解标准溶液的配制方法：直接法和间接法。

2. 学会配制标准酸、碱溶液。

实验原理

标准溶液是指已知准确浓度并可用来进行滴定的溶液。一般采用下列两种方法配制。

1. 直接法

准确称取一定质量的物质，经溶解后转移到容量瓶中，并稀释至刻度，摇匀。溶液的准确浓度根据公式 $c(\mathrm{B})=\dfrac{m(\mathrm{B})}{M(\mathrm{B})\cdot V}$ 求得。其中 m(B)为 B 物质质量，M(B)为 B 物质摩尔质量，V 为容量瓶体积。适用此方法配制标准溶液的物质，必须是基准物质。

2. 间接法

大多数物质的标准溶液不宜用直接法配制，而采用间接法配制。如酸碱滴定法中用的强酸、强碱标准溶液。

常用的酸有 HCl、HNO_3、H_2SO_4、$HClO_4$ 等，但最常用的是盐酸。与硝酸、硫酸相比，盐酸无氧化性，不破坏指示剂，且绝大多数氯化物易溶于水，因而多数阳离子的存在不影响滴定。

常用的碱标准液为 NaOH、KOH(价格较高)、$Ba(OH)_2$ 等，而以 NaOH 最为常用。在准确度要求较高的分析中，为排除 CO_2 的影响，采用 $Ba(OH)_2$ 标准溶液。

酸碱标准溶液的浓度一般在 0.01～1 $mol\cdot L^{-1}$之间，通常配制 0.1 $mol\cdot L^{-1}$的溶液。

由于浓盐酸易挥发，NaOH 固体易吸收空气中的 CO_2 和水蒸气，故先将它们配成近似浓度的溶液，然后通过标定来确定它们的准确浓度。

由于 NaOH 中常含有 Na_2CO_3，在滴定中会影响测定结果。在精密分析中应除去。具体方法是：称取比计算量稍多的 NaOH 固体于烧杯中，以少许不含 CO_2 的去离子水迅速洗涤 2～3 次，倾尽洗涤水，再用不含 CO_2 的去离子水配制所需浓度的溶液。若 NaOH 中含 Na_2CO_3 较多时，通常是将 NaOH 配成 50%的溶液，置于试剂瓶中，密闭放置数天后，由于 Na_2CO_3 在浓 NaOH 溶液中溶解度较小，于是会沉降于瓶底部，可取上层澄清液，用无 CO_2 去离子水稀释至所需浓度。

实验仪器及试剂

台秤，量筒(10 mL)，烧杯，试剂瓶(1000 mL)。

浓盐酸(ρ=1.19 g·mL^{-1},w=37%),NaOH(s)(A.R.)。

实验步骤

1. 分别计算出配制0.1 mol·L^{-1}HCl和NaOH溶液所需浓HCl的体积和NaOH(s)质量

$$m(\text{NaOH})=c(\text{NaOH})\cdot V(\text{NaOH})\cdot M(\text{NaOH})$$

$$V(\text{浓 HCl})=\frac{c(\text{HCl})\cdot V(\text{HCl})\cdot M(\text{HCl})}{\rho\cdot w(\text{HCl})}$$

2. 配制c(HCl)=0.1 mol·L^{-1}的HCl溶液

用洁净的量筒量取浓HCl 9 mL,倾入洁净的试剂瓶中,用水稀释至1000 mL,盖好瓶塞,充分摇匀。贴好标签,写好试剂名称、配制日期、专业和姓名,保存备用。

3. 配制c(NaOH)=0.1 mol·L^{-1}的NaOH溶液

用台秤迅速称取4g NaOH固体置于100 mL小烧杯中,加约30 mL无CO_2的去离子水溶解,然后转移至试剂瓶中,用去离子水稀释至1000 mL,摇匀后,用橡皮塞塞紧,贴好标签备用。

思考题

1. 配制酸标准溶液时,为什么用量筒量取浓盐酸,而不用移液管?

2. 配制碱标准溶液时,为什么用台秤称取NaOH固体,而不用分析天平?这时配制的溶液的浓度应以几位有效数字表示?为什么?

实验二十一 滴定法操作练习

实验目的

1. 练习滴定操作,掌握滴定管的正确使用和准确确定终点的方法。

2. 熟悉甲基红、酚酞指示剂的使用和终点的颜色变化,初步掌握酸碱指示剂的选择方法。

实验原理

NaOH与HCl的滴定反应为

$$\text{NaOH}+\text{HCl}=\!=\!=\text{NaCl}+\text{H}_2\text{O}$$

二者反应的物质的量比为1∶1,所以酸碱反应达到化学计量点时:

$$c(\mathrm{HCl}) \cdot V(\mathrm{HCl}) = c(\mathrm{NaOH}) \cdot V(\mathrm{NaOH})$$

通过酸碱比较滴定，可以确定化学计量点时两者的体积比。因此，只要知道其中任何一种溶液的准确浓度，再根据它们的体积比就可求得另一溶液的浓度。

一定浓度的 HCl 和 NaOH 溶液，相互滴定时所消耗溶液的体积比应是一定的，改变被滴定溶液的量，终点时与消耗滴定剂的体积比也应是一恒定值。因此，可以检验滴定操作技术及终点判断的准确程度。

0.1 mol·L^{-1} HCl 和 0.1 mol·L^{-1} NaOH 的滴定练习是强酸强碱的滴定，化学计量点 pH 7.00，滴定突跃范围比较大(4.30～9.70)。因此，凡是变色范围全部或部分落在突跃范围之内的指示剂，如甲基橙、甲基红、酚酞、甲基红-溴甲酚绿混合指示剂，都可以用来指示滴定终点。

如果用酚酞作指示剂，常用 NaOH 滴定 HCl，这样终点时酚酞由无色变为粉红色，易于观察。即我们通常选择颜色变化由浅到深，且颜色变化明显的指示剂。

实验仪器及试剂

酸式滴定管，碱式滴定管，锥形瓶。

HCl(0.1 mol·L^{-1})，NaOH(0.1 mol·L^{-1})，酚酞指示剂(1%)，甲基红指示剂(1%)。

实验步骤

1. 滴定操作练习和滴定终点判断练习

分别将 0.1 mol·L^{-1} HCl 和 0.1 mol·L^{-1} 的 NaOH 装入酸式滴定管和碱式滴定管中至零刻度线上，驱除活塞及乳胶管下端的气泡，调节液面至 0.00 刻度线附近。

静置 1 min 后方可读数，并将两滴定管的初读数记录到记录本上。

由碱式滴定管放出约 20 mL NaOH 溶液于一洁净的锥形瓶中，加 1～2 滴甲基红指示剂，观察其颜色。然后从酸式滴定管中将酸溶液渐渐滴入锥形瓶中，边滴边摇动锥形瓶，使溶液充分反应。待滴定近终点(能看出滴定剂加入瞬间，锥形瓶中溶液出现红色，渐褪至黄色)时，可用少量去离子水冲洗在瓶壁上的酸液，再继续逐滴或半滴滴定至溶液恰好由黄色转变为橙色为止，记下此时两管的读数，再滴入 1 滴盐酸，观察溶液呈现的红色。再用 NaOH 溶液滴至黄色。如此反复滴加 HCl 和 NaOH 溶液，直到能做到加入半滴 NaOH 溶液恰由橙色变黄色，再滴入半滴 HCl 溶液由黄色变橙色，即能控制半滴溶液的滴入并观察到终点颜色改变。

也可由酸式滴定管放出 20 mL HCl 溶液，加入 1～2 滴酚酞指示剂，用 NaOH 溶液滴定到溶液由无色变为粉红色来练习终点的判断和滴定操作(但用 HCl 回滴时溶液由浅粉色变至无色不易观察)。

2. 酸碱标准溶液的滴定练习

将酸和碱标准溶液分别装满酸式和碱式滴定管(注意赶尽气泡和除去管尖端悬挂的液滴),并分别将液面调至 0.00 刻度线(或 0.00～5.00),记录初读数。以 10 mL/min 的流速放出 20～25 mL HCl(读至 0.01 mL)于锥形瓶中,加入 1～2 滴酚酞指示剂,用 NaOH 溶液滴定至溶液由无色恰变浅粉红色并在半分钟内不褪色止,记录 NaOH 溶液体积(末读数)。平行测定三次(每次测定都必须将酸、碱溶液装至零刻度线附近,且每次滴定所取体积最好不同,以免产生主观误差),计算 V(HCl)/V(NaOH)或 V(NaOH)/V(HCl),若相对极差大于 0.2%,必须重做。

思考题

1. 滴定管为什么在装入标准溶液前,还需用该溶液润洗三次?用于滴定的锥形瓶是否也要用所装溶液润洗,为什么?

2. 用甲基红、酚酞两种指示剂进行酸碱比较滴定时,为什么酸碱体积比 V(NaOH)/V(HCl)不相等?

3. 当从酸管中放出 25 mL HCl 溶液后,能否立即读数记录?为什么?应何时读数?

4. 滴定两份相同试液时,若第一份用去标准溶液约 20 mL,在滴定第二份试液时,能否继续用余下的溶液?为什么?应怎样正确操作?

报告示例

NaOH 和 HCl 溶液体积比的测定

项目 \ 次数		Ⅰ甲基红	Ⅱ酚酞	Ⅲ酚酞	Ⅳ酚酞
HCl	初读数				
	末读数				
	V(HCl)				
NaOH	初读数				
	末读数				
	V(NaOH)				
V(NaOH)/V(HCl)					
平均值 V(NaOH)/V(HCl)(同一指示剂的)					
相对极差					

实验二十二　酸碱标准溶液浓度的标定

实验目的

1. 学习酸碱标准溶液浓度的标定方法。
2. 进一步熟练称量技术和滴定操作。

实验原理

间接法配制的酸碱标准溶液，它们的浓度是近似的，必须经过标定来确定其准确浓度。

标定酸碱溶液的基准物质很多，现介绍常用的几种：

1. 标定盐酸的基准物——无水碳酸钠(Na_2CO_3)和硼砂($Na_2B_4O_7 \cdot 10H_2O$)

由于 $Na_2B_4O_7 \cdot 10H_2O$ 的摩尔质量大，吸湿性小，易于制得纯品，故更为常用。硼砂含有结晶水，为防止发生风化失水现象，应保存在装有蔗糖和食盐饱和的水溶液的干燥器中(相对湿度 60%)。

标定反应如下：

$$Na_2B_4O_7 + 2HCl + 5H_2O \longrightarrow 4H_3BO_3 + 2NaCl$$

H_3BO_3 是很弱的一元酸($K_a^\ominus = 5.9 \times 10^{-10}$)，故其共轭碱 $H_2BO_3^-$ 碱性较强($K_b^\ominus = K_w^\ominus / K_a^\ominus = 1.7 \times 10^{-5}$)，可被 HCl 滴定。

由于硼砂摩尔质量大($381.4 g \cdot mol^{-1}$)，称量误差小，所以可直接称取单份做标定。用 $0.05\ mol \cdot L^{-1}$ 硼砂去标定 $0.1\ mol \cdot L^{-1}$ HCl，终点时 H_3BO_3 的浓度为 $0.1\ mol \cdot L^{-1}$。此时

$$c(H^+) = \sqrt{K_a^\ominus \cdot c(H_3BO_3) \cdot c^\ominus} = \sqrt{5.9 \times 10^{-10} \times 0.1\ mol \cdot L^{-1} \cdot 1\ mol \cdot L^{-1}}$$
$$= 7.8 \times 10^{-6} mol \cdot L^{-1}$$

pH 5.11，可用甲基红作指示剂，标定结果可按下式计算：

$$c(HCl) = \frac{2m(Na_2B_4O_7 \cdot 10H_2O)}{M(Na_2B_4O_7 \cdot 10H_2O) \cdot V(HCl)}$$

用无水碳酸钠标定盐酸时，标定反应如下：

$$Na_2CO_3 + 2HCl \longrightarrow 2NaCl + H_2O + CO_2 \uparrow$$

化学计量点时，溶液 pH 为 3.9，可用甲基橙或甲基橙-靛蓝混合指示剂(终点时混合指示剂颜色由绿色变为灰色)，标定结果按下式计算：

$$c(HCl) = \frac{2m(Na_2CO_3)}{M(Na_2CO_3) \cdot V(HCl)}$$

2. 标定碱的基准物——邻苯二甲酸氢钾或乙二酸

邻苯二甲酸氢钾易得到纯品，在空气中不吸水，易保存，且摩尔质量大(204.2 g·mol^{-1})，可直接称取单份做标定，是标定 NaOH 溶液较理想的基准物。标定反应如下：

$$KHC_8H_4O_4 + NaOH = KNaC_8H_4O_4 + H_2O$$

邻苯二甲酸氢钾是二元弱酸邻苯二甲酸的共轭碱，它的酸性较弱，$K_a^\ominus = 3.9\times 10^{-6}$，满足$\frac{c}{c^\ominus}\cdot K_a^\ominus = 0.1\times 3.9\times 10^{-6} = 3.9\times 10^{-7} > 10^{-8}$，故可被 NaOH 滴定。化学计量点时，溶液显弱碱性，pH 约为 9.0。可用酚酞作指示剂。

乙二酸($H_2C_2O_4\cdot 2H_2O$)是二元酸($K_{a_1}^\ominus = 5.9\times 10^{-2}$，$K_{a_2}^\ominus = 6.4\times 10^{-5}$)，由于 $K_{a_1}^\ominus / K_{a_2}^\ominus < 10^4$，所以只能一步滴定到 $C_2O_4^{2-}$。反应如下：

$$H_2C_2O_4 + 2NaOH = Na_2C_2O_4 + 2H_2O$$

化学计量点时溶液显弱碱性，也可用酚酞作指示剂。标定结果按下式计算：

$$c(NaOH) = \frac{m(KHC_8H_4O_4)}{M(KHC_8H_4O_4)\cdot V(NaOH)}\text{(以邻苯二甲酸氢钾为基准物)}$$

$$c(NaOH) = \frac{2m(H_2C_2O_4\cdot 2H_2O)}{M(H_2C_2O_4\cdot 2H_2O)\cdot V(NaOH)}\text{(以乙二酸为基准物)}$$

因 Na_2CO_3 或 $H_2C_2O_4\cdot 2H_2O$ 的摩尔质量小，为减少称量误差，可多称几倍量(如 10 倍量)的 Na_2CO_3 或 $H_2C_2O_4\cdot 2H_2O$，配成一定体积(250 mL)溶液后，每次移取部分(25 mL)溶液使用。

实验仪器及试剂

分析天平，酸式和碱式滴定管，锥形瓶，量筒。

HCl(0.1000 mol·L^{-1})，NaOH(0.1000 mol·L^{-1})标准溶液，硼砂(s)，邻苯二甲酸氢钾(s)，酚酞(0.2%)，甲基红(0.2%)。

实验步骤

1. HCl 标准溶液浓度的标定

用差减法准确称取硼砂 3 份，每份 0.4～0.6 g，分别放入 250 mL 锥形瓶中(注意编号)，各加 30 mL 去离子水，摇动使之溶解(必要时可稍稍加热)，滴入 2 滴甲基红指示剂，用欲标定的 HCl 滴定，边滴边摇，近终点时应逐滴或半滴加入，直至滴加半滴 HCl 溶液恰使溶液由黄色变为橙色，即为终点。

用同样的方法滴定另外两份硼砂溶液。计算出 HCl 溶液的浓度，要求 3 次标定结果相对极差不超过 0.3%。并由比较滴定的结果算出 c(NaOH)。

2. NaOH 标准溶液浓度的标定

用差减法准确称取邻苯二甲酸氢钾 3 份，每份 0.4～0.6 g，分别放入已编号的锥形瓶内，各加入 30 mL 去离子水溶解。稍加热，待冷却后，滴加 2 滴酚酞指示剂。用待标的 NaOH 溶液滴定至溶液呈浅粉色并在半分钟内不褪色为止，记录有关数据，计算出 NaOH 溶液的浓度，3 次平行标定结果的相对极差不得大于 0.3%，并由比较滴定的结果算出 HCl 溶液的浓度。

思考题

1. 如何计算称取硼砂或邻苯二甲酸氢钾的质量范围？称得太多或太少对标定有何影响？

2. 用无水碳酸钠作基准物标定 HCl 溶液时，能直接称取单份来标定吗？应采取怎样的操作步骤？

3. Na_2CO_3 作基准物使用前，为什么要在 270～300 ℃下进行干燥？温度过低或过高对标定 HCl 的结果有何影响？

4. 准确称取的硼砂置于锥形瓶中，锥形瓶是否需要预先烘干，为什么？溶解基准物时，加水 30 mL 应用量筒还是用移液管量取？为什么？

5. 用邻苯二甲酸氢钾标定 NaOH 溶液时，为什么用酚酞而不用甲基红作指示剂？

报告示例

HCl 溶液浓度的标定

		Ⅰ	Ⅱ	Ⅲ
硼砂和称量瓶质量/g				
倾出后硼砂和称量瓶质量/g				
硼砂质量/g				
HCl	终读数			
	初读数			
$V(HCl)/mL$				
$c(HCl)/(mol\cdot L^{-1})$				
$\bar{c}(HCl)/(mol\cdot L^{-1})$				
相对极差				
$\bar{c}(NaOH)/(mol\cdot L^{-1})$				

实验二十三　食用醋中总酸量的测定

实验目的

1. 了解强碱滴定弱酸时指示剂的选择方法。
2. 学习移液管和容量瓶的正确使用方法。

实验原理

食用醋的主要成分是乙酸(俗称醋酸)，此外还有少量其他弱酸如乳酸等。用 NaOH 滴定时，凡是 $K_a^\ominus > 10^{-7}$ 的弱酸，均可被滴定，故测出的是总酸量，计算结果是以含量最多的乙酸表示。乙酸的 $K_a^\ominus = 1.8 \times 10^{-5}$，与 NaOH 的滴定反应为

$$NaOH + CH_3COOH \longrightarrow CH_3COONa + H_2O$$

化学计量点时 pH 在 8.7 左右，通常选用酚酞作指示剂。

食用醋中含 3%～5%HAc，浓度较大，可适当稀释后再滴定。如果食醋颜色较深，可用中性活性炭脱色后滴定。

测定结果常用 $\rho(HAc)$ 表示，计算式如下：

$$\rho(HAc) = \frac{c(NaOH)V(NaOH) \cdot M(HAc)}{V(HAc)} \times 稀释倍数$$

实验仪器及试剂

碱式滴定管，移液管(25 mL)，锥形瓶，容量瓶(250 mL)，洗耳球。

NaOH($0.1000\ mol \cdot L^{-1}$)，食用醋，酚酞(0.2%)。

实验步骤

用洁净的移液管准确移取 25.00 mL 食用醋于 250 mL 容量瓶中，用无 CO_2 的去离子水稀释至刻度，摇匀。

用洁净的 25 mL 移液管移取稀释后的试液 25.00 mL 于锥形瓶中，滴入 2～3 滴酚酞指示剂，用 NaOH 标准溶液滴定至充分摇匀后浅粉色在半分钟内不褪去即为终点。记下 $V(NaOH)$，并计算出试样中乙酸的总含量 $\rho(HAc)$。重复上述操作，直至 3 次平行测定的相对极差不大于 0.3%。

思考题

1. 如何正确使用移液管，移液管中的溶液放出后，在管的尖端有少量残留液，应如何处理？

2. 移液管为什么必须用所取溶液润洗，而容量瓶则不准用所装溶液润洗？

3. 测定乙酸含量时，为什么不能用含有 CO_2 的去离子水？若含有 CO_2，结果会怎样？

4. 测定乙酸为什么用酚酞作指示剂，而不用甲基橙或甲基红作指示剂？

5. 移液管与容量瓶是配套使用的量器，记录时应为几位有效数字？

报告示例

食用醋中总酸量的测定

$c(NaOH)/(mol \cdot L^{-1})$				
$V(HCl)/mL$				
		Ⅰ	Ⅱ	Ⅲ
NaOH	终读数			
	初读数			
$V(NaOH)/mL$				
$\rho(HAc)/(g \cdot L^{-1})$				
平均值 $\rho(HAc)/(g \cdot L^{-1})$				
相对极差				

实验二十四　氨水中氨含量的测定

实验目的

1. 巩固移液管的正确使用方法。
2. 学习用回滴法测氨水中氨含量。
3. 熟悉液体试样中浓度的测定方法。

实验原理

氨水是农用氮肥之一。它是一种弱碱，$K_b^\ominus = 1.8 \times 10^{-5}$，可用强酸直接滴定。但由于氨易挥发，故常采用回滴法（返滴定法），即先取一定量过量的 HCl 标准溶液，再加入一定量的氨水与 HCl 充分作用，剩余的 HCl 用 NaOH 标准溶液回滴。

$$NH_3 \cdot H_2O + HCl(过量) \longrightarrow NH_4Cl + H_2O + HCl(剩余)$$

$$HCl(余) + NaOH = NaCl + H_2O$$

由于用 NaOH 滴定的是 HCl 和 NH_4Cl 的混合溶液。而 HCl 可被分步滴定，故化学计量点时，溶液中有 NH_4Cl 存在，pH 约为 5.3，所以应选甲基红作指示剂。测定结果用 $\rho(NH_3)$ 表示，计算式如下：

$$\rho(NH_3) = \frac{[c(HCl) \cdot V(HCl) - c(NaOH) \cdot V(NaOH)] \cdot M(NH_3)}{V(NH_3 \cdot H_2O)}$$

实验仪器及试剂

酸式滴定管，移液管(25 mL)，锥形瓶，洗耳球，碱式滴定管。

HCl 标准液(0.1000 mol · L^{-1})，NaOH 标准液(0.1000 mol · L^{-1})，$NH_3 \cdot H_2O$(0.1 mol · L^{-1})，甲基红(0.2%)。

实验步骤

从酸式滴定管中慢慢放出 35.00 mL HCl 标准溶液于锥形瓶中，然后用移液管准确移取 25.00 mL 已备好的氨水试样，放入盛有 HCl 标准溶液的锥形瓶中，加入 2～3滴甲基红指示剂，用 NaOH 标准溶液进行滴定，直到溶液由红色变为橙色。

记录所用 NaOH 的体积，计算 $\rho(NH_3)$，重复上述操作，直到 3 次平行，测定结果的相对极差不大于 0.3%。

思考题

1. 在哪些情况下需用回滴法？
2. 测定氨含量时能否用酚酞作指示剂？为什么？
3. 若在盛有 HCl 标准液的锥形瓶中加入氨水后，再滴加甲基红，溶液呈黄色，说明什么？应怎样解决？

报告示例

氨水中氨含量的测定

$c(NaOH)/(mol \cdot L^{-1})$				
$c(HCl)/(mol \cdot L^{-1})$				
$V(NH_3 \cdot H_2O)/mL$				
		Ⅰ	Ⅱ	Ⅲ
HCl	终读数			
	初读数			
$V(HCl)/mL$				
NaOH	终读数			
	初读数			
$V(NaOH)/mL$				
$\rho(NH_3)/(g \cdot L^{-1})$				
平均值 $\rho(NH_3)/(g \cdot L^{-1})$				
相对极差				

实验二十五　纯碱的测定

实验目的

1. 掌握纯碱中总碱度的测定方法。
2. 了解混合指示剂的使用及其优点和变色原理。
3. 了解双指示剂法测定混合碱中各组分的含量的原理。

实验原理

纯碱除含碳酸钠外，还含有 $NaHCO_3$ 等杂质。为了鉴定它的质量，常用 HCl 标准溶液测定其总碱量，反应产物为 NaCl 和 H_2CO_3，滴定反应为

$$Na_2CO_3 + 2HCl = H_2O + CO_2 + 2NaCl$$

化学计量点时 pH 约为 3.9，可选用甲基橙作指示剂，终点时溶液由黄色变为橙色。还可以用甲基橙-靛蓝二磺酸钠混合指示剂，终点时溶液由绿色变为灰色。滴定时除主要成分 Na_2CO_3 被 HCl 中和外，$NaHCO_3$ 也同时被中和。纯碱的总碱量用 Na_2CO_3 的质量分数表示：

$$w(Na_2CO_3) = \frac{c(HCl) \cdot V(HCl) \cdot M(Na_2CO_3)}{2m_s}$$

由于纯碱的均匀性较差，因此应多称几份试样，使试样具有代表性。

利用双指示剂法可测定纯碱中 Na_2CO_3、$NaHCO_3$ 各组分的含量，此法简便、快速，在生产实际中应用广泛。

常用的两种指示剂是酚酞和甲基橙。测定时先加入酚酞指示剂，用盐酸滴定至溶液由红色恰变为无色(pH 约为 8.3)，此时 Na_2CO_3 被中和为 $NaHCO_3$。

$$Na_2CO_3 + HCl = NaHCO_3 + NaCl$$

消耗 HCl 量为 V_1。再滴入甲基橙指示剂，继续用 HCl 标准溶液滴定到溶液由黄色变为橙色为止。此时 $NaHCO_3$ 全部被中和，生成 H_2CO_3。

$$NaHCO_3 + HCl = NaCl + \underset{\displaystyle H_2O + CO_2}{\underbrace{H_2CO_3}_{\downarrow}}$$

消耗 HCl 的体积为 V_2，根据 V_1、V_2 值求算出试样中 Na_2CO_3、$NaHCO_3$ 的含量。计算式如下：

$$w(Na_2CO_3) = \frac{c(HCl) \cdot V_1(HCl) \cdot M(Na_2CO_3)}{2m_s}$$

$$w(NaHCO_3) = \frac{c(HCl) \cdot [V_2(HCl) - V_1(HCl)] \cdot M(Na_2CO_3)}{m_s}$$

双指示剂中的酚酞也可用甲酚红-百里酚蓝混合指示剂代替，终点时溶液由紫色变为玫瑰红色，变色比较敏锐。

实验仪器及试剂

酸式滴定管，移液管，容量瓶，洗耳球，分析天平。

HCl 标准溶液（0.1000 mol · L^{-1}），酚酞（0.2%），甲基橙（0.2%），甲基橙-靛蓝二磺酸钠混合指示剂，纯碱试样。

实验步骤

1. 纯碱中总碱量的测定

准确称取纯碱试样 1.5～2.0 g 放入小烧杯中，加 30 mL 去离子水使其溶解，必要时可适当加热。冷却后，将溶液定量转移到 250 mL 容量瓶中，加去离子水稀释至刻度，充分摇匀后备用。

平行移取试液 25.00 mL 3 份，分别置于锥形瓶中，各加入 3 滴甲基橙-靛蓝混合指示剂，分别用 HCl 标准溶液滴至溶液由绿色变为灰色，即为终点，计算总碱量 $w(Na_2CO_3)$。注意：接近终点时，易形成 CO_2 过饱和溶液，使终点提前。因此，应剧烈摇动溶液，或将溶液加热至沸，赶出 CO_2，加速 H_2CO_3 的分解，放冷后再继续滴定，这样，准确度较高。平行测定的相对极差应小于 0.3%。

2. 纯碱中 Na_2CO_3，$NaHCO_3$ 含量的测定

准确移取 25.00 mL 上述备用试液于一锥形瓶中，加入 2 滴酚酞指示剂（或甲酚红-百里酚蓝混合指示剂），用 HCl 标准液滴至溶液由红色恰变为无色（紫色变为玫瑰色）。记下消耗的 HCl 的体积 V_1，再滴入 1～2 滴甲基橙指示剂，继续用 HCl 滴定至溶液由黄色变为橙色，记下消耗 HCl 的体积 V_2。计算出 $w(NaHCO_3)$、$w(Na_2CO_3)$。

重复上述操作。3 次平行测定的结果的相对极差不大于 0.4%。

注：由于测纯碱中 Na_2CO_3、$NaHCO_3$ 的含量时，第一化学计量点是用酚酞作指示剂，由于突跃不大，终点时指示剂变色不敏锐，再加上酚酞是由红色变为无色，不易观察，故终点误差较大。采用混合指示剂（甲酚红-百里酚蓝）效果较好。

思考题

1. 采用双指示法测定混合碱，在同一份溶液中测定，试判断下列五种情况下，混合碱的成分是什么？

(1) $V_1=0$；(2) $V_2=0$；(3) $V_1>V_2$；(4) $V_1<V_2$；(5) $V_1=V_2$

2. 混合指示剂的变色原理是什么？有何优点？

3. 用 HCl 滴定混合碱液时,取一份试液立即滴定,若在空气中放置一段时间后再滴定,将会给测定结果带来什么影响?若到达第一化学计量点前,滴定速度过快或摇动不均匀,对测定结果有何影响?

4. 在测定纯碱中总碱量时,试样烘干与不烘干对结果有何影响?试述理由。

报告示例

纯碱中总碱量的测定

(纯碱+称量瓶质量)/g				
(倾出纯碱后纯碱+称量瓶质量)/g				
纯碱试样质量/g				
试液总体积/mL				
平行测定时取试液体积/mL				
		Ⅰ	Ⅱ	Ⅲ
HCl	终读数			
	初读数			
V(HCl)/mL				
$w(Na_2CO_3)$				
$\overline{w}(Na_2CO_3)$				
相对极差				

实验二十六　硫酸铵中氮含量的测定(甲醛法)

实验目的

1. 了解氮含量的测定方法。
2. 掌握甲醛法测定硫酸铵中氮含量的原理和方法。

实验原理

肥料、土壤及许多有机化合物常常需要测定其中氮的含量,通常是将试样加以适当处理,使各种含氮化合物都转化为氨态氮,然后进行测定。常用的方法有以下两种:

1) 蒸馏法(凯氏定氮法)

适用于无机、有机物质中氮含量的测定,准确度较高。

2) 甲醛法

适于铵盐中铵态氮的测定,方法简便,生产中实际应用广泛。

硫酸铵是常用的氮肥之一。由于其中NH_4^+的酸性较弱($K_a^\ominus=5.6\times10^{-10}$),所以无法用NaOH标准溶液直接滴定。但可将硫酸铵与甲醛作用,定量生成质子化六次甲基四胺和H^+,反应如下:

$$4NH_4^+ + 6HCHO = (CH_2)_6N_4H^+ + 3H^+ + 6H_2O$$

所生成的质子化六次甲基四胺和H^+,用NaOH标准溶液直接滴定,滴定反应如下:

$$(CH_2)_6N_4H^+ + 3H^+ + 4OH^- = (CH_2)_6N_4 + 4H_2O$$

终点时由于生成$(CH_2)_6N_4$,溶液呈弱碱性,可选酚酞作指示剂。

由反应式知:1 mol NH_4^+相当于1 mol H^+,故氮与NaOH的化学计量比为1∶1,结果可按下式计算:

$$w(N)=\frac{c(NaOH)\cdot V(NaOH)\cdot M(N)}{m_s}$$

实验仪器及试剂

分析天平,碱式滴定管,锥形瓶,移液管(25 mL),容量瓶,烧杯(100 mL)。

NaOH标准溶液(0.1000 mol·L^{-1}),酚酞(0.2%),$(NH_4)_2SO_4$试样,甲醛溶液,甲基红(0.2%)。

实验步骤

1. 甲醛溶液的处理

甲醛中常含有微量酸,应事先中和。取原装甲醛上层清液于烧杯中,加水稀释1倍,加入1～2滴1%的酚酞指示剂,用NaOH标准溶液滴定至甲醛溶液呈现浅粉色。

2. $(NH_4)_2SO_4$试样含氮量测定

准确称取硫酸铵试样1.5～2.0 g于烧杯中,加30 mL去离子水溶解,然后把溶液定量转移到250 mL容量瓶中,用去离子水稀释至刻度,摇匀后待用。

用移液管准确移取25.00 mL试液于250 mL锥形瓶中,加入2滴甲基红指示剂,用标准NaOH滴至黄色,记下消耗的NaOH溶液的体积V_1。另取一份25.00 mL的待测液于锥形瓶中,滴入1～2滴酚酞指示剂,用标准NaOH溶液滴至溶液由无色变为浅粉色,且在半分钟内不褪色,即为终点,记下消耗的NaOH溶液的体积V_2,计算试样中氮的质量分数w。平行测定3次,测定结果的相对极差不大于0.3%。

注:公式中$V(NaOH)=V_2-V_1$

思考题

1. 中和甲醛及$(NH_4)_2SO_4$ 试样中游离酸时，为什么要采用不同的指示剂？

2. 加入的甲醛溶液为什么预先要用 NaOH 标准溶液中和，如未完全中和或中和时用的 NaOH 溶液加得过量，对结果各有何影响？

3. 若试样为 NH_4Cl、NH_4HCO_3、NH_4NO_3，是否可以用本法来测定？为什么？

实验二十七　$AgNO_3$ 和 NH_4SCN 溶液的配制和标定

实验目的

1. 学会 $AgNO_3$ 和 NH_4SCN 标准溶液的配制和标定方法。

2. 掌握沉淀滴定法中莫尔法的原理、方法及应用。

实验原理

用分析纯硝酸银固体可直接配成 $AgNO_3$ 标准溶液。在准确称量前，应将分析纯硝酸银在 110 ℃时烘干 1～2 h。由于 $AgNO_3$ 见光易分解，因此纯净的 $AgNO_3$ 固体或已配好的 $AgNO_3$ 标准溶液都应保存在密封的棕色玻璃瓶中。

如果硝酸银试剂纯度不够，可把它配成近似于所需浓度的溶液，然后用基准物氯化钠标定。氯化钠易潮解，在使用之前，应先将其放入坩埚内，于 400～500 ℃高温下灼烧至不发出爆裂声止，然后将干燥好的 NaCl 放于干燥器中备用。标定时所用的方法（莫尔法或福尔哈德法）应和测定时的方法一致，以抵消测定方法所引起的系统误差。

因为 NH_4SCN（或 KSCN）固体易吸湿，所以 NH_4SCN 标准溶液应先配成近似浓度，然后用 $AgNO_3$ 标准溶液进行比较滴定，根据 $AgNO_3$ 溶液的浓度计算出 NH_4SCN 的浓度。反应式为

$$AgNO_3 + SCN^- = AgSCN + NO_3^-$$

$$Fe^{3+} + SCN^- = [Fe(SCN)]^{2+}$$

莫尔法标定 $AgNO_3$ 标准溶液的浓度时的反应如下：

$$AgNO_3 + NaCl = AgCl + NaNO_3$$

$$2AgNO_3 + K_2CrO_4 = Ag_2CrO_4 + 2KNO_3$$

由于 AgCl 的溶解度比 Ag_2CrO_4 的溶解度小[$K_{sp}^{\ominus}(AgCl) = 1.8 \times 10^{-10}$，$K_{sp}^{\ominus}(Ag_2CrO_4) = 1.1 \times 10^{-12}$]，所以滴定时首先析出 AgCl 沉淀。当 AgCl 定量沉淀后，稍过量的 $AgNO_3$ 溶液立即与 CrO_4^{2-} 生成砖红色 Ag_2CrO_4 沉淀，指示终点的到达。滴定必须是在中性或弱碱性溶液中进行，最适宜的酸度范围是 pH 在

6.5～10.5之间，酸度过高，不产生 Ag_2CrO_4 沉淀，酸度过低，则生成 Ag_2O 沉淀。

指示剂 K_2CrO_4 的用量一般控制在 $5\times10^{-3}\ mol\cdot L^{-1}$ 为宜。浓度过高，Ag_2CrO_4 沉淀出现过早，终点提前；浓度过低，Ag_2CrO_4 出现偏迟，使终点拖后，造成误差。

根据标定时 $AgNO_3$ 标准溶液的用量和基准物的质量，可按下式计算出：

$$c(AgNO_3)=\frac{m(NaCl)}{M(NaCl)\cdot V(AgNO_3)}$$

根据比较滴定结果算出：

$$c(NH_4SCN)=\frac{c(AgNO_3)\cdot V(AgNO_3)}{V(NH_4SCN)}$$

实验仪器及试剂

台秤，分析天平，酸式滴定管，锥形瓶，移液管（25 mL），烧杯，试剂瓶（棕），量筒。

$AgNO_3$(s)(A. R.)，NaCl(s)(A. R.)，K_2CrO_4(5%)，NH_4SCN(s)(A. R.)，铁铵矾指示剂(40%)，HNO_3($6\ mol\cdot L^{-1}$)。

实验步骤

1. $AgNO_3$ 标准溶液的配制和标定

1) $0.1\ mol\cdot L^{-1}\ AgNO_3$ 标准溶液的配制

在台秤上称取已干燥的分析纯 $AgNO_3$ 固体 8.5 g，溶于 500 mL 去离子水中，将溶液转入棕色试剂瓶中，放置暗处保存。

2) $0.1\ mol\cdot L^{-1}\ AgNO_3$ 标准溶液的标定

在分析天平上准确称取 1.4～1.6 g NaCl 基准物于小烧杯中，加少量水溶解后，转入 250 mL 容量瓶中，加去离子水稀释至刻度，摇匀。用 25 mL 移液管准确移取 25.00 mLNaCl 标准溶液于锥形瓶中，加入 1 mL 5%K_2CrO_4 溶液，在不断摇动下，用 $AgNO_3$ 标准溶液滴定至出现砖红色沉淀即为终点。记下消耗 $AgNO_3$ 标准溶液的体积，平行标定 3 份，计算其结果，要求 3 次结果的相对极差不大于 0.3%。

2. NH_4SCN 标准溶液的配制和标定

1) $0.1\ mol\cdot L^{-1}\ NH_4SCN$ 标准溶液的配制

在台秤上称取固体 NH_4SCN 4g，溶于 500 mL 去离子水中，储存于洁净的试剂瓶中。

2) NH_4SCN 溶液的标定

用移液管准确移取 25.00 mL$AgNO_3$ 标准溶液于锥形瓶中，加入新煮沸冷却的

6 mol · L^{-1} HNO_3 3 mL和铁铵矾指示剂 1 mL,在强烈摇动下用配好的 NH_4SCN 溶液滴定。当接近终点时,溶液显浅红色,但经用力摇动则浅红色消失。继续滴定到溶液刚显出的浅红色经摇动仍不消失时,即为终点。记录消耗 NH_4SCN 溶液的体积。平行标定 3 次,计算出 NH_4SCN 溶液的浓度,3 次结果的相对极差不大于 0.3%即可。

思考题

1. 以 K_2CrO_4 作指示剂时,指示剂用量过多或过少对测定有何影响?
2. $AgNO_3$ 标准溶液应装在酸式滴定管还是碱式滴定管中,为什么?NH_4SCN 标准溶液呢?
3. 滴定过程中为什么要充分摇动溶液?

实验二十八　可溶性氯化物中氯含量的测定

实验目的

1. 掌握沉淀滴定法中福尔哈德法的原理、方法及应用。
2. 学会福尔哈德法判断终点的方法。

实验原理

福尔哈德法是以铁铵矾$[NH_4Fe(SO_4)_2 \cdot 12H_2O]$为指示剂、以 NH_4SCN 为标准溶液滴定 Ag^+ 的方法,可分为直接法和回滴法。如用 $AgNO_3$ 标准溶液标定 NH_4SCN 溶液是直接法的应用,而测可溶氯化物中氯含量,则须采用回滴法。

在含 Cl^- 的 HNO_3 试液中,加入一定量过量的 Ag^+ 标准溶液,定量生成 AgCl 沉淀后,过量的 Ag^+ 以铁铵矾为指示剂,用 NH_4SCN 标准溶液回滴,由 $[Fe(SCN)]^{2+}$ 配离子的红色指示滴定终点。反应如下:

$$Ag^+ + Cl^- \longrightarrow AgCl\ (白色) \qquad K_{sp}^{\ominus} = 1.8 \times 10^{-10}$$

$$Ag^+(余) + SCN^- \longrightarrow AgSCN(白色) \qquad K_{sp}^{\ominus} = 1.0 \times 10^{-12}$$

$$Fe^{3+} + SCN^- \longrightarrow [Fe(SCN)]^{2+}(红色)$$

福尔哈德法只适用于酸性介质,在中性或碱性介质中,指示剂中 Fe^{3+} 将生成沉淀,无法指示终点。

由于 AgCl 和 AgSCN 沉淀都易吸附 Ag^+,所以在终点前需剧烈摇动,以减少对 Ag^+ 的吸附。由于 $K_{sp}^{\ominus}(AgSCN)$ 小于 $K_{sp}^{\ominus}(AgCl)$,所以在近终点时,加入的 NH_4SCN 溶液与 AgCl 发生沉淀转化。反应式为

$$AgCl + SCN^- \longrightarrow AgSCN + Cl^-$$

这样,滴定到达终点时,实际上多消耗了 NH_4SCN 标准溶液,而导致误差。为

避免上述现象的发生，通常采用以下两种措施：

(1) 煮沸溶液。加入过量 $AgNO_3$ 标准溶液后，将溶液煮沸，使 AgCl 凝聚，以减少 AgCl 沉淀对 Ag^+ 的吸附。滤去 AgCl 沉淀，并用稀 HNO_3 洗涤沉淀，洗涤液放入滤液中。再用 NH_4SCN 标准溶液回滴滤液中过量的 $AgNO_3$。

(2) 加硝基苯(有毒!)或石油醚。试液中加入过量的 $AgNO_3$ 溶液后，加入有机溶剂硝基苯 1～2 mL，充分摇动，使 AgCl 沉淀表面覆盖一层硝基苯，不再与滴定剂接触，阻止了 SCN^- 与 AgCl 发生沉淀转化反应。此法简便，但硝基苯有毒。

实验仪器及试剂

台秤，分析天平，酸式滴定管，锥形瓶，烧杯，量筒，试剂瓶，移液管(25 mL)。

$AgNO_3$(s)(A. R.)，NH_4SCN(s)(A. R.)，铁铵矾指示剂(40%)，HNO_3(6 mol·L^{-1})，K_2CrO_4(5%)，NaCl(s)(A. R.)，NaCl(s)试样。

实验步骤

1. 0.1 mol·L^{-1} $AgNO_3$ 和 0.1 mol·L^{-1} NH_4SCN 标准溶液的配制和标定

见实验二十七。

2. 氯含量的测定

在分析天平上准确称取 NaCl 固体试样 2.0 g 于烧杯中，加少量去离子水溶解后，转移到 250 mL 容量瓶中，用去离子水稀释至刻度，摇匀。

用移液管准确移取 25.00 mL 试液于锥形瓶中，加入 5 mL 6 mol·L^{-1} HNO_3，在不断摇动下，用 $AgNO_3$ 标准溶液滴定至沉淀完全(当 AgCl 沉淀凝聚沉降后，在溶液清液中加入几滴 $AgNO_3$ 溶液，如果无沉淀生成，则表明沉淀完全)。然后再适当过量 5～10 mL。这时加入 2 mL 硝基苯，用橡皮塞塞住锥形瓶口，剧烈摇动，直至 AgCl 进入硝基苯层中而与溶液分开。再加入 1 mL 40%铁铵矾指示剂，用 NH_4SCN 标准溶液滴定至溶液呈淡红色，即终点，记下消耗 $AgNO_3$ 标准溶液和 NH_4SCN 标准溶液的体积，根据下式计算出 $w(Cl^-)$：

$$w(\mathrm{Cl^-})=\frac{[c(\mathrm{AgNO_3})\cdot V(\mathrm{AgNO_3})-c(\mathrm{NH_4SCN})\cdot V(\mathrm{NH_4SCN})]\cdot M(\mathrm{Cl^-})}{m_s}\times\frac{250.00}{25.00}$$

平行测定 3 次，结果的相对极差不大于 0.3%即可。

注：由于 AgCl 沉淀转化成 AgSCN 沉淀的反应速率较慢，又因为硝基苯有毒，所以，在分析要求不太高时，可不加硝基苯，而直接滴定。但要求滴定速度要快，近终点时摇动不要太剧烈，使 AgCl 沉淀来不及转化。

思考题

1. 用福尔哈德法测定氯化物中氯含量时,其主要误差来源是什么?用什么方法可加以防止?本实验中是如何处理的?

2. 本实验中对指示剂的用量要求 Fe^{3+} 浓度为 0.015 mol·L^{-1} 为宜,过多或过少对实验有什么影响?

实验二十九　土壤中 SO_4^{2-} 含量的测定(重量法)

实验目的

1. 掌握重量法测定土壤中 SO_4^{2-} 的含量的原理和方法。
2. 了解晶形沉淀的沉淀条件和沉淀方法。
3. 学习巩固沉淀的过滤、洗涤,沉淀的定量转移和灼烧的操作技术。

实验原理

$BaSO_4$ 重量法,既可用于测定 SO_4^{2-} 的含量,也可用于测定 Ba^{2+} 的含量。

将土壤样品与水按一定比例混合,经过振荡过滤后,将土壤中 SO_4^{2-} 提取到溶液中。定量移取此溶液,加入 $BaCl_2$ 沉淀剂使 SO_4^{2-} 沉淀为 $BaSO_4$,再经过陈化、过滤、洗涤、烘干、灼烧后,以 $BaSO_4$ 形式称量。可求出 SO_4^{2-} 的含量,其反应为

$$SO_4^{2-} + Ba^{2+} \xlongequal{} BaSO_4 \downarrow$$

为得到纯净而颗粒粗大的 $BaSO_4$ 晶形沉淀,一般是在 0.05 mol·L^{-1} HCl 溶液中,加热近沸的条件下进行沉淀。在酸性条件下,还能防止 $BaCO_3$、$Ba_3(PO_4)_2$ 及 $Ba(OH)_2$ 沉淀的生成,排除了土壤中 CO_3^{2-}、PO_4^{3-}、HPO_4^{2-} 等离子的干扰。

实验仪器及试剂

煤气灯,18 号筛,移液管(50 mL),烧杯,广口塑料瓶,马弗炉,瓷坩埚,电炉,分析天平,定量滤纸(慢速或中速),淀帚。

HCl(2 mol·L^{-1}),$BaCl_2$ 溶液(10%),$AgNO_3$(0.1 mol·L^{-1})。

实验步骤

1. 瓷坩埚恒量

将两个瓷坩埚洗净、擦干(或晾干),在 800 ℃左右的马弗炉中灼烧 30 min,取出稍冷片刻,转入干燥器中冷却至室温(约 30 min),称量。再次灼烧 20 min(800 ℃左右),取出稍冷后放入干燥器中冷至室温,再称量。如此重复操作直至恒量

为止。

2. 试样的分析

(1) 试液的制备。称取 100 g 通过 18 号筛的风干土壤样品，放于大口塑料瓶中，加入 500 mL 去离子水，用橡皮塞塞紧振荡 3 min，立即抽气过滤，清液储于 500 mL试剂瓶中，备用。

移取 50.00 mL 备用液于 300 mL 烧杯中，在水浴上加热至干，加 5 mL 2 mol·L^{-1} HCl 处理残渣再蒸干，并继续加热 1～2 h，用 2 mL 2 mol·L^{-1} HCl 和 30 mL 热去离子水洗涤，用中速(或慢速)定量滤纸过滤并用热去离子水洗涤残渣数次，弃去沉淀物(SiO_2)。

(2) 沉淀的制备。滤液在烧杯中蒸发至 30～40 mL，在不断搅拌下滴加 10% $BaCl_2$ 溶液，此时有白色沉淀出现，待沉淀下沉后，在上清液上滴加 10% $BaCl_2$ 溶液，若无沉淀生成，则表示已沉淀完全，再多加 2～3 mL 10% $BaCl_2$ 溶液，在水浴上继续加热 30 min，取下烧杯静置 2 h，用慢速或中速定量滤纸过滤，烧杯中的沉淀用热水洗 2～3 次后，全部转移到滤纸上再用水洗涤沉淀至无 Cl^- 为止(检验方法：取滤液 2 mL 加入 0.1 mol·L^{-1} $AgNO_3$ 溶液 2 滴，不浑浊即无 Cl^-)。将滤纸(有沉淀)折成包，放入已灼烧恒量的瓷坩埚中，先在煤气灯上烘干、炭化和灰化至呈灰白色，再放入 800 ℃左右的马弗炉中灼烧 30 min，取出在干燥器内冷却至室温，称量。第二次灼烧 15～20 min，冷却称量，如此反复操作，直至恒量(两次称量之差小于 0.3 mg)。

(3) 空白试验用相同试剂和滤纸做同样处理，测得空白质量。

平行测定两次(最好同时进行)。根据 $BaSO_4$ 的质量，求出 100 g 土样中 SO_4^{2-} 的含量。

注：① 本方法适用于含 SO_4^{2-} 高的土样测定，含量低的土样须采用其他方法。

② 太热的坩埚不宜立即放入干燥器内，因为骤热的空气会迅速膨胀，可能将干燥器盖冲落；而且冷却后，干燥器中气压降低，使盖子不容易打开。为此，可以在放入热坩埚后，稍微将盖子错开一细缝，稍候片刻，再将盖子盖严即可。

思考题

1. 沉淀完毕后，为什么要“陈化”后再过滤？什么是倾泻法？用倾泻法过滤和洗涤有何好处？
2. 烘干、灰化滤纸和灼烧沉淀时，应注意什么？
3. 什么是恒量？为什么空坩埚也要恒量？
4. 测定土壤中的 SO_4^{2-}，为什么要做空白试验？
5. 沉淀 $BaSO_4$ 时为什么要在稀 HCl 溶液中进行，而且是在热溶液中？

实验三十 EDTA标准溶液的配制与标定

实验目的

1. 掌握配位滴定的原理，了解配位滴定的特点。
2. 学习EDTA标准溶液的配制及标定方法。
3. 了解金属指示剂的特点，熟悉二甲酚橙指示剂的使用及终点颜色的变化。

实验原理

常用的EDTA是乙二胺四乙酸二钠盐，是一种有机氨羧配位剂，能与大多数金属离子形成配位比是1∶1的螯合物，计量关系简单，所以常用EDTA溶液作配位滴定的标准溶液。

在要求不太严格的分析中，EDTA溶液可用直接法配制。但通常采用间接法配制。标定EDTA溶液的基准物有Zn、ZnO、$CaCO_3$、Bi、Cu、$MnSO_4 \cdot 7H_2O$、Ni、Pb等。一般选用与被测物具有相同组分的物质作基准物，这样标定和测定的条件较一致，可减小系统误差。由于金属锌的纯度高(可达99.99%)，在空气中又稳定，Zn^{2+}与ZnY^{2-}均无色，既能在pH 5～6时用二甲酚橙作指示剂标定，又可在pH 9～10的氨性溶液以铬黑T为指示剂标定，终点颜色变化均很敏锐，因此，一般多采用金属锌为基准物质。

EDTA溶液应储存在聚乙烯塑料瓶或硬质玻璃瓶中，若储存于软质玻璃瓶中，EDTA会不断与玻璃中的Ca^{2+}反应形成CaY^{2-}，使EDTA的浓度不断降低。

为防止一般蒸馏水中Ca^{2+}、Mg^{2+}、Pb^{2+}等干扰，在配制EDTA溶液时用去离子水或二次蒸馏水。

实验仪器及试剂

台秤，分析天平，酸式滴定管，锥形瓶，移液管(25 mL)，容量瓶(250 mL)，烧杯(100 mL)，试剂瓶(1000 mL)，表面皿。

EDTA(s)(A. R.)，六次甲基四胺(20%)，二甲酚橙(0.5%)，金属锌(A. R.)，HCl(6 $mol \cdot L^{-1}$)，铬黑T(s)，氨水(1∶1)，pH 10的NH_3-NH_4Cl缓冲溶液。

实验步骤

1. 0.01 $mol \cdot L^{-1}$ EDTA标准溶液的配制

在台秤上称取3.7～4.0 g EDTA，加热溶解后稀释至1 L，储于聚乙烯塑料瓶中(如浑浊应过滤)。

2. 以 Zn 为基准物标定 EDTA 溶液

1) Zn^{2+}标准溶液的配制

在分析天平上准确称取 0.15 g 的(准确到 0.0001 g)金属锌于 100 mL 烧杯中,用少量去离子水润湿后,加入 10 mL 6 mol · L^{-1} HCl,盖上表面皿,待完全溶解后,用去离子水吹洗表面皿和烧杯壁,再定量转入 250 mL 容量瓶中,用去离子水稀释至刻度,摇匀,待用。

2) 标定 EDTA 溶液

(1) 以二甲酚橙为指示剂。用移液管准确移取 25.00 mL Zn^{2+}标准溶液于锥形瓶中,加 2 滴二甲酚橙指示剂,滴加六次甲基四胺溶液至溶液显稳定的紫红色后,再过量 5 mL,用 EDTA 溶液滴至溶液由紫红色变为亮黄色为止。根据滴定时用去的 EDTA 的体积和金属锌的质量按下式计算出 EDTA 的浓度:

$$c(\mathrm{EDTA})=\frac{m(\mathrm{Zn})}{M(\mathrm{Zn})\cdot V(\mathrm{EDTA})}$$

(2) 以铬黑 T 为指示剂。用移液管准确移取 25.00 mL Zn^{2+}标准溶液于锥形瓶中,加入 1∶1 氨水至开始出现白色沉淀,加入 10 mL pH 10 的 NH_3-NH_4Cl 缓冲溶液和铬黑 T 指示剂少许(约米粒大小),摇匀后用 EDTA 溶液滴定至溶液由酒红色恰变为纯蓝色,即为终点,计算出 EDTA 的浓度。平行标定 3 次,结果的相对极差不大于 0.3%。

思考题

1. 为什么实验中选用 EDTA 二钠盐作为滴定剂,而不用 EDTA 酸?
2. 铬黑 T 是怎样指示滴定终点的?
3. 若用 $CaCO_3$ 作基准物,以钙为指示剂标定 EDTA 浓度时,应控制溶液 pH 为多少? 为什么? 如何控制?

实验三十一　水的硬度的测定

实验目的

1. 掌握钙指示剂、铬黑 T 指示剂的使用条件和终点时颜色的变化。
2. 掌握测定水的硬度的原理和方法。

实验原理

水的硬度的测定分为水的总硬度的测定和钙、镁硬度的测定两种。水的总硬

度是指水中 Ca^{2+}、Mg^{2+} 的总含量，用 $c(\frac{1}{2}Ca^{2+}+\frac{1}{2}Mg^{2+})$（$mmol \cdot L^{-1}$）表示。工农业生产用水、饮用水对水的硬度都有一定的要求，当水的总硬度 $c(\frac{1}{2}Ca^{2+}+\frac{1}{2}Mg^{2+})>10\ mmol \cdot L^{-1}$时，就不可饮用。

按国际标准方法测定水的总硬度，是在 pH 10 的 NH_3-NH_4^+ 缓冲溶液中，以铬黑 T 为指示剂，用 EDTA 标准溶液滴定至溶液由酒红色变为纯蓝色即为终点。根据 EDTA 的用量 V_1，可按下式计算出水的总硬度：

$$c(\frac{1}{2}Ca^{2+}+\frac{1}{2}Mg^{2+})=\frac{2c(EDTA)V_1(EDTA)}{V(H_2O)}\times 1000(mmol \cdot L^{-1})$$

在测定水中钙、镁含量时，是将溶液 pH 调至 12，Mg^{2+} 被沉淀为 $Mg(OH)_2$ 后，加入钙指示剂，它只能与 Ca^{2+} 配位呈现酒红色，当加入 EDTA 时，EDTA 首先与游离 Ca^{2+} 配位，然后夺取和指示剂配位的 Ca^{2+}，而使指示剂游离出来，溶液由酒红色变成纯蓝色。

可由 EDTA 标准溶液的消耗量按下式求出 Ca^{2+} 的质量浓度：

$$\rho(Ca^{2+})=\frac{c(EDTA) \cdot V_2 \cdot M(Ca)}{V(H_2O)}\times 1000(mg \cdot L^{-1})$$

$$\rho(Mg^{2+})=\frac{c(EDTA)(V_1-V_2) \cdot M(Mg)}{V(H_2O)}\times 1000(mg \cdot L^{-1})$$

为减小系统误差，本实验中用的 EDTA 标准溶液用 $CaCO_3$ 基准物来标定。

首先将 $CaCO_3$ 用 HCl 溶解，制成钙标准溶液，调节溶液酸度至 pH 12，以钙指示剂作指示剂，用 EDTA 溶液滴定至溶液由酒红色变为纯蓝色即为终点。根据 EDTA 标准液的消耗量按下式计算出 EDTA 的浓度：

$$c(EDTA)=\frac{m(CaCO_3)}{M(CaCO_3) \cdot V(EDTA)}$$

滴定时，Fe^{3+}、Al^{3+} 等干扰离子可用三乙醇胺予以掩蔽；Cu^{2+}、Pb^{2+}、Zn^{2+} 等金属离子，可用 KCN、Na_2S 或巯基乙酸予以掩蔽。

实验仪器和试剂

分析天平，酸式滴定管，锥形瓶，移液管（25 mL，50 mL），台秤，容量瓶，烧杯，试剂瓶（1000 mL）。

$CaCO_3$(s)（A. R.），1∶1 氨水，NaOH 溶液（10%），钙指示剂（固体），铬黑 T 指示剂（固体），镁溶液（溶解 1 g $MgSO_4 \cdot 7H_2O$ 于水中，稀释至 200 mL），NH_3-NH_4Cl 缓冲溶液（pH 10），EDTA 二钠盐（s），水样，HCl（6 $mol \cdot L^{-1}$），三乙醇胺（1∶1）。

实验步骤

1. EDTA 标准溶液的配制和标定

(1) 配制同实验三十。

(2) 标定。准确称取 $CaCO_3$ 基准物 0.5～0.6 g 于 100 mL 烧杯中，加少量去离子水润湿，滴入 3 mL 6 mol · L^{-1} HCl，盖上表面皿待 $CaCO_3$ 完全溶解后，加热近沸，冷却后，冲洗表面皿，再定量转移到 250 mL 容量瓶中，加去离子水稀释至刻度，摇匀，待用。用移液管准确移取 25.00 mL 钙标准液于锥形瓶中，再加 2 mL 镁溶液，5 mL 10%NaOH 溶液及少量钙指示剂，摇匀后，用 EDTA 标准液滴定至溶液由酒红色变为纯蓝色为止，计算出 EDTA 标准液的浓度。平行标定 3 次，结果的相对极差不大于 0.3%。

2. 水样硬度的测定

1) 总硬度的测定

准确移取 50.00 mL 水样于 250 mL 锥形瓶中，加入 2 滴 6 mol · L^{-1} HCl，煮沸，以除去 CO_2，冷却后，再加入 NH_3-NH_4Cl 缓冲溶液 5 mL、1∶1 三乙醇胺溶液 5 mL，少量铬黑 T 固体指示剂至溶液呈酒红色。立即用 EDTA 标准液滴定，并用力摇动溶液，直至溶液由酒红色变为纯蓝色，即为终点。记下消耗的 EDTA 溶液的体积 V_1，计算出水的总硬度。平行 3 次测定结果的相对极差不大于 0.3%。

2) Ca^{2+}、Mg^{2+} 含量的测定

准确移取 50.00 mL 水样于锥形瓶中，加入 5 mL 10%NaOH 溶液和适量钙指示剂，用 EDTA 溶液，慢慢滴定并用力摇动，至溶液由酒红色变为纯蓝色即为终点。3 次平行测定用 EDTA 的体积极差不得超过 0.05 mL。

为防止 $Mg(OH)_2$ 沉淀对 Ca^{2+} 的吸附作用，可按上述方法预滴 1 份，再取试样 2 份，先滴加 EDTA 溶液至比预滴时消耗的 EDTA 体积少 1 mL 左右时，再加入 NaOH 和指示剂，然后继续用 EDTA 溶液滴至终点。计算水样中 $\rho(Ca^{2+})$、$\rho(Mg^{2+})$。

注: 加入少量 Mg^{2+}，并不干扰钙的测定，反而能使终点比 Ca^{2+} 单独存在时更敏锐。当 Ca^{2+}、Mg^{2+} 共存时，终点由酒红色变为纯蓝色，而当 Ca^{2+} 单独存在时则由酒红色变为紫蓝色。

思考题

1. 用 $CaCO_3$ 作基准物标定 EDTA 浓度时，为什么要加少量的 Mg^{2+}？
2. 测定水样总硬度时，为什么要加 NH_3-NH_4Cl(pH 10)的缓冲溶液？

3. 本实验测定钙、镁含量时,试样中存在少量 Fe^{3+}、Al^{3+} 等杂质,对测定有干扰吗? 用什么方法可消除 Fe^{3+}、Al^{3+} 的干扰?

4. 试述配位滴定法测定石灰石中 Ca^{2+}、Mg^{2+} 含量的原理。

实验三十二 铅铋混合液中铅、铋含量的连续测定

实验目的

掌握通过控制溶液的酸度来进行多种金属离子连续滴定的原理和方法。

实验原理

混合离子的滴定常采用酸度控制法和掩蔽法,可根据副反应系数的原理,论证它们分别滴定的可能性。

Bi^{3+}、Pb^{2+} 均能与 EDTA 形成稳定的 1∶1 螯合物,其稳定常数 K 分别为 $10^{27.94}$ 和 $10^{18.04}$,由于两者 $K_f^\ominus$ 相差很大,满足 $c(Bi) \cdot K_f^\ominus(BiY)/c(Pb) \cdot K_f^\ominus(PbY) \gg 10^6$,所以可通过控制介质的酸度进行分步滴定,以测出它们的含量。

在测定时,均以二甲酚橙作指示剂,当溶液 pH<6.3 时,游离的二甲酚橙呈黄色,而它与 Bi^{3+} 或 Pb^{2+} 形成紫红色的螯合物,且它们的稳定性都低于 BiY^- 和 PbY^{2-} 的稳定性。

首先调节 Pb^{2+}-Bi^{3+} 的混合液酸度为 pH 1.0,用 EDTA 标准溶液滴定,溶液的颜色由紫红色突变为亮黄色即为滴定 Bi^{3+} 的终点。在滴定完 Bi^{3+} 的溶液中,用六次甲基四胺调节溶液的 pH 为 5~6,此时 Pb^{2+} 与二甲酚橙形成紫红色螯合物,所以溶液再次呈现紫红色,然后用 EDTA 标准溶液继续滴定至溶液由紫红色突变为亮黄色,即为滴定 Pb^{2+} 的终点。

根据各步消耗 EDTA 的体积,按下式求算出溶液中的 $\rho(Bi^{3+})$、$\rho(Pb^{2+})$:

$$\rho(Bi^{3+}) = \frac{c(EDTA) \cdot V_1(EDTA) \cdot M(Bi)}{V_s}$$

$$\rho(Pb^{2+}) = \frac{c(EDTA) \cdot V_2(EDTA) \cdot M(Pb)}{V_s}$$

式中:V_1、V_2 分别为滴定 Bi^{3+}、Pb^{2+} 时所消耗的 EDTA 的体积;V_s 为试样体积。

实验仪器及试剂

酸式滴定管,锥形瓶(250 mL),移液管(25 mL),量筒(10 mL)。

EDTA(s)(A. R.),二甲酚橙溶液(0.5%),六次甲基四胺溶液(20%),HNO_3 (0.1 $mol \cdot L^{-1}$),Pb^{2+}-Bi^{3+} 混合液[称量 $Pb(NO_3)_2$ 33g 及 $Bi(NO_3)_3$ 48 g,将它们放入含 312 mL HNO_3 的烧杯中,在电炉上微热溶解后,稀释至 10L 待用]。

实验步骤

1. EDTA溶液的配制与标定

同实验三十。

2. Pb^{2+}-Bi^{3+}混合液中Bi^{3+}、Pb^{2+}含量的测定

准确移取25.00 mL Pb^{2+}-Bi^{3+}混合液于锥形瓶中，加入10 mL 0.1 mol · L^{-1} HNO_3，滴加2滴0.5%二甲酚橙指示剂，用EDTA标准溶液滴定至溶液由紫红色突变为亮黄色，即为滴定Bi^{3+}的终点。记下此时消耗EDTA的体积V_1。

在滴定Bi^{3+}后的溶液中，滴加20%六次甲基四胺溶液(约10 mL)至溶液由亮黄变到紫红色，再加入5 mL六次甲基四胺，此时可补加1滴二甲酚橙指示剂，再用EDTA标准溶液滴定至溶液由紫红色突变为亮黄色，即为滴定Pb^{2+}的终点。记下此时消耗的EDTA的体积V_2。平行测定3次后，计算出混合液中$\rho(Bi^{3+})$、$\rho(Pb^{2+})$，要求结果的相对极差不大于0.3%。

注：① 由于滴定Bi^{3+}后，试液的体积增大了，故需补加指示剂，否则颜色变淡，影响终点时颜色突变的观察。

② 若试样为铅铋合金，则应将合金溶解。方法如下：称0.5～0.6 g合金于小烧杯中，加入(1∶2)硝酸7 mL，盖上表面皿，微沸溶解，然后用洗瓶吹洗表面皿和杯壁，将溶液转入100 mL容量瓶中，用0.1 mol · L^{-1} HNO_3，稀释至刻度，摇匀，待用。

思考题

1. 本实验为什么不用氨或碱调节pH 5～6，而用六次甲基四胺来调节呢？用HAc-NaAc缓冲溶液代替可以吗？为什么？

2. 在本实验中，能否颠倒滴定顺序，即先滴定Pb^{2+}，而后再滴定Bi^{3+}？为什么？

3. 试述二甲酚橙指示剂的作用原理。为什么滴定Bi^{3+}、Pb^{2+}都可用它作指示剂？

实验三十三 铝锌混合液中铝、锌含量的测定

实验目的

1. 掌握配位滴定中利用掩蔽剂消除干扰离子的原理和方法。
2. 学习置换滴定的原理和方法。

实验原理

Al^{3+}、Zn^{2+}均能与 EDTA 形成稳定的配合物，但其配合物的稳定性很接近[$\lg K_f^\ominus(ZnY)=16.50$，$\lg K_f^\ominus(AlY)=16.30$]因此不能用控制溶液酸度的方法进行分步滴定，必须采用加入掩蔽剂的方法来掩蔽一种离子而滴定另一种离子。

在测定中，由于Al^{3+}与 EDTA 配位反应的速率慢，且易水解，在较高酸度下煮沸则容易反应完全，所以向试液中加入一定量过量的 EDTA 标准溶液煮沸，待冷却后，用六次甲基四胺溶液调节溶液的 pH 为 5～6，以二甲酚橙为指示剂，用Zn^{2+}标准溶液，回滴过量的 EDTA，从而测出Al^{3+}、Zn^{2+}总量。然后加过量的饱和NH_4F溶液，加热至沸，使 AlY 与F^-之间发生置换反应，并释放出与Al^{3+}等物质的量的 EDTA：

$$AlY^- + 6F^- + 2H^+ = AlF_6^{3-} + H_2Y^{2-}$$

释放出的 EDTA，再用Zn^{2+}标准溶液(V_2)滴定至溶液由亮黄变为紫红色，即为终点。根据消耗 EDTA 标准溶液的体积和锌标准溶液的体积，按下式求算出混合液中Al^{3+}、Zn^{2+}的含量：

$$\rho(Al^{3+})=\frac{c(Zn^{2+})\cdot V_2(Zn^{2+})\cdot M(Al)}{V_{样}}$$

$$\rho(Zn^{2+})=\frac{[c(EDTA)\cdot V(EDTA)-c(Zn^{2+})\cdot V_1-c(Zn^{2+})\cdot V_2]\cdot M(Zn)}{V_{样}}$$

实验仪器及试剂

分析天平，容量瓶(250 mL)，锥形瓶(250 mL)，移液管(25 mL)，烧杯，电炉。

Zn(s)(A. R.)，HCl(1＋1)，六次甲基四胺(20%)，二甲酚橙(0.5%)，饱和NH_4F溶液，Al^{3+}-Zn^{2+}混合试液，EDTA(s)(A. R.)。

实验步骤

1. EDTA 标准溶液的配制与标定

同实验三十。

2. Zn^{2+}标准溶液的配制

同实验三十。

3. Al^{3+}-Zn^{2+}混合液中Al^{3+}、Zn^{2+}含量的测定

准确移取 25.00 mL 混合试液于锥形瓶中，加入 EDTA 标准溶液 30 mL，滴加

2 滴(1+1)的 HCl,将溶液煮沸 2～3 min,冷却后,加入 20%六次甲基四胺 20 mL 和 6 滴 0.5%二甲酚橙指示剂,此时溶液呈亮黄色。用 Zn^{2+} 标准溶液滴定至溶液由亮黄色变为紫红色,记录此时消耗的锌标准溶液的体积 V_1。然后,加入饱和 NH_4F 溶液 10 mL,将溶液加热至微沸,冷却后,补加 2 滴二甲酚橙指示剂,此时溶液呈黄色[若不呈黄色,用(1+1)HCl 调节溶液的酸度使其呈黄色],再用 Zn^{2+} 标准溶液滴定至溶液由黄色变为紫红色,即为终点。记录消耗 Zn^{2+} 标准溶液的体积,根据消耗的锌标准溶液的体积计算出 $\rho(Al^{3+})$、$\rho(Zn^{2+})$。

平行测定 3 次,要求计算结果的相对极差不大于 0.3%即可。

注:Al^{3+}-Zn^{2+} 混合试液的配制:取 $AlCl_3$(A. R.)固体 13.5 g 和 $ZnCl_2$(A. R.)固体 13.5 g,加入(1+1)HCl 50 mL,用去离子水稀释至 10L。

思考题

1. 试分析从开始加入二甲酚橙,直至测定结束的整个过程中,溶液颜色几次变红,变黄的原因。

2. 能否用直接滴定法测出混合液中的 Zn^{2+} 含量?应如何掩蔽 Al^{3+}?

3. 什么是置换滴定法?其原理是什么?

实验三十四 $KMnO_4$ 标准溶液的配制和标定

实验目的

掌握高锰酸钾标准溶液的配制和标定方法,从中了解氧化还原滴定中控制反应条件的重要性。

实验原理

高锰酸钾是氧化还原滴定中最常用的氧化剂之一。但市售试剂中常含有 MnO_2 和其他杂质,而本身又有强氧化性,易和水中的有机物及空气中的尘埃等还原性物质作用;还能自行分解,见光分解得更快,因此,$KMnO_4$ 溶液的浓度容易改变,不能用直接法配制其标准溶液。

为配制较稳定的 $KMnO_4$ 标准溶液,可称取比理论量稍多的 $KMnO_4$,溶于一定体积的水中,加热煮沸,冷却后储存棕色瓶中,在暗处放置 7 天左右,待 $KMnO_4$ 将还原性物质(溶液中)充分氧化后,过滤除去析出的 MnO_2 沉淀,再进行标定。若长期放置,使用前须重新标定其浓度。

$Na_2C_2O_4$ 和 $H_2C_2O_4 \cdot 2H_2O$ 是常用来标定 $KMnO_4$ 溶液的基准物。而 $Na_2C_2O_4$ 由于不含结晶水,容易精制,故较为常用。标定反应如下:

$$2MnO_4^- + 5C_2O_4^{2-} + 16H^+ \longrightarrow 2Mn^{2+} + 10CO_2 + 8H_2O$$

反应要：①在酸性条件下进行，因为酸性条件下，$KMnO_4$ 的氧化能力较强。②控制一定的温度范围：75～85 ℃，不应低于 60 ℃，否则反应速率太慢。但温度过高，乙二酸又将分解。③用 Mn^{2+} 作催化剂。滴定开始时，反应很慢，$KMnO_4$ 溶液必须逐滴加入，如滴加过快，部分 $KMnO_4$ 在热溶液中分解：

$$4KMnO_4 + 2H_2SO_4 \xlongequal{} 4MnO_2 + 2K_2SO_4 + 2H_2O + 3O_2 \uparrow$$

而造成误差。反应中生成 Mn^{2+}，使反应速率逐渐加快——自催化作用。

由于 $KMnO_4$ 溶液本身具有特殊的紫红色，滴定时，$KMnO_4$ 溶液稍过量即可被察觉，所以不需另加指示剂。

实验仪器及试剂

酸式滴定管，棕色试剂瓶，洗瓶，量筒（100 mL），锥形瓶，台秤，分析天平，电炉，烧杯（400 mL）。

H_2SO_4（3 mol · L^{-1}），$KMnO_4$(s)，$Na_2C_2O_4$(s)（A. R.）。

实验步骤

1. 0.02 mol · L^{-1} $KMnO_4$ 标准溶液的配制

用台秤称取约 1.5 g $KMnO_4$ 固体置于 500 mL 烧杯中，加入 400 mL 水，盖上表面皿，加热至微沸保持 15 min 左右，并随时补充因蒸发而失去的水。冷却后，置于暗处。7～10 天后，用玻璃砂芯漏斗过滤，除去 MnO_2 等杂质，滤液置于洁净的棕色试剂瓶中，摇匀，放于暗处，待标定。

2. $KMnO_4$ 标准溶液的标定

在分析天平上准确称取已烘干的 $Na_2C_2O_4$ 固体 0.16～0.20 g 3 份，分别放入已编号的锥形瓶中。各加约 30 mL 去离子水使之溶解，再加 10 mL 3 mol · L^{-1} H_2SO_4，加热到 75～85 ℃，趁热用 $KMnO_4$ 标准溶液滴定，滴入第 1 滴后，摇动，待无色后再滴第 2 滴，逐渐加快，近终点时应逐滴或半滴加入，至溶液粉红色在半分钟内不褪色，即为终点（>60 ℃），记下此时 $KMnO_4$ 的体积。平行标定 3 次，根据 $m(Na_2C_2O_4)$ 和消耗 $KMnO_4$ 的体积 $V(KMnO_4)$，按下式求出 $c(KMnO_4)$：

$$c(KMnO_4) = \frac{2m(Na_2C_2O_4)}{5M(Na_2C_2O_4) \cdot V(KMnO_4)}$$

要求 3 次平行标定结果的相对极差不大于 0.3%。

注：① $KMnO_4$ 溶液应装在酸式滴定管中，由于 $KMnO_4$ 溶液颜色很深，不易观察溶液的凹液面的最低点，因此，常从液面最高边缘处读数。

② 适宜的反应温度 75～85 ℃，不能用温度计去测溶液温度，否则产生误差。而是根据经验：加热至瓶口开始冒气，手触瓶壁感觉烫手，瓶颈可以用手握住时

即可。

思考题

1. 配制 $KMnO_4$ 溶液时，为什么要煮沸一定时间和放置数天？过滤 $KMnO_4$ 溶液时，是否可以用滤纸？

2. 在标定 $KMnO_4$ 溶液时，H_2SO_4 加入量的多少对标定有何影响？能否用 HCl 或 HNO_3 来代替 H_2SO_4？

3. 在标定 $KMnO_4$ 溶液浓度时，为什么要控制温度在 75～85 ℃才能滴定？温度过低或过高对滴定各有什么影响？

4. 装 $KMnO_4$ 溶液的烧杯放置过久，杯壁有棕色沉淀物，不易洗净，应怎样洗涤？

5. 在标定 $KMnO_4$ 溶液时，若滴定速度过快，对结果有何影响？有何现象出现？

实验三十五 高锰酸钾法测定 H_2O_2 的含量

实验目的

1. 学习用 $KMnO_4$ 法测定 H_2O_2 含量的原理和方法。

2. 了解 H_2O_2 的应用。

实验原理

H_2O_2 在工业、生物、医药等方面应用很广泛：利用 H_2O_2 的氧化性漂白毛、丝织物；医药上常用于消毒剂和杀菌剂；纯 H_2O_2 可作火箭燃料的氧化剂；工业上利用 H_2O_2 的还原性除去氯气；植物体内的过氧化氢酶也能催化 H_2O_2 的分解反应，故在生物上利用 H_2O_2 分解所放出的氧来测量过氧化氢酶的活性。由于 H_2O_2 有着广泛的应用，常需要测定它的含量。

由于在酸性溶液中，$KMnO_4$ 的氧化性比 H_2O_2 的氧化性强，所以，测定 H_2O_2 的含量时，常采用在稀硫酸溶液中，室温条件下用高锰酸钾法测定。其反应式为

$$5H_2O_2 + 2MnO_4^- + 6H^+ = 2Mn^{2+} + 5O_2\uparrow + 8H_2O$$

开始反应缓慢，第 1 滴溶液滴入后不易褪色，待产生 Mn^{2+} 后，由于 Mn^{2+} 的催化作用，加快了反应速率，故滴定速度也应加快，直至溶液呈微红色且半分钟内不褪色，即为终点，根据 $c(KMnO_4)$ 和滴定中消耗的 $KMnO_4$ 的体积，按下式计算出 H_2O_2 的含量：

$$\rho(H_2O_2) = \frac{5c(KMnO_4)\cdot V(KMnO_4)\cdot M(H_2O_2)}{2V(H_2O_2)}$$

$\rho(H_2O_2)$ 指 H_2O_2 的质量浓度。

市售的 H_2O_2 溶液浓度太大，稀释后才能滴定。如 H_2O_2 试样是工业产品，因产品中常加入少量乙酰苯胺等有机物质作稳定剂，此类有机物也消耗 $KMnO_4$，所以产生的误差较大。此时可采用碘量法或铈量法测定，在此不做介绍。

实验仪器及试剂

分析天平，台秤，酸式滴定管，锥形瓶，移液管(25 mL)，量筒(10 mL)。

$Na_2C_2O_4$(s)(A. R.)，H_2SO_4(3 mol · L^{-1})，$KMnO_4$(s)(A. R.)，H_2O_2(3%)。

实验步骤

1. 0.02 mol · L^{-1} $KMnO_4$ 标准溶液的配制及标定

详见实验三十四。

2. H_2O_2 含量的测定

用移液管准确移取 25.00 mL 3% H_2O_2 于 250 mL 锥形瓶中，加 10 mL 3 mol · L^{-1} H_2SO_4，用 $KMnO_4$ 标准溶液滴定。开始速度要慢，待第 1 滴 $KMnO_4$ 溶液完全褪色后，再滴第 2 滴，随着反应速率的加快，可逐渐增加滴定速度，直至溶液颜色呈微红色且半分钟内不褪色，即为终点。记下消耗 $KMnO_4$ 标准溶液的体积。平行测定 3 次后，计算试样溶液中 H_2O_2 的质量浓度 $\rho(H_2O_2)$(g · L^{-1})。3 次平行测定的结果相对极差不得大于 0.3%。

[若试样是 30%左右的原瓶装溶液，则需用吸量管吸取 1.00 mL 30% H_2O_2 置于 250 mL 容量瓶中，加去离子水稀释至刻度，充分摇匀。即可按上述方法操作。结果计算是将测出的(稀释后的) $\rho(H_2O_2)$ 值乘以稀释倍数 10 即可]。

注：为加快开始的反应速率，可加入 2 滴 1 mol · L^{-1} $MnSO_4$ 溶液作为催化剂。

思考题

1. 用 $KMnO_4$ 法测 H_2O_2 含量时，能否用 HNO_3、HCl 和 HAc 控制酸度？为什么？

2. H_2O_2 有什么重要性质？使用时应注意什么？

实验三十六　亚铁化合物中 Fe^{2+} 含量的测定

实验目的

1. 掌握 $K_2Cr_2O_7$ 法测定亚铁化合物中 Fe^{2+} 含量的原理和方法。

2. 了解氧化还原指示剂的变色原理。

实验原理

重铬酸钾是常用的一种强氧化剂。在酸性溶液中可氧化许多还原性物质，如Fe^{2+}，反应式为

$$Cr_2O_7^{2-}+6Fe^{2+}+14H^+ = 2Cr^{3+}+6Fe^{3+}+7H_2O$$

这就是$K_2Cr_2O_7$法测定亚铁化合物中Fe^{2+}含量时发生的反应。反应时加入了硫-磷混酸。其中加入硫酸是为了调节溶液的酸度。加入磷酸的目的有二：一是H_3PO_4与Fe^{3+}生成配合物$Fe(HPO_4)_2^-$，降低了$\varphi(Fe^{3+}/Fe^{2+})$，增大了突跃范围，提高了反应完全程度；二是生成的$Fe(HPO_4)_2^-$是无色的，消除了Fe^{3+}在溶液中的黄色，有利于观察终点时颜色变化。

反应后生成的Cr^{3+}本身虽显绿色，但不能用来指示终点，须用二苯胺磺酸钠作指示剂。滴定终点时，溶液呈紫蓝色。根据消耗$K_2Cr_2O_7$标准溶液的体积按下式计算出$\rho(Fe^{2+})$：

$$\rho(Fe^{2+})=\frac{6c(K_2Cr_2O_7)\cdot V(K_2Cr_2O_7)\cdot M(Fe^{2+})}{V(Fe^{2+})}$$

$K_2Cr_2O_7$易获得99.99%的纯品。在配制标准溶液时，只需将其在140～150℃，烘干2 h，就可以用直接法配制成标准溶液。$K_2Cr_2O_7$溶液很稳定，在密闭的容器内可长期放置，不发生浓度的改变，在酸性介质中煮沸时也不分解。

实验仪器及试剂

分析天平，酸式滴定管，锥形瓶，容量瓶(250 mL)，烧杯，移液管(25 mL)。

$K_2Cr_2O_7$(s)(A. R.)，0.2%二苯胺磺酸钠，Fe^{2+}试液，硫-磷混酸[3 mol·L^{-1} H_2SO_4与85%(质量浓度)的磷酸按4∶1(体积比)混合]。

实验步骤

1. 0.02 mol·L^{-1} $K_2Cr_2O_7$标准溶液的配制

在分析天平上准确称取$K_2Cr_2O_7$ 1.0～1.5 g于100 mL烧杯中，加约30 mL去离子水，稍热使其溶解，冷却后定量转移至250 mL容量瓶中，用去离子水稀释至刻度，摇匀。计算出准确浓度$c(K_2Cr_2O_7)$。

2. 亚铁化合物中$\rho(Fe^{2+})$的测定

移取25.00 mL Fe^{2+}试液于250 mL锥形瓶中，加入10 mL H_2SO_4-H_3PO_4混酸和6滴二苯胺磺酸钠，用$K_2Cr_2O_7$标准溶液滴定。溶液由近无色变为绿色，最后变为蓝紫色即为终点，记下此时消耗$K_2Cr_2O_7$的体积。平行测定3次，计算出

$\rho(Fe^{2+})$，要求两次测定结果的相对极差不大于0.3%即可。

附：若要测定铁矿石中的铁含量，则需将铁矿石进行处理。试样一般用盐酸分解后，在浓、热 HCl 溶液中用 $SnCl_2$ 将 Fe^{3+} 还原成 Fe^{2+}，过量的 $SnCl_2$ 用 $HgCl_2$ 氧化除去。此时发生的反应如下：

$$2FeCl_4^- + SnCl_4^{2-} + 2Cl^- = 2FeCl_4^{2-} + SnCl_6^{2-}$$

$$SnCl_4^{2-} + 2HgCl_2 = SnCl_6^{2-} + Hg_2Cl_2 \downarrow \text{（白色）}$$

然后溶液中的 Fe^{2+} 用 $K_2Cr_2O_7$ 滴定(条件同上)。

由于 $HgCl_2$ 有剧毒，为了避免汞化合物对环境的污染，近年来采用了不用汞化合物测定 Fe^{3+} 的方法：先用 $SnCl_2$ 还原大部分 Fe^{3+}，然后用 $TiCl_3$ 定量还原剩余的 Fe^{3+}，用钨酸钠作指示剂，当 Fe^{3+} 定量还原为 Fe^{2+} 后，过量的1滴 $TiCl_3$ 溶液，即可使无色六价钨还原为蓝色的五价钨，俗称"钨蓝"，故使溶液呈现蓝色。滴入 $K_2Cr_2O_7$ 溶液，使钨蓝刚好褪色，或用 Cu^{2+} 作催化剂，使钨蓝被水中溶解的氧氧化，蓝色消失。然后用 $K_2Cr_2O_7$ 溶液进行滴定。

也可用 $KMnO_4$ 进行滴定，但需注意 Cl^- 存在时的诱导效应。

思考题

1. $K_2Cr_2O_7$ 滴定 Fe^{2+} 前，为什么要加 H_2SO_4-H_3PO_4 混合酸？
2. $K_2Cr_2O_7$ 为什么能直接配制成标准溶液？
3. 用 $KMnO_4$ 测定 Fe^{2+} 含量可以吗？

实验三十七　水中化学耗氧量的测定

实验目的

1. 了解测定水中化学耗氧量的意义。
2. 学会测定水中化学耗氧量的方法。

实验原理

化学耗氧量(COD)是环境水质标准及废水排放标准的控制项目之一，是度量水体受还原性物质(主要是有机物)污染程度的综合性指标。它是指在一定条件下，水体中易被强氧化剂氧化的还原性物质所消耗的氧化剂的量，换算成氧的量 $\rho(O_2)$ ($mg \cdot L^{-1}$)表示。

水中除含 NO_2^-、S^{2-}、Fe^{2+} 等无机还原性物质外，还含有少量的有机物质，有机物质腐烂促使水中微生物繁殖，污染水质。因此，水中 COD 量高则呈现黄色，并有明显的酸性，对蒸气锅炉有腐蚀作用，还影响印染产品质量等。若作为饮用水，则直接危害人、畜的身体，故需要测定它，为确定水质量提供依据。但耗氧量的多少不能完全表示水被有机物污染的程度，因此不能单纯地靠耗氧量的数值，还应结合水的色度、有机氮或蛋白质含量等来判断水污染程度。

水中 COD 的测定，一般情况下多采用酸性高锰酸钾法，此法简便快捷，适合于测定地面水、河水等污染不十分严重的水质。工业污水及生活污水中含有成分复杂的污染物，此时宜用重铬酸钾法。

本实验介绍酸性高锰酸钾法。

在酸性条件下，向水样中加入一定量过量的 $KMnO_4$ 标准溶液，加热煮沸使水中有机物充分被 $KMnO_4$ 氧化，剩余的 $KMnO_4$ 溶液用一定量过量的 $Na_2C_2O_4$ 标准溶液还原，再以 $KMnO_4$ 标准溶液返滴 $Na_2C_2O_4$ 溶液的过量部分。反应式为

$$4KMnO_4 + 6H_2SO_4 + 5C = 2K_2SO_4 + 4MnSO_4 + 5CO_2\uparrow + 6H_2O$$

$$2MnO_4^- + 5C_2O_4^{2-} + 16H^+ = 8H_2O + 2Mn^{2+} + 10CO_2\uparrow$$

滴至溶液由无色变成浅粉色且在半分钟之内不褪色即为终点。根据 $Na_2C_2O_4$ 标准溶液和 $KMnO_4$ 标准溶液的消耗量计算出水中耗氧量 $\rho(O_2)(mg \cdot L^{-1})$。

水样中如有 Fe^{2+}、S^{2-}、NO_2^- 等还原性物质存在，也干扰测定。但这些物质在室温下能被 MnO_4^- 氧化，因此，先用 $KMnO_4$ 标准溶液滴定至溶液呈浅粉色，再加一定量过量的 $KMnO_4$ 溶液即可消除这些离子的干扰。

水样中含 Cl^- 大于 300 $mg \cdot L^{-1}$，将影响测定结果。加水稀释降低 Cl^- 浓度可消除干扰，如仍不能消除干扰，则加入 1 g Ag_2SO_4 可消除 200 mg Cl^- 的干扰。

必要时，应取同样量的去离子水，测定空白值，加以校正。

实验仪器及试剂

酸式滴定管，移液管(50 mL)，容量瓶(250 mL、500 mL)，锥形瓶，电炉，分析天平，台秤。

$Na_2C_2O_4$(s)(A. R.)，$KMnO_4$(s)(A. R.)，H_2SO_4(3 $mol \cdot L^{-1}$)。

实验步骤

1. 0.002 $mol \cdot L^{-1}$ $KMnO_4$ 标准溶液的配制与标定(见实验三十四)

将 0.02 $mol \cdot L^{-1}$ $KMnO_4$ 标准溶液准确移出 25.00 mL 于 250 mL 容量瓶中，加去离子水稀释至刻度，摇匀，待用。

2. 0.005 $mol \cdot L^{-1}$ $Na_2C_2O_4$ 标准溶液的配制

将 $Na_2C_2O_4$ 置于 100～105 ℃下干燥 2 h。准确称取 0.3400 g $Na_2C_2O_4$ 于小烧杯中，加入约 30 mL 去离子水溶解后，定量转入 500 mL 容量瓶中，加水稀释至刻度，充分摇匀备用。

3. COD 的测定

准确移取 50.00 mL 水样于锥形瓶中，加入 8 mL 3 mol · L^{-1} H_2SO_4，再由滴定管放入 0.002 mol · L^{-1} $KMnO_4$ 标准溶液 5.00 mL，在电炉上立即加热至沸，从冒第一个大气泡开始记时，准确煮沸 10 min，取下锥形瓶，冷却 1 min 后，准确加入 5.00 mL 0.005 mol · L^{-1} $Na_2C_2O_4$ 标准溶液，摇匀，此时溶液应由红色转为无色。再用 $KMnO_4$ 标准溶液滴至由无色变为粉红色且半分钟之内不褪色为止。记下消耗 $KMnO_4$ 标准溶液的体积。

另取 50.00 mL 去离子水代替水样，重复上述操作，求出空白值，计算出 COD 值。

平行测定 3 份，要求结果的相对极差不大于 0.3%。

注：① 水样取后应立即进行分析，如需放置，可加少量硫酸铜固体以抑制生物对有机物的分解。

② 取水样的量视水质污染程度而定。污染严重的水样应取 10～20 mL，加去离子水稀释后测定。

③ 经验证明，控制加热时间很重要，煮沸 10 min，要从冒第一个大气泡开始计时，否则精密度差。

思考题

1. 水样中加入一定量的 $KMnO_4$ 并加热处理后，若红色褪去，说明什么问题？加入 $Na_2C_2O_4$ 后，溶液仍显红色，又说明什么问题？此时，应怎样进行实验操作？

2. 加热煮沸时间过长，对测定有何影响？

3. 测定水中 COD 采用何种滴定方式？为什么？

4. 水样中氯离子含量高时，为什么对测定有干扰？应采取什么方法加以消除？

5. 测定水中化学耗氧量的意义何在？

附：若水样为工业污水，则需用重铬酸钾法测定其化学耗氧量，记作 COD_{Cr}。分析步骤如下：于水样中加入 $HgSO_4$ 消除 Cl^- 的干扰，加入过量 $K_2Cr_2O_7$ 标准溶液，在强酸介质中，以 Ag_2SO_4 作为催化剂，回流加热，待氧化完全后，以 1,10-二氮菲-亚铁为指示剂，用 Fe^{2+} 标准溶液滴定过量的 $K_2Cr_2O_7$。此法适用广泛，但带来了 Cr^{3+}、Hg^{2+} 等有害物质的污染。

实验三十八　石灰石中钙含量的测定

实验目的

1. 掌握用 $KMnO_4$ 法测定石灰石中钙含量的原理和方法。

2. 学习用间接滴定法测定物质中的组分含量。

实验原理

石灰石的主要成分是 $CaCO_3$，此外还含有 SiO_2、Fe_2O_3、Al_2O_3 及 MgO 等杂质。

用高锰酸钾法测定石灰石中的钙含量，是首先将石灰石用盐酸溶解制成试液，然后将 Ca^{2+} 转化为 CaC_2O_4 沉淀，将沉淀滤出洗净后，溶于稀 H_2SO_4 溶液中，用 $KMnO_4$ 标准溶液间接滴定与 Ca^{2+} 相当的 $C_2O_4^{2-}$，根据 $KMnO_4$ 溶液的用量和浓度计算出试样中的钙含量，主要反应有

$$CaCO_3 + 2HCl \xlongequal{} CaCl_2 + H_2O + CO_2 \uparrow$$

$$Ca^{2+} + C_2O_4^{2-} \xlongequal{} CaC_2O_4 \downarrow$$

$$5H_2C_2O_4 + 2MnO_4^- + 6H^+ \xlongequal{} 2Mn^{2+} + 10CO_2 \uparrow + 8H_2O$$

此法是根据 Ca^{2+} 与 $C_2O_4^{2-}$ 反应生成 1∶1 的 CaC_2O_4 沉淀。因此，必须控制一定的条件，以保证 Ca^{2+} 与 $C_2O_4^{2-}$ 有 1∶1 的关系。此外，为了便于过滤和洗涤，要求得到的是颗粒较大的晶形沉淀。可在待测的含 Ca^{2+} 的酸性试液中加入过量的 $(NH_4)_2C_2O_4$（此时 $C_2O_4^{2-}$ 浓度很小，主要以 $HC_2O_4^-$ 形式存在，故不会有 CaC_2O_4 生成），然后用稀氨水逐渐中和至甲基橙显黄色，使 CaC_2O_4 沉淀缓缓生成。并陈化一段时间，就可得到其组成为 1∶1、颗粒较大的沉淀。过滤后，可用冷水少量多次地洗涤沉淀表面吸附的 $C_2O_4^{2-}$。

实验仪器及试剂

分析天平，酸式滴定管，烧杯，漏斗，量筒，定性滤纸。

$KMnO_4$ 标准溶液(0.020 00 mol · L^{-1})，HCl(6 mol · L^{-1})，H_2SO_4(1 mol · L^{-1})，$NH_3 \cdot H_2O$(3 mol · L^{-1})，$(NH_4)_2C_2O_4$(0.25 mol · L^{-1})，0.2%甲基橙指示剂，$AgNO_3$（0.1 mol · L^{-1}），HNO_3（2 mol · L^{-1}），柠檬酸铵（10%），$(NH_4)_2C_2O_4$(0.1%)。

实验步骤

1. CaC_2O_4 的制备

准确称取石灰石试样 0.2 g 置于 400 mL 烧杯中，滴加少量水润湿试样，盖上表面皿，从烧杯嘴处慢慢滴入 6 mol · L^{-1} HCl 溶液 8～10 mL，同时不断轻摇烧杯，使试样溶解。待停止冒泡后，小火加热至沸 2 min，冷却后用少量水淋洗表面皿和烧杯内壁，使飞溅部分进入溶液。

在试液中加入 5 mL 10%柠檬酸铵溶液(掩蔽其中的 Fe^{3+}、Al^{3+})和 50 mL 去

离子水，加入 2 滴甲基橙指示剂，此时溶液显红色，再加入 15～20 mL 0.25 mol·$L^{-1}(NH_4)_2C_2O_4$，加热溶液至 70～80 ℃，在不断搅拌下以每秒 1～2 滴的速度滴加 3 mol·L^{-1}氨水至溶液由红色变为黄色。将溶液在热水浴中加热 30 min，同时用玻棒搅拌，使沉淀陈化（也可静置过夜）。

将陈化后的溶液用定性滤纸以倾泻法过滤。用冷的 0.1%$(NH_4)_2C_2O_4$ 溶液洗涤沉淀 3～4 次，再用水洗涤至滤液中不含 Cl^- 为止（用 $AgNO_3$ 试剂检验）。

2. 沉淀的溶解和 Ca^{2+} 含量的测定

将带有沉淀的滤纸小心展开并贴在原储沉淀的烧杯内壁上，用 50 mL 1 mol·$L^{-1}H_2SO_4$ 溶液分多次将沉淀冲洗到烧杯内，用水稀释至 100 mL，加热至 75～85 ℃。用 0.02 mol·$L^{-1}KMnO_4$ 标准溶液滴定至溶液呈粉红色，再将滤纸浸入溶液中，轻轻搅动，溶液褪色后再滴加 $KMnO_4$ 标准溶液，直至粉红色在半分钟内不褪色为止，即为终点，记录消耗 $KMnO_4$ 标准溶液的体积，计算试样中的 Ca^{2+} 含量。平行测定 3 次，结果为相对极差不大于 0.5%即可。

注：① 如果试样中酸不溶物较多，且对分析精度要求又较高时，则应按碱熔法制取试液后分析。

② 调节 pH 为 3.5～4.5，使 CaC_2O_4 沉淀完全，而 MgC_2O_4 不沉淀。

③ 在酸性溶液中滤纸也消耗 $KMnO_4$ 溶液，接触时间越长，消耗得越多，因此只能在滴定至终点前才能将滤纸浸入溶液中。

思考题

1. 沉淀 CaC_2O_4 时，为什么要采用先在酸性溶液中加入沉淀剂$(NH_4)_2C_2O_4$，而后滴加氨水中和的方法使沉淀 CaC_2O_4 析出？中和时为什么选用甲基橙指示剂来指示溶液的酸度？

2. 洗涤 CaC_2O_4 沉淀时，为什么先用稀$(NH_4)_2C_2O_4$ 溶液洗，然后再用水洗？为什么要洗到滤液中不含 Cl^-？怎样判断 $C_2O_4^{2-}$ 洗净没有？怎样判断 Cl^- 洗净没有？

3. 沉淀 CaC_2O_4 生成后为什么要陈化？

4. 试比较用 $KMnO_4$ 法与配位滴定法测钙的优缺点。

实验三十九　硫代硫酸钠标准溶液的配制和标定

实验目的

1. 掌握 $Na_2S_2O_3$ 标准溶液的配制及标定方法。

2. 掌握间接碘量法的测定原理。

3. 学习用淀粉指示剂正确判断滴定终点。

实验原理

因 $Na_2S_2O_3 \cdot 5H_2O$ 中一般都会有少量杂质，如 S、Na_2SO_3、Na_2SO_4、Na_2CO_3 以及 NaCl 等，而且还易风化和潮解，所以不能用来直接配制标准溶液，应采用标定法配制。

$Na_2S_2O_3$ 溶液易受空气中的 O_2、水中溶解的 CO_2、微生物以及光照等作用而分解，而在微碱性介质中较稳定。

配制 $Na_2S_2O_3$ 溶液时，使用新煮沸后冷却的蒸馏水，并加入少量 Na_2CO_3，以减少水中溶解的 CO_2，杀死水中的微生物，使溶液呈碱性。为避免光照，应将配好的溶液储存于棕色瓶中置暗处(如实验室仪器柜中)保存，放置 7～14 天后标定。

用于标定 $Na_2S_2O_3$ 溶液的基准物有 $K_2Cr_2O_7$、KIO_3、$KBrO_3$ 等，它们均与过量 KI 反应析出定量的 I_2：

$$Cr_2O_7^{2-} + 6I^- + 14H^+ \xlongequal{} 2Cr^{3+} + 3I_2 + 7H_2O$$

$$IO_3^- + 5I^- + 6H^+ \xlongequal{} 3I_2 + 3H_2O$$

$$BrO_3^- + 6I^- + 6H^+ \xlongequal{} 3I_2 + 3H_2O + Br^-$$

析出的 I_2 用 $Na_2S_2O_3$ 溶液滴定：

$$I_2 + 2S_2O_3^{2-} \xlongequal{} S_4O_6^{2-} + 2I^-$$

以淀粉为指示剂，I_2 与淀粉指示剂作用形成蓝色吸附配合物，当滴定到 $Na_2S_2O_3$ 与 I_2 按化学计量关系完全反应时，溶液蓝色消失，到达终点。

实验仪器与试剂

分析天平，台秤，碱式滴定管，锥形瓶(250 mL)，移液管(25 mL)，容量瓶(250 mL)，烧杯(100 mL，400 mL)。

KI 水溶液(10%)，$Na_2S_2O_3 \cdot 5H_2O$，Na_2CO_3，$K_2Cr_2O_7$(A. R.)(于 140 ℃电烘箱中干燥 2 h，储于干燥器中备用)，KIO_3(A. R.)，H_2SO_4($1\ mol \cdot L^{-1}$，$3\ mol \cdot L^{-1}$)，淀粉溶液(0.5%)。

实验步骤

1. 0.1 $mol \cdot L^{-1}$ $Na_2S_2O_3$ 溶液的配制

用台秤称取 12.5 g $Na_2S_2O_3 \cdot 5H_2O$ 于 400 mL 烘杯中，用 200 mL 新煮沸冷却的蒸馏水溶解，加入约 0.1 g Na_2CO_3，然后用新煮沸冷却的蒸馏水稀释至 500 mL。储于棕色试剂瓶中，置暗处放置一周后标定。

2. 0.1 mol · L^{-1} $Na_2S_2O_3$ 溶液的标定

1) 用 $K_2Cr_2O_7$ 标准溶液标定

(1) 0.02 mol · L^{-1} $K_2Cr_2O_7$ 标准溶液配制。称取分析纯 $K_2Cr_2O_7$ 1.2～1.4g（准确至小数点后第 4 位）于 100 mL 小烧杯中，加约 30 mL 去离子水溶解，定量转移至 250 mL 容量瓶中，加去离子水稀释至刻度，充分摇匀，计算其准确浓度。

(2) 标定 $Na_2S_2O_3$ 溶液。移取 25.00 mL $K_2Cr_2O_7$ 标准溶液于碘量瓶中，加入 10 mL 3 mol · L^{-1} H_2SO_4，20 mL 10%KI 溶液，加盖摇匀，水封，置暗处放置 5 min。取出后加入 50 mL 去离子水稀释，立即用待标定的 $Na_2S_2O_3$ 溶液滴定至由红棕色变为浅黄色，加入 2 mL 淀粉溶液，继续滴定至蓝色消失即为终点（此时溶液呈透明绿色，为 Cr^{3+} 颜色）。平行滴定 3 份，消耗 $Na_2S_2O_3$ 溶液体积极差应小于 0.03 mL，取其平均值，计算 $Na_2S_2O_3$ 标准溶液浓度。

2) 用 KIO_3 标准溶液标定

(1) 配制 KIO_3 标准溶液。称取 0.9～1 g（称准至小数点后第 4 位）KIO_3 于小烧杯中，加约 30 mL 去离子水溶解，定量转入 250 mL 容量瓶中，加去离子水稀释至刻度，充分摇匀。计算其准确浓度。

$$c(K_2Cr_2O_7)=\frac{m(K_2Cr_2O_7)}{M(K_2Cr_2O_7)\cdot V(K_2Cr_2O_7)}$$

(2) 标定 $Na_2S_2O_3$ 溶液。移取 25.00 mL KIO_3 溶液于 250 mL 锥形瓶中，加 20 mL 10%KI 溶液，5 mL 1 mol · L^{-1} H_2SO_4 溶液，加 50 mL 去离子水稀释，摇匀，立即用待标定的 $Na_2S_2O_3$ 溶液滴定，滴定至溶液由红棕色至浅黄色，加入 2 mL 淀粉指示剂，继续滴定至蓝色刚好消失、溶液呈无色即为终点。平行滴定 3 份，消耗 $Na_2S_2O_3$ 溶液体积极差应少于 0.03 mL，取其平均值，计算 $Na_2S_2O_3$ 标准溶液浓度。

注：① 用 $K_2Cr_2O_7$ 作基准物标定 $Na_2S_2O_3$ 溶液时，若无碘量瓶，可用锥形瓶。暗处放置时用表面皿盖好瓶口。

② 0.5%淀粉溶液配制方法：称取可溶性淀粉 0.5 g，加入少量去离子水，搅拌成悬浮液，然后边搅拌边将此悬浮液缓慢加入到 100 mL 沸水中，加完后煮沸 1～2 min，至溶液透明。冷却至室温后使用。应临用新配。

③ 淀粉指示剂应近终点时加入，否则大量 I_2 与淀粉结合生成蓝色加合物，加合物中的 I_2 不易与 $Na_2S_2O_3$ 溶液迅速作用。

思考题

1. 为什么用新煮沸冷却后的去离子水配制 $Na_2S_2O_3$ 溶液？为什么要加入 Na_2CO_3？

2. 淀粉指示剂应什么时候加入？为什么？

实验四十 胆矾中铜的测定

实验目的

1. 掌握间接碘量法测定铜的原理及方法。
2. 学习用淀粉指示剂正确判断滴定终点。

实验原理

Cu^{2+}在微酸性溶液中(pH 3～4),与过量 KI 反应,生成难溶性的 CuI 沉淀并定量析出 I_2:

$$2Cu^{2+}+4I^- \xlongequal{} 2CuI\downarrow+I_2$$

用 $Na_2S_2O_3$ 标准溶液滴定析出的 I_2,滴定反应为

$$I_2+2S_2O_3^{2-} \xlongequal{} 2I^-+S_4O_6^{2-}$$

以淀粉为指示剂,滴定至蓝色刚消失即为终点。

由于 CuI 沉淀表面易吸附 I_3^-,导致分析结果偏低。为此,当滴定至 $Na_2S_2O_3$ 与大部分 I_2 反应后,加入 KSCN,使 CuI 沉淀($K_{sp}^{\ominus}=1.1\times10^{-12}$)转化为溶解度更小的 CuSCN 沉淀($K_{sp}^{\ominus}=4.8\times10^{-15}$),从而把 CuI 吸附的 I_3^- 释放出来,因为CuSCN不易吸附 I_3^-,更容易吸附 SCN^-。但 SCN^- 只能在临近终点时加入,否则有可能直接将 Cu^{2+} 还原为 Cu^+,致使计量关系发生变化。反应如下:

$$CuI+SCN^- \xlongequal{} CuSCN\downarrow+I^-$$

$$6Cu^{2+}+7SCN^-+4H_2O \xlongequal{} 6CuSCN\downarrow+SO_4^{2-}+CN^-+8H^+$$

加入过量 KI,可使 Cu^{2+} 的还原趋于完全,I^- 不仅是还原剂,而且是 Cu^+ 的沉淀剂(可提高 Cu^{2+}/Cu^+ 电对的电位),还是 I_2 的配位剂,使 I_2 生成 I_3^-,增大 I_2 的溶解度,以避免其挥发。

溶液的 pH 一般控制在 3.0～4.0。酸度过低,Cu^{2+} 易水解,使反应不完全,导致结果偏低,而且反应速率慢,终点拖长;酸度过高,在 Cu^{2+} 的催化下,I^- 被空气中的氧氧化为 I_2,导致结果偏高。

Fe^{3+} 对 Cu^{2+} 的测定有干扰,因为 Fe^{3+} 与 I^- 作用析出 I_2,使结果偏高。若试样中含有 Fe^{3+},可加入 NH_4HF_2($NH_4F\cdot HF$)掩蔽。NH_4HF_2 是一种很好的缓冲溶液,HF 的 $K_a^{\ominus}=6.6\times10^{-4}$($pK_a=3.18$),可使溶液 pH 控制在 3.0～4.0。

实验仪器与试剂

分析天平,碱式滴定管,锥形瓶(250 mL),$Na_2S_2O_3$ 标准溶液($0.1\ mol\cdot L^{-1}$),KI(10%),KSCN(10%),H_2SO_4($1\ mol\cdot L^{-1}$),淀粉溶液(0.5%),$CuSO_4\cdot 5H_2O$(s)。

实验步骤

取胆矾试样($CuSO_4 \cdot 5H_2O$)0.6～0.7g(准确至小数点后第4位)3份,置于250 mL锥形瓶中,加入5 mL 1 mol·L^{-1} H_2SO_4、50 mL去离子水溶解试样,然后加入10 mL 10%KI溶液,立即用$Na_2S_2O_3$标准溶液滴定至溶液由黄褐色至浅黄色,加入0.2%淀粉溶液2 mL,继续滴定至浅蓝色,再加入10%KSCN溶液10 mL,摇动15s,溶液又转为深蓝色,再继续用$Na_2S_2O_3$标准溶液滴定至蓝色刚刚消失,溶液为白色(或略带浅粉色)悬浮液。由消耗$Na_2S_2O_3$的体积计算试样中铜的质量分数。相对极差应在0.3%以内。

注:加入KSCN溶液不能过早,加入后应剧烈摇动,有利于沉淀的转化并释放出I_2。接近终点时标准溶液一定要一滴或半滴加入。

思考题

1. 溶解胆矾试样时,不用H_2SO_4,改用HCl或HNO_3可否?为什么?
2. 已知$\varphi^\ominus(Cu^{2+}/Cu^+)=0.158V$,$\varphi^\ominus(I_2/I^-)=0.54V$,而本实验中$Cu^{2+}$却能氧化$I^-$,为什么?
3. 碘量法测铜,溶液的酸度应控制在多大?酸度太高或太低对测定结果会有什么影响?
4. 本实验中为什么要加入KSCN?应在什么时间加入?加入过早会产生什么后果?

实验四十一　碘标准溶液的配制与标定

实验目的

掌握碘标准溶液的配制与标定方法。

实验原理

利用升华法制得的纯I_2可作基准物,用于直接配制标准溶液。但一般商品碘含有杂质且直接配制时操作不易,因此通常采用间接法配制。

碘在水中溶解度较小,且易挥发,必须加入足量的碘化钾,使I_2呈I_3^-状态,以提高其溶解度、降低挥发性。碘液易腐蚀金属和橡皮,滴定时应装在酸式滴定管中。碘液应储存于棕色小口瓶中,置于阴暗处,以防止I^-氧化。

标定I_2的基准物是As_2O_3(俗称砒霜,剧毒!),As_2O_3难溶于水,易溶于碱溶液生成亚砷酸盐。标定时溶液中应加入过量$NaHCO_3$,使溶液的pH保持在8左右。

$$As_2O_3+6OH^- = 2AsO_3^{3-}+3H_2O$$

$$H_3AsO_3 + I_2 + H_2O \xrightleftharpoons[\text{酸性}]{\text{pH 约为 8}} H_3AsO_4 + 2I^- + 2H^+$$

也可用 I_2 溶液与 $Na_2S_2O_3$ 溶液进行比较滴定，求出二者体积比，再由 $Na_2S_2O_3$ 溶液的浓度计算出 I_2 溶液的浓度。

实验仪器与试剂

台秤，分析天平，烧杯(100 mL，400 mL)，移液管(25 mL)，酸式滴定管，碱式滴定管，锥形瓶(250 mL)。

I_2(s)，KI(s)，As_2O_3 基准物质(105 ℃干燥 2 h)，淀粉溶液(0.5%)，NaOH 溶液(6 mol·L^{-1})，HCl 溶液(6 mol·L^{-1})，酚酞指示剂。

实验步骤

1. 0.05 mol·L^{-1} I_2 标准溶液的配制

在台秤上称取碘 6.5 g，碘化钾 20 g，放入 100 mL 烧杯中，加去离子水约 20 mL，用玻棒充分搅拌使 I_2 完全溶解后，再用去离子水稀释至 500 mL，转入 500 mL 棕色瓶中，摇匀，贴好标签，放暗处保存。

2. I_2 溶液的标定

1) 用 As_2O_3 基准物标定

准确称取 As_2O_3 基准物 1.1～1.4g(称准至小数点后第 4 位)，置于 100 mL 烧杯中，加入 10 mL 6 mol·L^{-1}NaOH，稍热溶解，加 2 滴酚酞指示剂，滴加 6 mol·L^{-1} HCl 中和至溶液刚好无色为止，再加入 2～3g $NaHCO_3$，搅拌溶解。溶液定量转入 250 mL 容量瓶中，用去离子水稀释至刻度，摇匀。

移取 25.00 mL 上述 As_2O_3 溶液于 250 mL 锥形瓶中，加入去离子水 50 mL，5 g$NaHCO_3$，摇动，溶解，加入 2 mL 淀粉指示剂，用 I_2 标准溶液滴定，至溶液呈蓝色，半分钟内不褪色，即为终点。平行测定 3 份，消耗 I_2 溶液体积极差应小于 0.03 mL，取体积平均值，计算 I_2 溶液的浓度。

2) 碘溶液与 $Na_2S_2O_3$ 溶液的比较滴定

从碱式滴定管放出 25.00 mL$Na_2S_2O_3$ 标准溶液(或用 25 mL 移液管移取)于 250 mL 锥形瓶中，加入 50 mL 去离子水、2 mL 淀粉溶液，用碘溶液滴定溶液呈蓝色且半分钟不褪色，即为终点。平行测定 3 份，消耗 $Na_2S_2O_3$ 的体积极差应在 0.03 mL 以内，取体积平均值计算 I_2 与 $Na_2S_2O_3$ 溶液的体积比，并由 $Na_2S_2O_3$ 的浓度计算出 I_2 溶液的浓度。

注：配制 I_2 溶液时，一定要待固体 I_2 完全溶解后再转移。做完实验后，剩余的 I_2 溶液应倒入回收瓶中。

若用 As_2O_3 标定，应注意实验完毕要认真洗手，因 As_2O_3 有剧毒！

思考题

1. 用 As_2O_3 标定 I_2 溶液时，为什么加入固体 $NaHCO_3$？
2. 配制 I_2 溶液时加入过量 KI 的作用是什么？
3. I_2 溶液应装入酸式滴定管还是碱式滴定管中？为什么？

实验四十二　葡萄糖含量的测定

实验目的

1. 学习用间接碘量法测定葡萄糖的含量。
2. 学习碘氧化数变化的条件及其应用。

实验原理

I_2 与 NaOH 作用可生成次碘酸钠（NaIO），次碘酸钠可将葡萄糖分子中的醛基定量地氧化为羧基。未与葡萄糖作用的次碘酸钠在碱性溶液中歧化生成 NaI 和 $NaIO_3$，当酸化时 $NaIO_3$ 又恢复成 I_2 析出，用 $Na_2S_2O_3$ 标准溶液滴定析出的 I_2，从而可计算出葡萄糖的含量。

涉及的反应如下：

（1）I_2 与 NaOH 作用生成 NaIO 和 NaI：

$$I_2 + 2OH^- = IO^- + I^- + H_2O$$

（2）$C_6H_{12}O_6$ 和 NaIO 定量作用：

$$C_6H_{12}O_6 + IO^- = C_6H_{12}O_7 + I^-$$

总反应式为

$$I_2 + C_6H_{12}O_6 + 2OH^- = C_6H_{12}O_7 + 2I^- + H_2O$$

（3）未与葡萄糖作用的 NaIO 在碱性溶液中发生歧化反应生成 NaI 和 $NaIO_3$：

$$3IO^- = IO_3^- + 2I^-$$

（4）在酸性条件下，$NaIO_3$ 又恢复成 I_2 析出：

$$3IO_3^- + 3I^- + 6H^+ = 3I_2 + 3H_2O$$

（5）用 $Na_2S_2O_3$ 滴定析出的 I_2：

$$I_2 + 2S_2O_3^{2-} = S_4O_6^{2-} + 2I^-$$

因为 1 mol 葡萄糖与 1 mol IO^- 作用，而 1 mol I_2 产生 1 mol IO^-，所以 1 mol 葡萄糖消耗 1 mol I_2。

实验仪器与试剂

酸式滴定管，碱式滴定管，碘量瓶（250 mL），移液管（25 mL），容量瓶（100 mL）。

I_2 标准溶液(0.05 mol·L^{-1}),$Na_2S_2O_3$ 标准溶液(0.1 mol·L^{-1}),NaOH 溶液(0.1 mol·L^{-1}),HCl(1+1),淀粉溶液(0.5%),葡萄糖试样。

实验步骤

准确称取葡萄糖($C_6H_{12}O_6 \cdot H_2O$,M=198.2 g·mol^{-1})试样 0.5 g 左右(称准至小数点后第 4 位)于 100 mL 烧杯中,加入约 30 mL 去离子水溶解后定量转入 100 mL 容量瓶中,稀释至刻度,摇匀。

移取 25.00 mL 试液于碘量瓶中,从酸式滴定管放出 40.00 mL 标准溶液,边摇动边缓慢加入 0.1 mol·L^{-1} NaOH 溶液约 30 mL,直至溶液变为浅黄色。加 NaOH 的速度不能过快,否则过量 NaIO 来不及氧化 $C_6H_{12}O_6$ 就歧化成不具氧化性的 IO_3^-,导致葡萄糖氧化不完全而使测定结果偏低。将碘量瓶加盖,水封,置暗处放置 15 min。取出后加入 2 mL HCl,立即用 $Na_2S_2O_3$ 标准溶液滴定至浅黄色,加入 2 mL 淀粉溶液,继续滴定至蓝色消失即为终点。平行测定 3 份,计算试样中葡萄糖的质量分数。相对平均偏差在 0.3%以内。

计算式为

$$w(C_6H_{12}O_6 \cdot H_2O)=\frac{\left[c(I_2)\cdot V(I_2)-\frac{1}{2}c(Na_2S_2O_3)\cdot V(Na_2S_2O_3)\right]M(C_6H_{12}O_6 \cdot H_2O)}{m(\text{试样})}$$

注:① 本方法可作为葡萄糖注射液中葡萄糖含量的测定。测定时可视注射液的浓度将其适当冲稀。

② 无碘量瓶可用锥形瓶,放置时加盖表面皿。

③ 剩余 I_2 溶液应回收。

思考题

1. 碘量法测定葡萄糖的原理是什么?
2. 如加入 NaOH 溶液过快,会产生什么后果?

实验四十三 漂白粉中有效氯的测定

实验目的

学会用间接碘量法测定漂白粉中的有效氯。

实验原理

农业上常把漂白粉用作消毒剂、杀菌剂。漂白粉的主要成分是 CaCl(OCl),另外还有 $CaCl_2$、$Ca(ClO_3)_2$ 和 CaO 等。CaCl(OCl)在酸性条件下释放出氯,起消毒、杀菌作用，称为有效氯。漂白粉的质量以能释放出的氯量为标准。

漂白粉试样在稀 H_2SO_4 介质中，加入过量 KI，反应后生成 I_2，然后用 $Na_2S_2O_3$ 标准溶液滴定。反应如下：

$$ClO^- + 2I^- + 2H^+ = I_2 + Cl^- + H_2O$$

$$ClO_2^- + 4I^- + 4H^+ = 2I_2 + Cl^- + 2H_2O$$

$$ClO_3^- + 6I^- + 6H^+ = 3I_2 + Cl^- + 3H_2O$$

$$I_2 + 2S_2O_3^{2-} = 2I^- + S_4O_6^{2-}$$

实验仪器与试剂

分析天平、碱式滴定管、锥形瓶（250 mL）、容量瓶（250 mL）、研钵。

$Na_2S_2O_3$ 标准溶液（0.1 mol · L^{-1}）、H_2SO_4 溶液（3 mol · L^{-1}）、KI 溶液（10%）、淀粉溶液（0.5%）。

实验步骤

准确称取漂白粉试样 1 g（称准至小数点后第 4 位），置于研钵中，加少量去离子水，充分研磨，使试样成乳浊液，然后定量转移至 250 mL 容量瓶中稀释至刻度，摇匀。

移取 25.00 mL 摇匀的试样悬浮液于 250 mL 锥形瓶中，加去离子水稀释至 1000 mL，加入 10%KI 溶液 10 mL、3 mol · L^{-1} H_2SO_4 溶液 10 mL，摇匀。用 $Na_2S_2O_3$ 标准溶液滴定至溶液呈浅黄色，加入 3 mL 淀粉溶液，再继续用 $Na_2S_2O_3$ 标准溶液滴定至溶液蓝色刚刚消失即为终点。平行测定 3 份，计算漂白粉中有效氯的质量分数。

$$w(Cl_2) = \frac{\frac{1}{2}c(Na_2S_2O_3) \cdot V(Na_2S_2O_3) \cdot M(Cl_2)}{m(\text{试样})}$$

注：称量与研磨漂白粉试样均应迅速，防止与空气接触时间太长而受空气中 CO_2 的影响。

思考题

1. 称量与研磨试样应迅速进行，为什么？
2. 加入 KI 后，需放置暗处数分钟吗？原因何在？

实验四十四　邻二氮菲吸光光度法测定铁
——实验条件的研究及试样中铁的测定

实验目的

1. 了解研究吸光光度法实验条件的一般方法。

2. 掌握测定试样中微量铁的通用方法。

3. 学习分光光度计的使用。

4. 掌握数据处理方法。

实验原理

用吸光光度法测定试样中的微量铁，可选用的显色剂有邻二氮菲（又称邻菲Ⅱ罗啉）及其衍生物、磺基水杨酸、硫氰酸盐、5-Br-PADAP 等。而目前一般采用邻二氮菲，因其具有高灵敏性、高选择性，且稳定性好，干扰易消除。

在酸度为 pH 2～9 的溶液中，Fe^{2+} 与邻二氮菲(phen)生成稳定的橘红色配合物 $Fe(phen)^{2+}$，其 $\lg K_f^{\ominus}=21.3$(20 ℃)，摩尔吸光系数 $\varepsilon_{508}=1.1\times10^4\ L\cdot mol^{-1}\cdot cm^{-1}$。其吸收曲线见图 5 - 3，反应式如下：

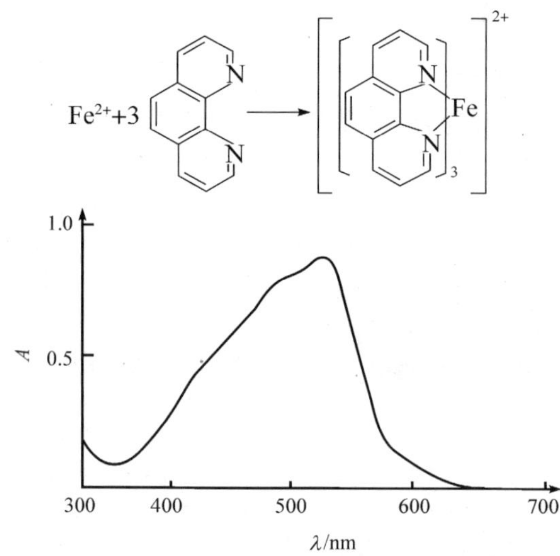

图 5 - 3　Fe^{2+} 邻二氮菲的吸收曲线

Fe^{3+} 能与邻二氮菲生成 3∶1 配合物，呈淡蓝色，$\lg K_f^{\ominus}=14.1$。所以在加入显色剂之前，应用盐酸羟胺(或抗坏血酸)将 Fe^{3+} 还原生成 Fe^{2+}：

$$2Fe^{3+}+2NH_2OH = 2Fe^{2+}+N_2\uparrow+2H_2O+2H^+$$

Cu^{2+}、Co^{2+}、Ni^{2+}、Cd^{2+}、Hg^{2+}、Mn^{2+}、Zn^{2+} 等离子也可与 phen 生成稳定的配合物，当这些离子含量少时，不影响 Fe^{2+} 的测定，含量高时可用 EDTA 掩蔽或预先分离。

吸光光度法测定某物质的含量时，测量所需波长、溶液酸度，显色剂用量、显色时间、温度、溶剂以及共存离子的干扰与消除等实验条件的选择，都是通过实验来确定的。本实验在未测定试样前先做波长选择、溶液酸度、显色剂用量、显色时间等条件试验，学习者可通过做其中的一项或几项，从而掌握确定实验条件的方法。

实验仪器与试剂

72 型或 721 型分光光度计，分度吸量管，容量瓶（50 mL），酸度计，碱式滴定管。

铁标准溶液（$\mu g \cdot mL^{-1}$）：准确称取 0.8634g（A. R.）$NH_4Fe(SO_4)_2 \cdot 12H_2O$ 于 100 mL 烧杯中，加入 20 mL 6 $mol \cdot L^{-1}$ HCl 和少量去离子水，溶解后转入 1 L 容量瓶中定容，摇匀。备用。

移取上述储备液 10.00 mL 于 100 mL 容量瓶中，加入 2 mL 6 $mol \cdot L^{-1}$ HCl，用去离子水稀释至刻度，摇匀。此溶液每毫升含 Fe^{3+} 10.00 μg，用来做标准曲线及条件实验时用，应临用前再配制。

邻二氮菲：水溶液 0.15%，温水溶解，避光保存，两周内有效，出现红色时则不能使用。

盐酸羟胺（$NH_2OH \cdot HCl$）水溶液：10%，两周内有效。

NaAc 溶液（1 $mol \cdot L^{-1}$），NaOH 溶液（0.1 $mol \cdot L^{-1}$），HCl 溶液（6 $mol \cdot L^{-1}$）。

实验步骤

1. 条件试验

1）测绘吸收曲线

用分度吸量管移取铁标准溶液 0.00 mL、10.00 mL，分别加入两个 50 mL 容量瓶中，各加入 1 mL 盐酸羟胺溶液、2.00 mL 邻二氮菲（用分度吸量管移取）溶液、5 mL NaAc 溶液，用去离子水稀释至刻度，摇匀。放置 10 min 后，用 1 cm 吸收池、以试剂空白溶液为参比溶液，选择 440～560 nm 之间波长，每隔 10 nm 测一次吸光度，其中 500～520 nm 之间，每隔 5 nm 测定一次吸光度。

数据记录如下：

λ/nm	440	450	460	480	500	505	510	515	520	530	…
A											

以波长 λ 为横坐标、吸光度 A 为纵坐标，在坐标纸上绘制 λ 与 A 的关系吸收曲线。从吸收曲线上选择测定 Fe 的适宜波长。一般选用最大吸收波长 λ 用作测量波长。

此步实验也可不单独配制标准溶液，而采用做标准曲线时的空白试剂溶液及某一份合适的溶液来进行测定（如第 3 份）。

2）显色时间的选择

取一个 50 mL 容量瓶，加入 6.00 mL 铁标准溶液、1 mL 盐酸羟胺溶液，初步混匀，再加入 2.00 mL 邻二氮菲、5 mL NaAc，用去离子水稀释至刻度，充分摇匀。用 1 cm 吸收池，以去离子水为参比溶液（因该显色体系的空白试剂为无色溶液，条件实验中用去离子水作参比溶液，操作比较简便），在选定波长下，每间隔一段时间测一次吸光度。

放置时间分别为：5 min，10 min，20 min，30 min，1 h，2 h，3 h，4 h。

记录数据：

t/min	5	10	20	…
A				…

以时间 t 为横坐标，吸光度 A 为纵坐标，绘制 A 与 t 的关系曲线。从曲线上选择铁与邻二氮菲显色反应完全所需的适宜时间。

3）溶液酸度的选择

取 7 个 50 mL 容量瓶，分别加入 10.00 mL 铁标液、1 mL 盐酸羟胺、2 mL 邻二氮菲，初步混匀。然后用碱式滴定管加入 0.1 mol · L^{-1} NaOH 溶液：0.00 mL、2.00 mL、5.00 mL、10.00 mL、15.00 mL、20.00 mL、30.00 mL。再用去离子水稀释至刻度，充分摇匀。放置 10 min。用 1 cm 吸收池，以去离子水作参比溶液，在选定的波长下测定各溶液的吸光度。同时用酸度计测出各溶液的 pH。仿照上述两步的格式记录数据。以 pH 为横坐标、吸光度 A 为纵坐标，在坐标纸上绘制 A 与 pH 的关系曲线，从而确定测定铁的适宜酸度范围。

4）显色剂用量的选择

取 7 个 50 mL 容量瓶，各加入 10.00 mL 铁标准溶液、1 mL 盐酸羟胺，初步混匀。然后分别加入 0.10 mL、0.30 mL、0.50 mL、0.80 mL、1.00 mL、2.00 mL、4.00 mL 邻二氮菲，5 mL NaAc 溶液，最后用去离子水稀释至刻度，充分摇匀。放置 10 min。用 1 cm 吸收池，以去离子水作参比溶液，在选定的波长下测定各溶液的吸光度。仿上述格式记录数据。在坐标纸上以加入的邻二氮菲体积 V 为横坐标、吸光度 A 为纵坐标，绘制吸光度与试剂用量的关系曲线，从而确定测定铁时显色剂邻二氮菲的适宜用量。

2. 试样中铁含量的测定

1）绘制标准曲线（工作曲线）

取 6 个 50 mL 容量瓶，分别加入铁标准溶液 0.00 mL、2.00 mL、4.00 mL、6.00 mL、8.00 mL、10.00 mL，然后加入 1 mL 盐酸羟胺、2.00 mL 邻二氮菲、5 mL NaAc溶液，每加入一种试剂都应初步混匀。最后用去离子水定容，充分摇匀。放置 10 min。用 1 cm 比色皿，以试剂空白溶液为参比溶液，在选定的波长下，测定各溶液的吸光度，记录数据如下：

编　号	0	1	2	3	4	5
$\rho(Fe^{3+})$ /(mg · mL^{-1})						
A						

在坐标纸上，以铁含量为横坐标，吸光度为纵坐标，绘制标准曲线(参阅第四章第二节)。

2）试样中铁含量的测定

吸取 6.00 mL 试样溶液两份于两个 50 mL 容量瓶中，与标准溶液同样条件下显色、定容、测其吸光度。

此步操作也可与标准曲线的制作同时进行。

依据试液的 A 值，从标准曲线上即可查得其浓度，最后计算出原试液中含铁量 ρ(mg · mL^{-1})。

注：① 72 型或 721 型分光光度计的使用请参阅第四章第二节。

② 研究 pH 的影响，应配制一系列不同 pH 的缓冲溶液，但受实验室条件限制，只能在酸性溶液中加入不同量的 NaOH，测定其吸光度，然后再测定 pH。

思考题

1. 加入盐酸羟胺的目的是什么？
2. 根据自己的实验结果，计算在适宜波长下的摩尔吸光系数。

实验四十五　磺基水杨酸分光光度法测定铁

实验目的

1. 掌握测定试样中微量铁的方法。
2. 学习分光光度计的使用。
3. 掌握数据处理方法。

实验原理

Fe^{3+} 与磺基水杨酸($C_6H_3SO_3H \cdot OH \cdot COOH$)在 pH 8～11.5 的氨性溶液中，可生成黄色的三磺基水杨酸铁配合物，反应式为

$$Fe^{3+} + 3\ \text{[HO}_3\text{S-C}_6\text{H}_3\text{(OH)(COOH)]} = \left[Fe \left(\text{HO}_3\text{S-C}_6\text{H}_3\text{(O}^-\text{)(COO}^-\text{)} \right)_3 \right]^{3-} + 6H^+$$

该配合物很稳定，试剂用量及溶液的酸碱度略有改变也无妨碍。显色时间长一些，配合物颜色也不会改变。

F^-、NO_3^-、PO_4^{3-} 等离子不影响测定。Al^{3+}、Ca^{2+}、Mg^{2+} 等离子和磺基水杨酸生成的配合物无色，因而对测定不会形成干扰。如果存在大量的 Cu^{2+}、Co^{2+}、Ni^{2+}、Cr^{3+} 等离子，则会影响测定，应加以掩蔽或预先分离。

由于反应在碱性介质中，Fe^{2+} 易被氧化，所以采用本法测定的是溶液中铁的总含量。

碱性溶液中，磺基水杨酸铁配合物的最大吸收波长为 420 nm，$\varepsilon_{420}=5.8\times10^3\ L\cdot mol^{-1}\cdot cm^{-1}$。

实验仪器与试剂

72 型或 721 型分光光度计、分度吸量管、容量瓶(50 mL)。

磺基水杨酸水溶液(10%)：应储存于棕色瓶中。氨水(1∶10)、NH_4Cl(10%)、铁标准溶液($\rho=0.0500\ mg\cdot mL^{-1}$)：准确称取 0.1080 g 分析纯硫酸高铁铵[$NH_4Fe(SO_4)_2\cdot 12H_2O$]于小烧杯中，加少量去离子水溶解，然后加入 8 mL H_2SO_4($c=3\ mol\cdot L^{-1}$)，转入 250 mL 容量瓶中定容，摇匀，备用。

实验步骤

1. 绘制标准曲线

取 6 个 50 mL 容量瓶，洗净、编号。分别吸取铁标准溶液 0.00 mL、1.00 mL、2.00 mL、3.00 mL、4.00 mL、5.00 mL 加入 6 个容量瓶中，然后各加入 4 mL NH_4Cl、2.00 mL 磺基水杨酸，再分别滴加 1∶10 氨水至溶液变黄色后，再多加 4 mL，初步混匀。用去离子水稀释至刻度，充分摇匀。用 2 cm 吸收池，以试剂空白溶液为参比溶液，选择 420 m 波长，分别测定各溶液的吸光度，记录数据如下：

编 号	0	1	2	3	4	5
$\rho(Fe^{3+})/(\mu g\cdot mL^{-1})$						
A						

以铁标准溶液含量为横坐标、吸光度为纵坐标，在坐标纸上绘制标准曲线。

2. 测定试样中含铁量

取两个 50 mL 容量瓶，洗净，编号。各加入 3.00 mL 试样溶液。然后与标准溶液同样条件下显色、定容，测其吸光度。

此步操作也可与标准曲线的制作同时进行。

依据试液的 A 值,从标准曲线上即可查出其含量。最后计算出原试液中含铁量 $\rho(\mathrm{mg \cdot mL^{-1}})$。

注: 72 型或 721 型分光光度计的使用及标准曲线的绘制请参阅第四章第二节。

思考题

用磺基水杨酸法测铁为什么需在 pH 8～11.5 的氨性溶液中进行?

实验四十六　磷钼蓝法测定磷(分光光度法)

实验目的

1. 学习分光光度法测定试样中微量磷的方法。
2. 学习分光光度计的使用。
3. 掌握数据处理方法。

实验原理

浓度低于 $1\mathrm{mg \cdot L^{-1}}$ 的微量磷的测定,一般采用钼蓝法。

磷酸与钼酸铵在一定酸度下相互反应生成钼磷酸:

$$H_3PO_4 + 12H_2MoO_4 = H_3P(Mo_3O_{10})_4 + 12H_2O$$

然后加入适当的还原剂,钼磷酸中部分正六价钼被还原为低价钼蓝配合物。由生成物蓝色的深浅即可测定磷的含量。

使用还原剂和酸的种类,反应的酸度和试剂的浓度,都会影响钼蓝颜色的深浅及稳定性,同时也影响干扰离子对反应的干扰程度。

通常使用的还原剂是氯化亚锡,其优点是反应灵敏度高,显色快,缺点是生成物蓝色的稳定性较差,且对酸度和钼酸铵试剂的浓度要求严格,干扰离子也比较多。

因此使用该法时,加入钼酸铵-硫酸混合试剂时应从滴定管加入,严格控制其用量。显色时间为 10～12 min,不可放置时间过久,否则蓝色褪去,导致实验失败。

钼蓝的最大吸收波长为 690 nm。

实验仪器与试剂

72 型或 721 型分光光度计、容量瓶(50 mL)、刻度量液管、酸式滴定管。

磷标准溶液($50.00\ \mu\mathrm{g \cdot mL^{-1}}$):准确称取 0.2195 g 分析纯 KH_2PO_4 溶于 400 mL去离子水中,加入 5 mL 浓 H_2SO_4,然后转入 1 L 容量瓶中定容,摇匀。待用时将此溶液稀释 10 倍,配制成 $5.00\ \mu\mathrm{g \cdot mL^{-1}}$ 的标准溶液。

钼酸铵-硫酸混合溶液:用台秤称 25 g 钼酸铵于大烧杯中,加入 200 mL 去离子水溶解。将 280 mL 浓硫酸慢慢倒入 400 mL 去离子水中,冷却。然后把上述配好的钼酸铵溶液加入此硫酸溶液中并用去离子水稀释至 1 L。

二氯化锡溶液:用台秤称 6.8 g $SnCl_2$ 于大烧杯中,加入 60 mL 浓 HCl 并加热,溶解后用去离子水稀释至 300 mL。溶液中加入少量锡粒,以防 Sn^{2+} 氧化。该溶液为 0.1 mol · L^{-1}的 $SnCl_2$ 盐酸溶液,可存放数周。

实验步骤

1. 工作曲线绘制

取 50 mL 容量瓶 6 个,洗净,编号。分别吸取磷标准溶液 0.00 mL、2.00 mL、4.00 mL、6.00 mL、8.00 mL、10.00 mL 加入 1～6 号容量瓶中,各加入去离子水 25 mL,及 2.5 mL 钼酸铵-硫酸混合试剂,初步混匀,然后分别滴加 4 滴 $SnCl_2$ 溶液,用去离子水稀释至刻度,充分摇匀,放置 10～12 min。

选择 690 nm 波长,用 2 cm 吸收池,以试剂空白溶液为参比溶液,测得各标准溶液的吸光度。

以磷的浓度为横坐标、吸光度为纵坐标,在坐标纸上绘制工作曲线。

2. 试液中磷含量的测定

吸取磷试液 5.00 mL 两份于两个洁净的 50 mL 容量瓶中,与标准溶液同样条件下显色、定容,然后测其吸光度。

此步操作也可与标准曲线的制作同步进行。

依据试液的吸光度值,从标准曲线上即可查出试液的浓度。最后计算出原试液中磷含量 ρ(μg · mL^{-1})。

3. 数据记录与结果计算

编　号	0	1	2	3	4	5	试样 1	试样 2
ρ/(μg · mL^{-1})								
A								

原试样中含量 ρ=从标准曲线上查得的待测液浓度×稀释倍数

注:① 72 型或 721 型分光光度计的使用及标准曲线的绘制请参阅第四章第二节。

② 钼酸铵-硫酸溶液应用滴定管加入,体积要准确,否则会因酸度不合适而导致不显色。

③ 显色时间不可过长,否则蓝色褪去,导致实验失败。

④ 此实验中吸收池易着蓝色,实验完毕,应及时用盐酸-乙醇(1+2)洗涤剂浸

泡，再用水清洗。

思考题

讨论此实验过程中哪些因素会影响测定并应在实验过程中予以注意。

实验四十七　紫外分光光度法测定维生素C

实验目的

1. 了解紫外分光光度计的构造。
2. 掌握紫外分光光度计法进行定量分析的原理和应用。
3. 掌握数据处理方法。

实验原理

紫外分光光度法是基于物质对紫外光(波长范围为200～400 nm)具有选择性吸收的分析方法。进行定量分析的理论依据是朗伯-比尔定律，即在一定波长处被测定物质的吸光度与它的浓度呈线性关系。因此，通过测定溶液对一定波长的入射光的吸光度，即可求出该物质在溶液中的浓度和含量。

维生素C也称抗坏血酸，分子中存在烯醇式结构，具有很强的还原性，根据它对紫外光有选择性吸收，通过测定样品在243 nm的吸光度值，可求得溶液中维生素C的含量。

仪器与试剂

Lambda25型紫外-可见分光光度计(Perkin-Elmer公司)，容量瓶(50 mL)，吸量管(5.00 mL)。

维生素C标准溶液(100 mg · L^{-1}，准确称取分析纯的维生素C 100 mg，用1%的乙二酸溶液溶解并定容至1000 mL)，待测样品。

实验步骤

1. 绘制标准曲线

取6个50 mL容量瓶，洗净、编号。分别吸取维生素C标准溶液0.00 mL、0.50 mL、1.50 mL、2.50 mL、4.00 mL、5.00 mL到容量瓶中，然后用去离子水稀释至刻度，充分摇匀。用1 cm的石英吸收池，以空白试剂为参比溶液，选择243 nm波长，按照从稀到浓的顺序分别测定各溶液的吸光度，并记录实验数据。

2. 测定样品溶液中的维生素C含量

取2个50mL容量瓶,洗净、编号。用5 mL吸量管各吸取3.00 mL样品溶液加入到容量瓶中,与标准溶液在相同条件下定容、摇匀并测定其吸光度。

此步操作也可与标准曲线的制作同时进行。

依据试液的吸光度值,从标准曲线上查出其浓度,并计算出样品溶液中维生素C的含量。

思考题

1. 维生素C标准溶液易氧化,实验操作中应注意什么?
2. 进行紫外分析时应选择何种吸收池?为什么?

实验数据记录与结果计算

编　号	0	1	2	3	4	5	试样1	试样2
浓度/($mg \cdot L^{-1}$)								
吸光度 A								

原试样中维生素C的含量($mg \cdot L^{-1}$)=____________

实验四十八　荧光法测定奎宁的含量

实验目的:

1. 了解荧光分析法的基本原理,掌握荧光分析法的操作技术。
2. 荧光分析法测定药物中奎宁的含量。

实验原理:

分子发光光谱法包括光致发光、化学发光和生物发光。分子发光光谱法的灵敏度和选择性较高,与紫外-可见分光光度法相比,其灵敏度可高出2～4个数量级。

分子荧光属于光致发光,是指当分子吸收了辐射成为激发分子,再由激发态回基态时发射的光,它的波长比吸收的入射光波长要长。

任何荧光分子都具有两种特征的光谱:激发光谱和发射光谱。

荧光激发光谱是通过固定发射波长,改变激发光波长而获得的荧光强度与激发光波长的关系曲线,激发光谱反映了在某一固定的发射波长下不同激发光激发的荧光的相对效率。激发光谱可用于荧光物质的鉴别,并在进行荧光测定时选择适宜的激发波长。

荧光发射光谱是通过固定激发波长，扫描发射波长所得到荧光强度-发射波长的关系曲线。它反映了在相同的激发条件下不同波长时分子的相对发射强度。荧光发射光谱可以用于荧光物质的鉴别和定量分析。

奎宁在稀酸溶液中是较强的荧光物质，它具有两个激发波长，分别为 250 nm 和 350 nm，荧光发射峰在 450 nm。在低浓度时，荧光强度和荧光物质的浓度成正比：

$$I = K \cdot c$$

以已知量的标准物质，和试样采取相同的处理方法，配制系列标准溶液，测定一系列标准溶液的荧光强度随波长的变化，利用 Origin 或 Exel 处理数据，得到一系列荧光发射光谱，在各曲线中找到发射波长为 450 nm 时的荧光强度，以荧光强度对标准溶液浓度作图，得标准曲线，最后根据试样溶液的荧光强度，在标准曲线上求出试样中荧光物质的含量。

本实验用 F-4500 型荧光分光光度计进行测定。

仪器与试剂

F-4500 型荧光分光光度计、石英比色皿、容量瓶、吸量管。

H_2SO_4(0.05 mol · L^{-1})，奎宁标准溶液(10.00 μg · mL^{-1}，120.7 mg 硫酸奎宁二水合物中加入 50 mL 1 mol · L^{-1} H_2SO_4 溶解并用去离子水定容至1000 mL，再将此溶液稀释 10 倍即可)。

实验步骤

(1) 标准溶液的配制。取 6 个 50 mL 容量瓶，洗干净，编号。分别加入 10.00 μg · mL^{-1} 奎宁标准溶液 0 mL、2.00 mL、4.00 mL、6.00 mL、8.00 mL、10.00 mL，然后用 0.05 mol · L^{-1} H_2SO_4 稀释到刻度，摇匀。

(2) 绘制激发光谱和荧光光谱。以 λ_{em} = 450 nm，在 200～400 nm 范围内扫描激发光谱，以 λ_{ex} = 250 nm 或 350 nm，在 350～650 nm 范围扫描荧光光谱。

(3) 将激发波长固定在 250 nm(或 350 nm)，发射波长为 450 nm，测量系列标准溶液的荧光强度。利用 Origin 或 Excel 以荧光强度对标准溶液浓度作图，绘制荧光强度-浓度标准曲线。

(4) 未知样的测定。取奎宁药片 6 片左右，研磨，准确称取 0.10 g 左右，用 0.05 mol · L^{-1} H_2SO_4 溶解，转移至 1000 mL 容量瓶中，用 0.05 mol · L^{-1} H_2SO_4 稀释到刻度，充分摇匀。

将上述溶液用 0.05 mol · L^{-1} H_2SO_4 再稀释 10 倍。与标准溶液同样条件，测量试样溶液的荧光强度。

从标准曲线中找出未知样所对应的浓度，再换算出药片中奎宁的含量。

思考题

1. 吸收池可以用玻璃比色皿吗？为什么？

2. 配制的奎宁溶液浓度大时，荧光强度和浓度是不是成正比，会出现什么现象？

实验四十九 原子吸收分光光度法测定头发中的锌

实验目的

1. 学习和掌握利用原子吸收分光光度法测定微量元素。
2. 学习样品的干灰化技术。
3. 了解原子吸收分光光度计的构造。

实验原理

原子吸收分光光度法是指从光源中辐射出的待测元素的特征谱线通过样品的原子蒸气时，被蒸气中待测元素的基态原子吸收，使通过的光的强度减弱，根据光强变化的程度进行定量分析的一种方法。在一定浓度范围内，被测元素的浓度 c、入射光强度 I_0 和透射光强度 I_t 符合朗伯-比尔定律，即 $A=KLN_0$，其中 A 为吸光度、K 为比例系数、L 为样品的光程长度、N_0 为基态原子数目。当火焰的热力学温度低于 3000K 时，可以认为原子蒸气中基态原子的数目接近于原子总数目。在固定的实验条件下，原子总数与样品浓度的比值是恒定的，可记为 $A=K'/c$，这是原子吸收定量分析的基本关系式。常借助于标准曲线法和标准加入法进行分析。

原子吸收分光光度计由锐线光源、原子化器、单色器、检测器、信号处理系统等部分组成。其中锐线光源提供待测元素的特征光谱线，因发射线的光谱纯度高，决定了原子吸收法的灵敏度高、选择性好。锐线光源由空心阴极灯提供，一般空心阴极灯是单一元素的元素灯，因而分析不同元素时，必须换用不同元素的灯。原子化器能将样品中的被测元素转变为基态原子蒸气，原子化效率的高低直接影响测定的准确度。对于火焰型原子吸收分光光度计，可以通过改变灯电流的大小、燃烧器的高度、燃气流量等参数改变原子化率。所以实验过程中的条件选择是很重要的。Zn 广泛分布于有机体的所有组织中，对于人和动物，缺 Zn 会阻碍蛋白质的氧化，影响生活素的形成，Zn 的测定是营养诊断常测的项目之一。正常人发的 Zn 含量为 100～400 mg · kg^{-1}。由于组分含量较低，可使用原子吸收的方法测定其含量。

仪器和试剂

TAS-986 原子吸收分光光度计(北京普析通用)，容量瓶(50 mL)，瓷坩埚，吸量管(5.00 mL),烧杯。

Zn标准溶液(100 mg · L^{-1},将纯度为99.99%的Zn粒溶于2 mol · L^{-1}的盐酸中制得),盐酸(10%,1%)。

实验步骤

1. 样品的采集和处理

先将头发用洗发剂洗净,一定要用自来水冲洗至无泡,然后晾干待用。

用不锈钢剪刀将头发剪至1 cm左右,准确称取0.1500 g碎发于30 mL的瓷坩埚内,然后在电炉上炭化至无烟,再放入已升温至500 ℃的马弗炉中灼烧1h,灰化完全后,冷却,用7.5 mL10%的HCl溶解,然后转移到50 mL的容量瓶中,定容(用1%的盐酸定容),待测。

2. 绘制标准曲线

取6个50 mL容量瓶,洗净、编号。分别吸取Zn标准溶液0.00 mL、1.00 mL、2.00 mL、3.00 mL、4.00 mL、5.00 mL到容量瓶中,然后用去离子水稀释至刻度,充分摇匀。

参照仪器的使用说明,以去离子水调节仪器的吸光度为0,按由稀到浓的次序测量系列标准溶液,记录数据并绘制标准曲线。

3. 测定头发样品中的Zn含量

每次测定前以去离子水调节仪器的吸光度为0,分别测量样品溶液的吸光度,记录数据,并依据试液的吸光度值,从标准曲线上查出其浓度,并计算出头发样品中Zn的含量。

实验中应注意:①测量前一定要检查废液管中是否有水封,是否已插入废液桶;②测定每个待测样品前,必须将吸管插入去离子水中洗净。

思考题

1. 空心阴极灯的作用是什么?
2. 本实验为获得较好的原子化率,调节了哪些仪器参数?为什么?
3. 什么原因造成配制的样品溶液浑浊?如何解决?

实验数据记录与结果计算

编　号	0	1	2	3	4	5	试样1	试样2
浓度/(mg · L^{-1})								
吸光度 A								

原试样中Zn的含量(mg · L^{-1})=____________

实验五十 电位滴定法测定乙酸含量及电离常数

实验目的

1. 掌握用电位滴定法测定弱酸含量的方法。
2. 掌握电位滴定分析确定滴定终点的计算方法。
3. 掌握测定乙酸电离常数的方法。
4. 掌握酸度计的使用方法。

实验原理

电位滴定法是以测量滴定过程中溶液的电位变化为基础的。在滴定过程中，每加一次滴定剂，就测量一次电位，直到过终点为止。

在酸碱滴定过程中，随着滴定剂的不断加入，溶液的 pH 不断发生变化，在化学计量点附近发生 pH 突跃。因此，通过测量溶液 pH 的变化，就能确定滴定终点。

滴定过程中，每加一次滴定剂，即测一次 pH，远离化学计量点时，可加入 0.50 mL 或 1.00 mL 滴定剂，测一次 pH，在计量点附近时，应每加入 0.10 mL 滴定剂就测一次 pH。根据所得到的一系列滴定剂用量 V 与相应的 pH，用下述方法确定滴定终点：

1. 绘制 pH-V 曲线

以滴定剂用量 V 为横坐标，pH 为纵坐标，绘制 pH-V 曲线[图 5-4(a)]。在 S 形滴定曲线上，作两条与滴定曲线相切的平行直线，两平行线的等分线与滴定曲线的交点为曲线的拐点，拐点对应的体积即为滴定至终点时所需滴定剂的体积。

2. 绘制$\frac{\Delta \mathrm{pH}}{\Delta V}$-$V$ 曲线

$\frac{\Delta \mathrm{pH}}{\Delta V}$表示 pH 的变化值与相对应的加入滴定剂体积的增量(ΔV)的比。$\frac{\Delta \mathrm{pH}}{\Delta V}$-$V$ 曲线如图 5-4(b)所示。曲线的最高点对应的体积即为滴定至终点所需滴定剂的体积。

3. 二级微商法

$\frac{\Delta^2 \mathrm{pH}}{\Delta V^2}$-$V$ 曲线的最高点正好是$\frac{\Delta^2 \mathrm{pH}}{\Delta V^2}=0$ 的点，所以$\frac{\Delta^2 \mathrm{pH}}{\Delta V^2}=0$ 的点所对应的体积即为滴定终点时滴定剂的体积。

因为作图法确定终点比较麻烦，所以一般通过二级微商内插法确定滴定终点。这种方法是依次绘制$\frac{\Delta^2 pH}{\Delta V^2}$-$V$曲线，如图 5－4(c)所示。这种方法的依据在$\frac{\Delta pH}{\Delta V}$-$V$曲线图上，因为$\frac{\Delta pH}{\Delta V}$计算出化学计量点附近各点$\frac{\Delta^2 pH}{\Delta V^2}$的值，找出$\frac{\Delta^2 pH}{\Delta V^2}$由正值变为负值(或由负值变为正值)的区间及它们对应的体积区间，如$\frac{\Delta^2 pH}{\Delta V^2}=65$对应的体积为 15.60 mL、$\frac{\Delta^2 pH}{\Delta V^2}=-59$对应的体积为 15.70 mL，则可按下列比例式计算出$\frac{\Delta^2 pH}{\Delta V^2}=0$所对应的体积即为滴定终点的体积：

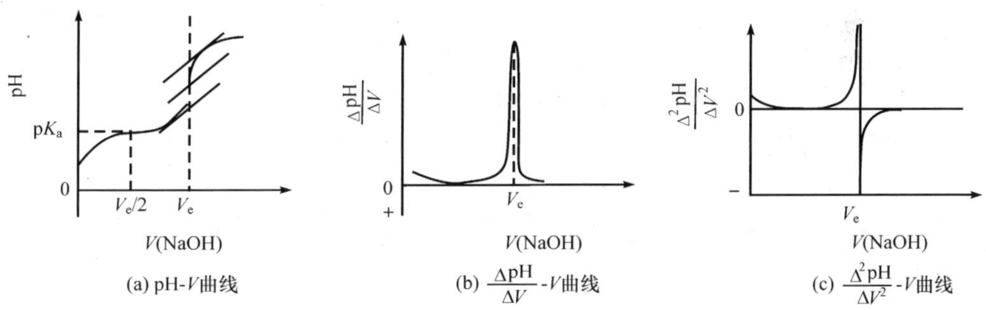

(a) pH-V曲线　(b) $\frac{\Delta pH}{\Delta V}$-$V$曲线　(c) $\frac{\Delta^2 pH}{\Delta V^2}$-$V$曲线

图 5－4　NaOH 滴定 HAc 的三种滴定曲线示意图

体积(mL)：	15.60	$V_{终}$	15.70
$\frac{\Delta^2 pH}{\Delta V^2}$值：	65	0	−59

$$\frac{15.70-15.60}{-59-65}=\frac{V_{终}-15.60}{0-65}$$

$$V_{终}=15.65\ \text{mL}$$

确定终点体积后，从 pH-V 曲线上查出 HAc 被中和一半时($\frac{1}{2}V_{终}$ 时)的 pH。此 pH 即为乙酸的 $K_a^{\ominus}$ 值。因为此时的溶液为 HAc-NaAc 缓冲溶液，pH 为 $pK_a^{\ominus}+\lg\frac{c(Ac^-)/c^{\ominus}}{c(HAc)/c^{\ominus}}$，而此时 $c(Ac^-)=c(HAc)$。

实验仪器与试剂

酸度计(pHs-2C 型或雷磁 25 型)，电磁搅拌器，玻璃电极，饱和甘汞电极，碱式滴定管，小烧杯(100 mL)，移液管(25 mL)。

NaOH 标准溶液（0.1000 mol · L^{-1}），HAc 溶液（0.1000 mol · L^{-1}），KCl（1 mol · L^{-1}），pH 4.00（25 ℃）标准缓冲溶液，pH 6.86（25 ℃）标准缓冲溶液（配制方法见附录 11 中 6 标准缓冲溶液配制方法）。

实验步骤

1. 准备电极与酸度计

按第四章第一节“一”中所述方法准备好电极与酸度计。

2. 具体步骤

移取 25.00 mL 乙酸试液于 100 mL 小烧杯中，加入 5.0 mL1 mol · L^{-1} KCl 溶液，20 mL 去离子水。加入 1 滴酚酞。放入搅拌子，浸入玻璃电极和饱和甘汞电极。开启电磁搅拌器。用 0.1000 mol · L^{-1} NaOH 标准溶液滴定，开始滴定时每加入 0.50～1.00 mL 标准溶液测一次 pH，至化学计量点附近时每加入 0.10 mL 标准溶液即测一次 pH，直至超过计量点 2～3 mL 为止。

滴定完毕，关闭搅拌器和酸度计。用玻棒夹出搅拌子，洗净收好。取出电极，将甘汞电极下端的橡皮套套上，加液口用橡皮塞塞好。玻璃电极球泡放入蒸馏水中浸泡。

3. 数据记录

V	pH	ΔV	ΔpH	$\frac{\Delta pH}{\Delta V}$	$\Delta(\frac{\Delta pH}{\Delta V})$	$\frac{\Delta^2 pH}{\Delta V^2}$
0.00						
1.00		1.00				
2.00		1.00				

4. 数据处理

(1) 绘制 pH-V 曲线。

(2) 用二级导数内插法确定滴定终点体积。

(3) 计算未知酸的准确浓度。

(4) 计算乙酸的电离常数。

注：用二级微商内插法计算终点体积时，不必把所有各点的$\frac{\Delta^2 pH}{\Delta V^2}$的值都算出

来，只计算计量点附近几个点的$\frac{\Delta^2 pH}{\Delta V^2}$值即可。

记录格式中$\frac{\Delta^2 pH}{\Delta V^2}$的意义为$\frac{\Delta(\frac{\Delta pH}{\Delta V})}{\Delta V}$。

思考题

1. 用二级微商内插法确定终点的依据是什么？
2. 实验中为什么加入 5.0 mL 1 mol · L^{-1}KCl？
3. 计算乙酸电离常数的依据是什么？

实验五十一　氟离子选择电极测定水中氟

实验目的

1. 掌握氟离子选择性电极法测定水中氟的方法。
2. 了解氟离子选择性电极的特性。
3. 了解总离子强度调节缓冲剂的作用。

实验原理

应用离子选择电极的测定原理请参阅第四章第一节。

氟离子选择电极应用的最佳 pH 范围为 5～6，一般应用 HAc-NaAc 缓冲溶液控制 pH。如 pH 太低，会形成 HF、HF_2^- 等型体，而这些型体在氟电极上不响应，会降低 $c(F^-)$；由于 pH 过高，OH^- 浓度增大，OH^- 在氟电极上与 F^- 产生竞争反应，而且还可与 LaF_3 晶体膜产生如下反应：

$$LaF_3 + 3OH^- \xlongequal{} La(OH)_3 + 3F^-$$

从而干扰电位反应。

试液中需加入一定浓度的惰性电解质如 KNO_3、NaCl、$KClO_4$ 等，用以控制试液的离子强度，从而使测定过程中 F^- 的活度系数、液接电位保持恒定。

能与 F^- 形成配合物的阳离子如 Al(Ⅲ)、Fe(Ⅲ)、Th(Ⅳ)等，以及能与 La(Ⅲ)形成配合物的阴离子，对测定有不同程度的干扰。通常加入柠檬酸钾(K_3Cit)、EDTA 等掩蔽剂以消除干扰。因此，用氟电极测定水中氟时，应用总离子强度调节缓冲溶液(total ionic strength adjustment buffer，TISAB)来控制氟电极的最佳使用条件，其组分为 KNO_3、HAc-NaAc 和 K_3Cit。

F^- 浓度在 10^0～10^{-6}mol · L^{-1}范围内，氟电极与 $pc(F^-)$值呈线性关系。

实验仪器与试剂

pHs-2C 型酸度计，氟离子选择电极（使用前应在去离子水中浸泡 1～2 h），饱和甘汞电极，电磁搅拌器，烧杯（50 mL），容量瓶（50 mL），刻度量液管。

F^- 标准溶液：准确称取 120 ℃干燥 2 h 的分析纯 NaF 0.2210 g 放入小烧杯中，加入少量去离子水溶解，然后定量转入 1 L 容量瓶中，用去离子水定容，摇匀，储于聚乙烯塑料瓶中。此溶液含 F^- 为 100 $\mu g \cdot mL^{-1}$。

临用时将上述溶液置于容量瓶中稀释 5 倍，得 20 $\mu g \cdot mL^{-1}$ 的 F^- 标准溶液。

TISAB 溶液：用台秤称 102 g KNO_3、83 g NaAc、32 g 柠檬酸钾，放入 1 L 烧杯中。加入 14 mL 冰醋酸、600 mL 去离子水溶解。此溶液的 pH 应为 5.0～5.5，如超出此范围可加 HAc 或 NaOH 调节，调好后加去离子水稀释至 1 L。

实验步骤

1. 调节酸度计

按第四章第一节“三”的方法调节好 pHs-2C 型酸度计，安装好电极。用去离子水将氟电极洗至空白值（该值由生产厂家标明）。

2. 测绘标准曲线

取 6 个 50 mL 容量瓶，洗净、编号。分别移取 F^- 标准溶液（20 $\mu g \cdot mL^{-1}$）0.50 mL、1.00 mL、3.00 mL、5.00 mL、7.00 mL、9.00 mL 加入上述容量瓶中，各加入 10 mL TISAB 溶液，用去离子水稀释至刻度，摇匀。

将上述标准溶液分别倒入 50 mL 干燥的烧杯中，放入搅拌子，浸入氟电极与饱和甘汞电极，开启电磁搅拌器，搅拌 3～4 min 后，测定 mV 值。测量的顺序从稀到浓，这样在转换溶液时不必用去离子水冲洗电极，直接用滤纸吸去附着的溶液即可。

以 mV 值为纵坐标，以 $\lg c(F^-)$ 或 $pc(F^-)$ 为横坐标，在坐标纸上绘制工作曲线（参阅第四章第一节“一”）。

3. 测定含氟水样

取两个洗净的 50 mL 容量瓶，分别加入 5.00 mL 含氟水样和 10 mL TISAB 溶液，用去离子水稀释至刻度，摇匀。

将测过标准溶液的氟电极用去离子水洗至空白值。

把水样倒入 50 mL 烧杯中，测其 mV 值。依据水样的 mV 值，从标准曲线上查出 $c(F^-)$，然后换算成水样中 F^- 含量（$mg \cdot L^{-1}$）。

4. 数据记录

编　号	1	2	3	4	5	6
$c(F^-)/(mg \cdot L^{-1})$						
mV						

注:① 氟电极在使用前或测定标准溶液后,必须将电极在去离子水中洗至空白值,方法是:将氟电极与饱和甘汞电极浸入去离子水中,放入搅拌子,开启搅拌器,搅拌 3～4min 后,测 mV 值。如一次洗不到空白值,可换几次去离子水,直至洗到空白值为止。用毕,也应洗至空白值再收好。

② 搅拌速度不可过快,以免氟电极上产生气泡,影响测定。如发现电极上有气泡,应马上除去。

思考题

在本实验中为什么要加入 TISAB 溶液?

实验五十二　氯离子选择电极测定水中氯

实验目的

1. 掌握氯离子选择电极测定水中氯的方法。
2. 了解氯离子选择性电极的特性。
3. 了解总离子调节缓冲溶液的作用。

实验原理

应用离子选择电极的测定原理请参阅第四章第一节"一"。

氯离子选择电极的敏感膜由 AgCl、Ag_2S 组成,对 Cl^- 在 $5\times10^{-5}\sim10^{-2}$ mol · L^{-1} 范围内有线性关系,适宜的 pH 范围为 2.0～13.0。Br^-、I^-、S^{2-}、CN^-、NH_3 等有干扰。

测定时,应加入总离子强度调节缓冲溶液(TISAB)来控制氯电极的最佳使用条件。

本实验采用标准曲线法测定水中氯的含量。

实验仪器与试剂

pHs-2C 型酸度计,氯离子选择电极,双盐桥饱和甘汞电极,烧杯(50 mL),容量瓶(50 mL),分度吸量管,移液管(25 mL)。

Cl^-标准溶液(0.1000 mol·L^{-1}):准确称取经 120 ℃烘干 2 h 的分析纯 NaCl 5.844 g,放入 150 mL 烧杯中,用少量去离子水溶解,定量转入 1 L 容量瓶中,用去离子水定容,摇匀。

TISAB 溶液:称取分析纯 $NaNO_3$ 84.99 g,放入 150 mL 烧杯中,用去离子水溶解,定量转入 1 L 容量瓶中,用去离子水定容,摇匀,转入塑料瓶中保存。

实验步骤

1. 调节酸度计

按第四章第一节"三"所述方法调节好 pHs-2C 型酸度计,安装好电极。用去离子水将氯电极洗至空白值(该值由生产厂家标明)。

2. 测绘标准曲线

取 5 个 50 mL 容量瓶、洗净、编号。移取标准溶液 0.50 mL、1.00 mL、2.50 mL、5.00 mL、10.00 mL 分别放入上述容量瓶中,各加入 1.00 mL TISAB 溶液,用去离子水稀释至刻度,摇匀。

将上述标准溶液分别倒入 50 mL 干燥的烧杯中,放入搅拌子,浸入氯电极与双盐桥饱和甘汞电极,开启电磁搅拌器,搅拌 2～3 min 后,测定 φ(mV)值。测量的顺序由稀到浓,这样在转换溶液时不必用去离子水冲洗电极,直接用滤纸吸去附着的溶液即可。

以 mV 值为纵坐标,以 $\lg c(Cl^-)$或 $pc(Cl^-)$为横坐标,在坐标纸上绘制工作曲线(参阅第四章第一节"一")。

3. 测定水样中氯

取两个洁净的 50 mL 容量瓶,分别加入 25.00 mL 含氯水样、1.00 mL TISAB 溶液,用去离子水稀释至刻度,摇匀。

将测过标准溶液的氯电极用去离子水洗至空白值。

把水样倒入 50 mL 烧杯中,测其对应的 φ(mV)值。依据水样的 φ(mV)值,从标准曲线上查出 $c(Cl^-)$,然后换算成水样中 Cl^- 含量(mg·L^{-1})。

4. 数据记录

编　号	1	2	3	4	5
$c(Cl^-)/(mol \cdot L^{-1})$					
mV					

注:① 测定Cl^-时的参比电极使用双盐桥饱和甘汞电极,它包括内盐桥与外盐桥两部分,由一个陶瓷塞相连。内盐桥中充饱和KCl溶液,外盐桥中充KNO_3(或$NaNO_3$)溶液。使用时,外盐桥中的KNO_3溶液必须新鲜装入,不用时,外盐桥中的KNO_3溶液应倒掉,以防被KCl溶液污染。

使用双盐桥饱和甘汞电极的目的是防止KCl溶液中的Cl^-向外扩散,影响Cl^-的测定。

② 使用氯电极前及测定标准溶液再测试样时,必须将电极在去离子水中洗至空白值。方法是:将氯电极与双盐桥饱和甘汞电极浸入去离子水中,放入搅拌子,开启搅拌器,搅拌2～3 min,测mV值。如一次洗不到空白值,可换几次去离子水,直至洗到空白值为止。用毕,也应洗至空白值再收好。

③ 搅拌速度不可过快,以免氯电极上产生气泡,影响测定。如发现有气泡,应立即除去。

实验五十三　马拉硫磷原药有效成分的GC分析

实验目的

1. 初步了解气相色谱仪的工作原理。
2. 掌握色谱内标定量方法。
3. 测定马拉硫磷原药中有效成分的含量。

实验原理

气相色谱法(gas chromatography ,GC)出现于1952年,是一种以气体为流动相、以固体或液体为色谱柱固定相的色谱法,分为气固色谱法和气液色谱法。气相色谱具有高选择性,能够分离理化性质极为相似的组分;高效能,可达100万个塔板数;检测限低,可检测10^{-13}～10^{-7} g的物质;分析速度快,一般分析只需要几分钟到几十分钟;应用范围广泛,凡是在－196～450 ℃的范围内,有一定蒸气压的组分,或者经过化学转化能生成易挥发的稳定的衍生物的不挥发、易分解物质,都可以进行分离。

用马拉硫磷标样配制成一系列浓度梯度进行GC-FID分析,同时测定马拉硫磷原药样本,以磷酸三苯酯为内标,对马拉硫磷原药样本进行含量测定。

实验仪器与试剂

仪器:Agilent GC6890 (FID) 色谱柱,15 m × 0.53 mm HP-5 毛细管柱。

试剂:丙酮(A. R.),磷酸三苯酯C. R,马拉硫磷标样(纯度为99.0%),马拉硫磷原药(纯度≥95%)。

载气:10 mL·min^{-1}氮气。补充气:30 mL·min^{-1}。氢气:30 mL·min^{-1}。空气:300 mL·min^{-1}。

温度条件:进样口温度 260 ℃,检测器温度 260 ℃。

柱温:200 ℃保持 2 min,再以 10 ℃·min^{-1}升高到 220 ℃,保持 1 min,然后以 30 ℃·min^{-1}升高到 250 ℃,保持 3 min。

进样量:1 μL。

实验操作步骤

1. 内标的配制

称取 0.0500 g(精确到 0.0002 g)磷酸三苯酯于 50 mL 容量瓶中,用丙酮溶解并定容,充分摇匀后备用。

2. 马拉硫磷标准溶液的配制

称取 0.0500 g(精确到 0.0002 g)马拉硫磷标样于 50 mL 容量瓶中,用丙酮溶解并定容,充分摇匀后,分别移取一定体积标准液于 10 mL 容量瓶中,分别加入 1.5 mL 内标溶液,用丙酮稀释并定容(标准溶液的浓度分别为 50 mg·L^{-1}、100 mg·L^{-1}、150 mg·L^{-1}、200 mg·L^{-1}、250 mg·L^{-1})。充分摇匀后备用。

3. 马拉硫磷原药样本溶液的配制

称取马拉硫磷原药样本 1.5 mg(准确到 0.01 mg)于 10 mL 容量瓶中,加入 1.5 mL 内标溶液,用丙酮稀释并定容,充分摇匀后备用。

4. 分析测定

待仪器稳定后进样马拉硫磷标准溶液或样本溶液,重复进样,直到相邻两针峰的面积相差小于 2%后进行定量分析。

5. 方法的线性范围

以一系列不同浓度的马拉硫磷标准溶液进行 GC 测定,以内标法测定标样及样本的峰面积,确定方法的线性范围。

6. 计算

样本中马拉硫磷含量(x)的计算公式为

$$x=\frac{A_{样/内}\times M_{标}\times P}{A_{标/内}\times M_{样}}\times 100\%$$

式中:P 为标准样品的质量分数(一般为 99%)。

实验结果

1. 方法的线性范围

根据 5 个浓度梯度的马拉硫磷标准溶液线性范围测定结果作图，得到回归曲线。

2. 马拉硫磷原药中有效成分的含量

测定马拉硫磷原药样品中的有效成分含量。

思考题

1. 气相色谱的分离原理是什么？
2. 气相色谱常用的检测器有哪几种？实验中所用检测器是哪种？
3. 气相色谱定量分析的方法有哪几种？实验中所用的为哪种？

气相色谱实验报告

班级　　　　　姓名　　　　　学号　　　　　合作者　　　　日期

色谱柱规格 载气 检测器 色谱仪		色谱柱温度/℃ 载气流速/(mL · min^{-1}) 检测器温度/℃ 进样口温度/℃ 进样量/μL	
定量分析	马拉硫磷原药		
保留时间 t_r/min			
定量结果/%			

实验五十四　高效液相色谱分离几种水溶性维生素

实验目的

1. 初步了解高效液相色谱仪的工作原理。
2. 测定几种水溶性维生素的含量。

实验原理

高效液相色谱法(high performance liquid chromatography，HPLC)是 20 世纪 60 年代发展起来的，目前是最有效和应用最广泛的分离分析技术。在技术上采用了高压泵、高效固定相和高灵敏度检测器，使该方法具有高分离速度、高分离效率和高检测灵敏度。高效液相色谱按照流动相及固定相的状态或作用机理的不同，可分为液-

固色谱、液-液色谱、离子交换色谱、离子色谱、离子对色谱、体积排阻色谱、亲和色谱、疏水作用色谱及胶束色谱等。其中液-液色谱应用范围最为广泛。液-液色谱可分为正相高效液相色谱法(NP-HPLC)和反相高效液相色谱法(RP-HPLC)。

NP-HPLC以疏水性溶剂或混合物(如己烷)为流动相,以亲水性的填料作固定相(如在硅胶上键合羟基、氨基或氰基的极性固定相)。RP-HPLC以可以和水混溶的有机溶剂(如甲醇、乙腈)作流动相,以强疏水性的填料作固定相(如在硅胶上键合 C_8 或 C_{18})。分离效果取决于溶质在填料表面的烃类或吸附于填料表面烃类上的"改性固定相"和流动相之间的分配。RP-HPLC的应用非常广泛,是HPLC中应用最为普遍的一种。从一般小分子有机物到药物、农药、氨基酸、低聚核苷酸、肽和相对分子质量不大的蛋白质都可以进行分析。

RP-HPLC采用氨基键合固定相和乙腈-KH_2PO_4-水三元极性固定相,对结构、相对分子质量、极性不同的维生素 B_1、维生素 B_6 及维生素 B_{12} 溶质组分,显示了不同的静电力和氢键,表现为不同的保留时间,使得三种维生素达到分离的目的。

实验仪器与试剂

仪器:Agilent LC1100[可变波长扫描紫外检测器(VWD),波长范围为190~600 nm]。

色谱柱:Lichrosorb NH_2 250 mm×4.6 mm,10 μm。

试剂:乙腈(A. R.),KH_2PO_4(A. R.),去离子水,维生素 B_1、维生素 B_6 及维生素 B_{12}(A. R.)。

HPLC工作条件:流动相为0.005 mol·L^{-1} KH_2PO_4 : 乙腈=25 : 75,检测波长为254 nm,进样量为10 μL。

操作步骤

1. 内标标准溶液的配制

按照每10μL中含维生素 B_1、维生素 B_6、维生素 B_{12} 1200 ng、1300 ng、500 ng计算,用流动相配置内标溶液,并分别稀释为1/2、1/3、1/4、1/5备用。

2. 混合样品的配制

一定量的维生素 B_6 和维生素 B_{12} 溶于流动相,其中加入内标物维生素 B_1(0.1 mg·L^{-1}),充分摇匀后备用。

3. 分析测定

(1) 准备流动相:配制流动相1000 mL,混合均匀后用0.45 μm滤膜过滤,脱气。

(2) 按照仪器操作程序步骤开机,设定参数,进行分析,采集数据。

4. 方法的线性范围

以一系列不同浓度的标准溶液进行测定，以内标法测定标样及样本的峰面积，确定方法的线性范围。

5. 结果

1）方法的线性范围

根据 5 个浓度梯度的标准溶液线性范围测定结果作图，得到回归曲线。

2）几种水溶性维生素含量的测定

测定混合样品中的成分含量。

思考题

1. 高效液相色谱的分离原理是什么？
2. 高效液相色谱常用的检测器有哪几种？实验中所用检测器是哪种？
3. 维生素 B_1、维生素 B_6 及维生素 B_{12}能不能用气相色谱分离测定？为什么？

高效液相色谱实验报告

姓名　　　　班级　　　　学号　　　　合作者　　　　日期

<table>
<tr><td>色谱柱规格
固定相
流动相
检测波长/nm</td><td></td><td>色谱柱温度/℃
进样量/μL
流动相速度/(mL · min^{−1})
仪器</td><td></td></tr>
<tr><td>测试物</td><td>维生素 B_1</td><td>维生素 B_6</td><td>维生素 B_{12}</td></tr>
<tr><td>保留时间 t_r/min</td><td></td><td></td><td></td></tr>
<tr><td>混合试样定量结果 $mg \cdot L^{-1}$</td><td></td><td></td><td></td></tr>
</table>

实验五十五 土壤水分的测定

实验目的

1. 掌握测定样品中水分含量的方法。
2. 学习干燥器和烘箱的使用。

实验原理

测定各种样品中水分的目的是：确定样品的实际含水量；确定样品中干物质含量；以全干样品为基础来计算各成分的质量分数；确定某些样品是否保持一定的含水量。

土壤、肥料、农药、植物、粮食等固态物质中的水分一般分为 4 种：自由水、吸湿水、结晶水、组成水。

自由水是物质中游离状态的水分，其含量随干燥程度而改变。

吸湿水是物质从空气中吸收的水分，其含量因物质的性质、细碎程度（总表面的大小）、温度及空气的湿度等条件而改变，没有化学数量关系。

结晶水是结晶水合物内部的水分，其含量符合一定的化学式，有一定的化学数量关系。

组成水是化合物中化学结合的氢或氢氧根的形式，只有在高温分解时才形成水而放出。

自由水和吸湿水的总量通常称为含水量或水分。

测定水分的方法很多，最基本、最常用的是常压恒温干燥法（汽化法）。方法是：将一定量的试样放入已恒量（称量时，前后两次质量差不大于 0.3 mg 即可认为恒量）的容器（如坩埚、称量瓶、水分皿、铝盒等）内，再放入烘箱，控制一定温度[(105～125 ℃)±2 ℃]和一定时间（0.5～8 h），使样品受热，水分汽化而失去，取出样品放入干燥器内保持一定时间（30～40 min）至室温，再称其质量，恒量后，前后差即为水分含量。这种方法准确度高，适用于不含易热解和易挥发成分的样品。

田间土壤的含水量（包括自由水与吸湿水）表明土壤的干湿程度，是决定是否需要灌溉的一项重要参考数据。

土壤分析中必须测定土壤样品的水分。因为只有在一定的水分基础上，才能比较各个样品间某成分的含量高低。

采用烘干法测定土壤水分的主要误差来源是有机质的分解或氧化。土壤中有些有机质（如腐殖酸等）在长时间烘烤中，可能逐渐分解而引起正误差；有些有机质（如有机碳等）则可能氧化而增重，引起负误差。因此，测定水分时的条件，如称出样品的多少、水分皿的规格、烘烤温度和时间等都是根据经验而人为规定的。

实验仪器

水分皿，干燥器，烘箱，分析天平。

实验步骤

(1) 取两个水分皿，在磨口部分用铅笔编号，洗净。将盖斜放在瓶口上，放入烘箱，在 105～110 ℃烘干 2 h。

(2) 用坩埚钳将水分皿取出放入干燥器内，冷却至室温（30～40 min）。

(3) 打开干燥器，将水分皿的盖盖上，然后取出，放在分析天平上准确称量，记录数据。

(4) 再将水分皿放入烘箱，105～110 ℃烘干 30 min，用坩埚钳取出放入干燥器中，冷却至室温，称量。如此反复直至恒量（前后质量之差不大于 0.3 mg）。

(5) 在上述已恒量的水分皿中，放入 2～3 g 土壤样品，在分析天平上称量，记录数据。

(6) 将装入土壤样品的水分皿盖斜放在瓶口上，然后将盛样品的水分皿放入已热至 105～110 ℃的烘箱中烘烤 6h。注意中途不得打开烘箱门，以免温度下降。

(7) 用坩埚钳取出水分皿放入干燥器内冷却至室温(30～40 min)。

(8) 打开干燥器，将盛样品的水分皿盖盖上，然后取出，放在天平上称量，记录数据。

(9) 再按上述“(6)”操作，将样品烘烤 2 h，再取出冷却，称量。如此反复直至恒量。

计算气干和全干样品的水分质量分数的公式为

$$w(H_2O)(\text{气干计})=\frac{\text{水分质量}}{\text{称取样品质量}}$$

$$w(H_2O)(\text{全干计})=\frac{\text{水分质量}}{\text{烘干后样品质量}}$$

土壤中水分测定报告示例

		Ⅰ	Ⅱ
水分皿质量/g	第一次	8.1322	9.1143
	第二次	8.1322*	9.1142*
水分皿与土样质量/g		10.5892	11.6782
称出土样质量/g		2.4570	2.5640
干燥后水分皿与土样质量/g	第一次	10.3783	11.4582
	第二次	10.3782	11.4577*
	第三次	10.3781*	11.4578
水分质量/g		0.2111	0.2204
烘干后土样质量/g		2.2459	2.3436
$w(H_2O)$(气干计)/%		8.592	8.596
平均值/%		8.594	
$w(H_2O)$(全干计)/%		9.399	9.404
平均值/%		9.402	
相对偏差/%		0.05	

带 * 号的数字是计算时应选取的数字。

注:干燥器的使用请参阅第二章第八节“三”。

思考题

结合本实验的操作，说明使用干燥器过程中应注意什么问题？

第六章　综合性及设计性实验

实验五十六　三草酸合铁(Ⅲ)酸钾的制备、组成分析及性质

实验目的

1. 学习三草酸合铁(Ⅲ)酸钾的制备方法及用 $KMnO_4$ 法测定 $C_2O_4^{2-}$ 和 Fe^{2+} 的原理和方法。

2. 了解三草酸合铁酸钾的性质。

3. 综合训练无机合成及质量分析、滴定分析的基本操作，掌握确定化合物组成和化学式的原理和方法。

4. 加深理解制备过程中化学平衡原理的应用。

实验原理

三草酸合铁(Ⅲ)酸钾 $K_3[Fe(C_2O_4)_3]\cdot 3H_2O$ 是一种翠绿色单斜晶系晶体，易溶于水(0 ℃时，4.7g · 100 g^{-1} 水；100 ℃时，117.7g · 100 g^{-1} 水)，难溶于有机溶剂，是一些有机反应很好的催化剂，也是制备负载型活性铁催化剂的主要原料，因而具有工业生产价值。

目前，制备三草酸合铁(Ⅲ)酸钾的工艺路线有多种。本实验采用：首先利用自制的硫酸亚铁铵与草酸反应制备出草酸亚铁晶体，并用倾析法洗去杂质。然后在过量草酸(乙二酸)根存在下，用过氧化氢氧化草酸亚铁即可制得三草酸合铁(Ⅲ)酸钾配合物。加入乙醇后，从溶液中析出 $K_3[Fe(C_2O_4)_3]\cdot 3H_2O$ 晶体。反应式如下：

$$(NH_4)_2Fe(SO_4)_2\cdot 6H_2O+H_2C_2O_4 \longrightarrow FeC_2O_4\cdot 2H_2O\downarrow+(NH_4)_2SO_4+H_2SO_4+4H_2O$$

$$2FeC_2O_4\cdot 2H_2O+H_2O_2+3K_2C_2O_4+H_2C_2O_4 \longrightarrow 2K_3[Fe(C_2O_4)_3]\cdot 3H_2O$$

该配合物极易感光，室温下光照变黄色，进行下列光化学反应：

$$2[Fe(C_2O_4)_3]^{3-} \xlongequal{h\nu} 2FeC_2O_4+3C_2O_4^{2-}+2CO_2\uparrow$$

它在日光或强光照射下分解生成的草酸亚铁，遇六氰合铁(Ⅲ)酸钾生成滕氏蓝，反应式为

$$3FeC_2O_4+2K_3[Fe(CN)_6] \xlongequal{} Fe_3[Fe(CN)_6]_2+3K_2C_2O_4$$

因此，在实验室中可做成感光纸，进行感光实验。另外，由于它的光化学活性，能定量进行光化学反应，常用作化学光量计。

该配合物的组成可用重量分析和滴定分析方法确定。

1. 重量分析法测定结晶水含量

将一定质量的 $K_3[Fe(C_2O_4)_3]\cdot 3H_2O$ 晶体，在 110 ℃下干燥脱水后称量，便可计算结晶水的含量。

2. 用高锰酸钾法测定草酸根含量

草酸根在酸性介质中可被高锰酸钾定量氧化，反应式为

$$5C_2O_4^{2-}+2MnO_4^-+16H^+ = 2Mn^{2+}+10CO_2\uparrow+8H_2O$$

用已知准确浓度的 $KMnO_4$ 标准溶液滴定 $C_2O_4^{2-}$。由消耗的高锰酸钾的量，便可计算出 $C_2O_4^{2-}$ 的含量。

3. 铁含量的测定

先用过量的还原剂锌粉将 Fe^{3+} 还原成 Fe^{2+}，然后将剩余锌粉过滤掉，用 $KMnO_4$ 标准溶液滴定 Fe^{2+}，反应式为

$$Zn+2Fe^{3+} = 2Fe^{2+}+Zn^{2+}$$

$$5Fe^{2+}+MnO_4^-+8H^+ = 5Fe^{3+}+Mn^{2+}+4H_2O$$

由消耗 $KMnO_4$ 溶液的体积计算出含铁量。

4. 钾含量的测定

根据配合物中铁、草酸根、结晶水的含量便可计算出钾的含量。

由上述测定结果推断三草酸合铁(Ⅲ)酸钾的化学式为

$$K^+ : C_2O_4^{2-} : H_2O : Fe^{3+} = \frac{m(K^+)}{39.1} : \frac{m(C_2O_4^{2-})}{88.0} : \frac{m(H_2O)}{18.0} : \frac{m(Fe^{3+})}{55.8}$$

实验仪器及试剂

酸式滴定管，烘箱，分析天平，移液管，容量瓶，烧杯，锥形瓶，量筒，台秤，称量瓶，表面皿，滤纸，布氏漏斗，抽滤瓶。

$KMnO_4$(s)(A. R.)，自制 $(NH_4)_2Fe(SO_4)_2\cdot 6H_2O$(s)，锌粉，$H_2SO_4$(3 mol · L^{-1})，饱和 $K_2C_2O_4$ 溶液，$H_2C_2O_4$(1 mol · L^{-1})，H_2O_2(3%)，乙醇(95%)，$Na_2C_2O_4$(s)(A. R.)，铁氰化钾(s)(A. R.)，六氰合铁酸钾(3.5%)。

实验步骤

1. 三草酸合铁(Ⅲ)酸钾的制备

在 200 mL 烧杯中依次加入 5.0 g(台秤称取)自制的硫酸亚铁铵固体、15 mL

去离子水和 1 mL 3 mol·L^{-1} H_2SO_4，加热溶解后，再加入 25 mL 1 mol·L^{-1} $H_2C_2O_4$，加热至沸，搅拌片刻，静置。待黄色晶体沉降后弃去上层清液。在沉淀上加入 20 mL 去离子水，搅拌并温热，静置后倾出上层清液。再洗涤一次以除去可溶性杂质。

在上述沉淀中加入 10 mL 饱和 $K_2C_2O_4$ 溶液，水浴加热 40 ℃，用滴管缓慢滴加 20 mL 3%H_2O_2，不断搅拌并维持温度 40 ℃左右，使 Fe^{2+} 充分被氧化为 Fe^{3+}，加完后，将溶液加热至沸以除去过量的 H_2O_2（煮沸时间不宜过长，H_2O_2 分解基本完全即停止加热）。并逐滴加入 8 mL 1 mol·$L^{-1}$$H_2C_2O_4$，使沉淀溶解，此时应快速搅拌（或用电磁搅拌器）。然后，将溶液过滤，在滤液中加入 10 mL 95%的乙醇。若滤液中已出现晶体可温热使生成的晶体溶解。冷却，结晶，抽滤至干。称量，计算产率，晶体置于干燥器内避光保存。

2. 三草酸合铁(Ⅲ)酸钾的组成分析

将所得产品用研钵研成粉状，储存备用。

1) 结晶水含量的测定

将两个称量瓶放入烘箱中，在 110 ℃下干燥 1 h，然后放于干燥器中冷却至室温，称量。重复上述操作，直至恒量（两次称量相差不超过 0.3 mg）。

准确称取 0.5～0.6 g 产物两份，分别放入两个已恒量的称量瓶中（注意应编号）。置于烘箱中，在 110 ℃下烘干 1 h，在干燥器中冷至室温，称量。重复干燥、冷却、称量等操作，直至恒量。

根据称量结果，计算结晶水含量（以质量分数计）。

2) 草酸根含量的测定

(1) 0.02 mol·$L^{-1}$$KMnO_4$ 标准溶液的配制及标定详见实验三十四。

(2) $C_2O_4^{2-}$ 含量的测定。准确称取 0.18～0.22 g 干燥过的 $K_3[Fe(C_2O_4)_3]$ 样品 3 份，分别放入 3 个锥形瓶中（编号），各加入约 30mL 去离子水和 10 mL 3 mol·L^{-1} H_2SO_4。将溶液加热至 75～85 ℃（不高于 85 ℃），用 0.02 mol·L^{-1}，$KMnO_4$ 标准溶液趁热滴定，开始反应速率很慢，故第 1 滴滴入后，待紫红色褪去，再滴第 2 滴，溶液中产生 Mn^{2+} 后，由于 Mn^{2+} 的催化作用反应速率加快，但滴定仍需逐滴加入，直到溶液呈粉红色且 30 s 内不褪色，即为终点。记录 $KMnO_4$ 标准溶液的消耗体积，计算出 $C_2O_4^{2-}$ 的质量分数。3 次平行测定结果的相对极差应不大于 0.3%。滴定完的溶液保留待用。

(3) 铁含量的测定。将上述保留溶液中加入过量的还原剂锌粉，直到黄色消失。加热溶液近沸，使 Fe^{3+} 还原为 Fe^{2+}，趁热过滤除去多余的锌粉。滤液用另一干净的锥形瓶盛放，洗涤锌粉，使 Fe^{2+} 定量转移到滤液中，再用 $KMnO_4$ 溶液滴至粉红色且 30s 内不褪色。记录消耗 $KMnO_4$ 标准溶液的体积，计算出铁的质量分数。3 次平行测定的结果的相对极差应不大于 0.3%。

由测得的 $C_2O_4^{2-}$、H_2O、Fe^{3+} 的质量分数可计算出 K^+ 的质量分数，从而确定配合物的组成及化学式。

3. 三草酸合铁(Ⅲ)酸钾的性质

(1) 将少量产品放在表面皿上，在日光下观察晶体颜色变化。与放在暗处的晶体比较。

(2) 制感光纸。按三草酸合铁(Ⅲ)酸钾 0.3 g、铁氰化钾 0.4 g、水 5 mL 的比例配成溶液，涂在纸上即成感光纸。附上图案，在日光(或红外灯光)直照下数秒，曝光部分呈深蓝色，被遮盖的部分就显影出图案来。

(3) 配感光液。取 0.3～0.5 g 三草酸合铁(Ⅲ)酸钾，加 5mL 去离子水配成溶液，用滤纸条做成感光纸。同上操作。曝光后去掉图案，用约 3.5%六氰合铁(Ⅲ)酸钾溶液湿润或漂洗即显影映出图案来。

思考题

1. 制备该配合物时加入 3%H_2O_2 后为什么要煮沸溶液？煮沸时间过长对实验有何影响？
2. 在制备的最后一步能否用蒸干的办法来提高产率？为什么？
3. 最后在溶液中加入乙醇的作用是什么？
4. 影响三草酸合铁(Ⅲ)酸钾产率的主要因素有哪些？
5. 三草酸合铁(Ⅲ)酸钾见光易分解，应如何保存？

实验五十七　磺基水杨酸合铜(Ⅱ)配合物的组成及稳定常数的测定

实验目的

1. 了解分光光度法测定溶液中配合物的组成及稳定常数的原理。
2. 进一步练习滴定管、吸量管、酸度计、分光光度计的使用。
3. 巩固溶液的配制，液体的移取操作。

实验原理

由朗伯-比尔定律知：一束平行的单色光垂直照射某有色溶液时，有色物质对光有一定程度的吸收，它的吸收程度(用吸光度 A 表示)与液层厚度 b 和浓度 c 的乘积成正比：

$$A=\varepsilon b c \tag{6-1}$$

式中：b 单位是 cm；c 的单位是 $mol \cdot L^{-1}$，ε 称摩尔吸光系数，单位为 $L \cdot mol^{-1} \cdot$

cm^{-1}。当波长一定时，它是有色物质的特征常数。若液层厚度不变，由式(6－1)可知吸光度 A 只与有色物质的浓度 c 成正比。

如果某体系中形成的有色配合物对光的吸收遵从朗伯-比尔定律，如磺基水杨酸合铜(Ⅱ)，则可以用分光光度法测定其组成。分光光度法包括等物质的量系列法、斜率法和平衡移动法等，每种方法都有一定的适用范围。本实验采用等物质的量系列法测定磺基水杨酸合铜(Ⅱ)配合物的组成及稳定常数。

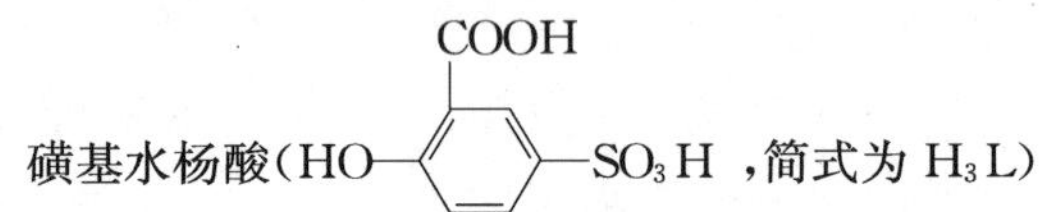

与 Cu^{2+} 在 pH 5.0 以下只形成配位比为 1∶1的亮绿色的配离子，且在此酸度下选用波长(λ)为 440 nm 的单色光照射，H_3L 不吸收，Cu^{2+} 对光也几乎不吸收，而它们的配合物有强吸收。

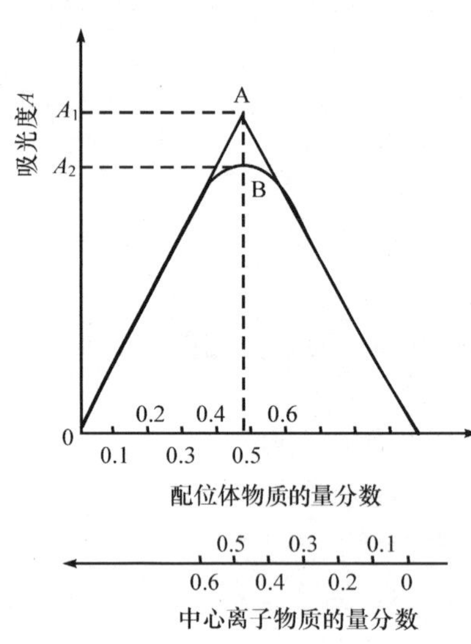

图 6－1　等物质的量系列法

等物质的量系列法：保持溶液中心离子 M 的浓度 $c(\mathrm{M})$ 与配体 L 的浓度 $c(\mathrm{L})$ 之和不变，即 $c(\mathrm{M})+c(\mathrm{L})=$ 常数，连续改变溶液中 $c(\mathrm{M})$ 和 $c(\mathrm{L})$ 的相对量，配制一系列溶液。很明显，这一系列溶液中，有一些溶液是中心离子过量，还有一些溶液是配体过量。这两部分溶液中配离子的浓度都不可能达到最大值，只有当溶液中的中心离子与配位体的物质的量之比与配位比一致时，配离子的浓度才能最大，其吸光度值也就最大。以吸光度 A 对配位体的物质的量分数作图，如图 6－1 所示，则从图上最大吸收峰处求得配离子的配位数值。

$$\text{配位体的物质的量分数}=\frac{\text{配位体的物质的量}}{\text{总物质的量}}=0.5$$

$$\text{中心离子物质的量分数}=\frac{\text{中心离子物质的量}}{\text{总物质的量}}=0.5$$

$$\text{配位数 } n=\frac{\text{配位体物质的量分数}}{\text{中心离子物质的量分数}}=\frac{0.5}{0.5}=1$$

由此可知该配合物的配比为 1∶1，组成为 ML。

从图 6－1 可以看出，当 M 浓度 $c(\mathrm{M})$ 较低、L 浓度 $c(\mathrm{L})$ 较高，或 $c(\mathrm{M})$ 较高、$c(\mathrm{L})$ 较低时，吸光度 A 值与配合物浓度 $c(\mathrm{ML})$ 几乎成直线关系；当 $c(\mathrm{M})$ 与 $c(\mathrm{L})$ 之比接近配合物组成时，A 与 $c(\mathrm{ML})$ 之间出现近于平坦曲线关系。图 6－1 中 A 点为曲线两侧直线部分延长线交点，它相当于配合物在溶液中完全不解离时的吸光

度的极大值 A_1。B 点则为实验测得的吸光度最大值 A_2，显然，配合物越不稳定，解离程度越大，A_1 与 A_2 差值越大，所以对于配位平衡：

$$M + L \rightleftharpoons ML$$

其绝对稳定常数为

$$K_f^\ominus = \frac{c(ML)/c^\ominus}{(c(L)/c^\ominus) \cdot (c(M)/c^\ominus)} \tag{6-2}$$

式中：$c(ML)$、$c(M)$、$c(L)$ 分别为平衡时配离子、中心离子、配体的浓度；$c^\ominus$ 为标准浓度。

在实验条件下测定的配合物的稳定常数：如 pH 5.0 时，测定磺基水杨酸合铜(Ⅱ)配合物的稳定常数，就要考虑酸度对它的影响，即配体要发生副反应。实际上得到的是它的条件(表观)稳定常数 K。K'_f 与 $K_f^\ominus$ 之间有如下关系：

$$K'_f = \frac{K_f^\ominus \cdot \alpha(ML)}{\alpha(M) \cdot \alpha(L)}$$

式中：$\alpha(ML)$、$\alpha(M)$、$\alpha(L)$ 分别为配合物、中心形成体、配体的副反应系数。pH 5.0时，$\alpha(ML)$、$\alpha(M)$ 均为 1，即磺基水杨酸合铜(Ⅱ)及 Cu^{2+} 均没有副反应。因此上式可写成

$$K'_f = \frac{K_f^\ominus}{\alpha(L)} \tag{6-3}$$

其中

$$\alpha(L) = \frac{c'(L)}{c(L)} \tag{6-4}$$

式(6-4)表示未参加配位反应的配体的总浓度 $c'(L)$，是配体平衡浓度 $c(L)$ 的多少倍。由于磺基水杨酸是二元弱酸：$K_{a_1}^\ominus = 4.7 \times 10^{-3}$，$K_{a_2}^\ominus = 4.8 \times 10^{-12}$。当溶液的酸度一定时

$$\alpha(L) = 1 + \frac{c(H^+)}{K_{a_2}^\ominus} + \frac{c^2(H^+)}{K_{a_1}^\ominus \cdot K_{a_2}^\ominus} \tag{6-5}$$

即为定值。而磺基水杨酸发生以下副反应：

$$L + H \rightleftharpoons HL$$

$$HL + H \rightleftharpoons H_2L$$

所以式(6-4)中 $c'(L)$ 是溶液中 H_2L、HL、L 的平衡浓度之和。而各种型体的平衡浓度 $c(H_2L)$、$c(HL)$ 和 $c(L)$ 又与其分布系数 δ 有关：

$$c(H_2L) = \delta(H_2L) \cdot c_0(H_2L)$$

$$c(HL) = \delta(HL) \cdot c_0(H_2L)$$

$$c(L) = \delta(L) \cdot c_0(H_2L) \tag{6-6}$$

式(6-6)中 $c_0(H_2L)$ 为磺基水杨酸的分析浓度即起始浓度。$\delta(H_2L)$、

$\delta(HL)$、$\delta(L)$分别为 H_2L、HL、L 型体的分布系数。δ 与溶液的酸度有关：

$$\delta(L)=\frac{K_{a_1}^{\ominus}\cdot K_{a_2}^{\ominus}}{c^2(H^+)+c(H^+)\cdot K_{a_1}^{\ominus}+K_{a_1}^{\ominus}\cdot K_{a_2}^{\ominus}} \tag{6-7}$$

当溶液酸度一定时，$\delta(L)$为定值。若给定 $c_0(HL)$，由式(6－6)即可求出 $c(L)$，再根据式(6－5)和式(6－4)求出 $c(L)$。

在两种组成不同的 a、b 溶液中，如具有相同的吸光度，则该溶液中配合物的量必然相等。

设配合物的浓度为 c_x，则

$$K_f'=\frac{\frac{c_x}{c^{\ominus}}}{\frac{c_a(M)-c_x}{c^{\ominus}}\cdot\frac{c_a(L')}{c^{\ominus}}}=\frac{\frac{c_x}{c^{\ominus}}}{\frac{c_b(M)-c_x}{c^{\ominus}}\cdot\frac{c_b(L')}{c^{\ominus}}} \tag{6-8}$$

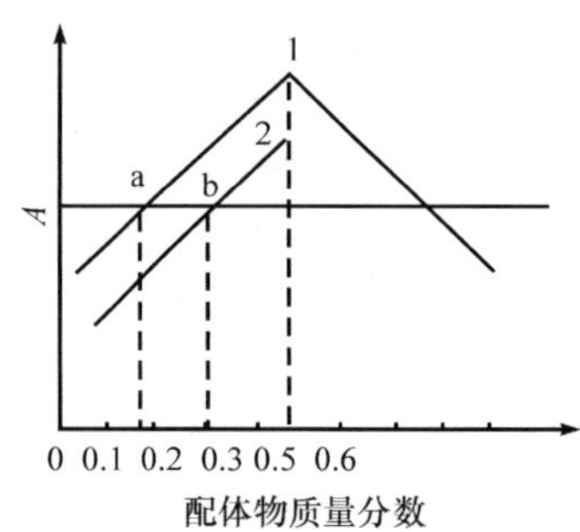

图 6－2　吸光度-配体物质的量分数

式中：$c_a(M)$和 $c_b(M)$分别为 a 和 b 两溶液中中心离子的起始浓度；$c_a(L')$和 $c_b(L')$分别为 a 和 b 溶液中配体的平衡浓度，即由式(6－4)求出的 $c(L)$。

由于组成为 ML 型的配合物的稳定常数 K'_f 不能通过任取同一条吸光度-配体物质的量分数曲线上相同吸光度的两点来算，所以需将某一种溶液稀释后，再测出吸光度，由不同组成的吸光度-配体物质的量分数曲线上找出相同吸光度的两点来计算 K。如图 6－2 所示。这样通过式(6－8)可计算出 c_x，将 $c_{x,a}$或 $c_{x,b}$两溶液中的任一$c(M)$、$c(L')$值代入式(6－8)可求出 K_f'。

将 $c(L)$、K_f'代入式(6－3)可求出 $K_f^{\ominus}$。

离子强度对溶液中配合物稳定常数的测定影响很大，实验时一般要求用 KNO_3(或 $NaClO_4$)来维持一定的离子强度。

实验仪器与试剂

721 型分光光度计，pHs-2C 型酸度计，电磁搅拌器，吸量管，容量瓶(50mL)，小烧杯(50mL)，酸式滴定管。

$Cu(NO_3)_2$ 溶液(0.05 mol·L^{-1})，磺基水杨酸(0.05 mol·L^{-1})，NaOH 溶液(0.05 mol·L^{-1}，1 mol·L^{-1})，HNO_3(0.01 mol·L^{-1})，KNO_3(0.1 mol·L^{-1})，pH 5.0的 HNO_3 溶液。

实验步骤

(1) 系列溶液的配制。取 13 个小烧杯按表 6－1 所列体积比配制 $Cu(NO_3)_2$

和磺基水杨酸的混合溶液。

$Cu(NO_3)_2$ 溶液(0.05 mol·L^{-1})和磺基水杨酸溶液(0.05 mol·L^{-1})均用酸式滴定管放取。

表 6-1　系列溶液的配制

溶液编号	1	2	3	4	5	6	7	8	9	10	11	12	13
$V[Cu(NO_3)_2]$/mL	0.00	2.00	4.00	6.00	8.00	10.00	12.00	14.00	16.00	18.00	20.00	22.00	24.00
$V(H_2)$/mL	24.00	22.00	20.00	18.00	16.00	14.00	12.00	10.00	8.00	6.00	4.00	2.00	0.00
H_2L 摩尔分数 $=\frac{V(H_3L)}{V(H_3L)+V[Cu(NO_3)_2]}$													
HNO_3 释释前吸光度 A													
稀释后吸光度 A													

(2) 分别将上述溶液的 pH 调至 4.5～5.0。在 1 号溶液中插入电极,与酸度计连接,在电磁搅拌器的搅拌下,逐滴加入 1 mol·L^{-1} NaOH 溶液,待 pH 调至 4 左右时改用 0.05 mol·L^{-1} NaOH 溶液调节,直至 pH 为 4.5～5.0,若 pH 超过 5.0,用 0.01 mol·L^{-1} HNO_3 溶液调回。

将调好 pH 的溶液转移至预先编为 1 号的容量瓶中(50 mL),然后用 0.1 mol·L^{-1} KNO_3 溶液调至刻度线,摇匀备用。

重复上述操作,依次将 2～13 号溶液配制成所需的溶液,转入编号对应的容量瓶内,摇匀。

(3) 用 721 分光光度计,选用 440 nm 波长,分别测出上述备用液的吸光度 A,并记录在表 6-1 中。

(4) 从测过 A 值的 2～7 号溶液中,用移液管吸取各溶液 10.00 mL,分别置于已编号的 25 mL 容量瓶中,用 pH 5.0 HNO_3 溶液稀释至刻度,摇匀备用。

(5) 在波长为 440 nm 的条件下,用 721 分光光度计测出步骤(4)配制的备用液的吸光度值。将数据记录在表 6-1 中。

(6) 数据处理:根据表中数据作出两条吸光度-配体物质的量分数曲线,求出配位比 n 值和 $K_f^{\ominus}$ 及 $K_f'^{\ominus}$ 值。

思考题

1. 用等物质的量系列法测定配合物组成时,为什么说溶液中中心离子的物质的量与配位体的物质的量之比正好与配离子组成相同时,配离子的浓度最大?

2. 在实验中,每瓶溶液的 pH 是否一样?如不一样,对结果有何影响?

3. 使用分光光度计应注意什么?

4. 如果溶液中同时有几种不同组成的有色配合物存在，能否用本实验方法测定它们的组成和稳定常数？为什么？

实验五十八 设计实验

实验目的

通过对具体物质分析方案的设计，培养学生分析问题和解决问题的能力；同时加深对理论知识的理解和应用，做到理论联系实际。

要求学生通过查阅有关资料自行设计实验方案，经指导教师审阅同意后，独立完成实验和实验报告。

分析方案的综合设计

一种物质分析方案的综合设计，应考虑以下几个主要问题：

1. 样品的采集（采样）

采样是分析程序中极重要的一环，采样不正确，测定再准确也徒劳，甚至可能得出错误的结论。因此，所采集的样品必须具有代表性。根据分析对象是气体、液体或固体，采用不同的采样方法。必要时应查阅有关资料。

2. 试样的分解

试样在分析前必须分解制备成溶液。按所用溶剂的不同，分解方法可分为水溶、酸溶和熔融（碱溶）法。常用的是水溶和酸溶。应根据分析对象和分析方法来选择溶剂。

在基础分析化学的综合设计中，若试样为矿石，则往往需用熔融法才能将试样溶解完全。若为无机盐类，可用水溶解，但应注意离子的水解和生成碱式盐沉淀等问题（如 BiOCl）。

稀 HCl、稀 HNO_3 能溶解许多试样。当有难溶于稀酸的物质存在时，可用浓酸溶解。用 HNO_3 溶解时，HNO_3 有氧化性，应注意可变价离子的变价可能性。如果试样中有铅元素，则不能用含 H_2SO_4 的溶剂溶解，因为这时会析出 $PbSO_4$ 沉淀。

3. 试样的成分分析

未知成分的试样，应用定性分析方法进行鉴定，在确定成分后进行含量测定。

4. 分析方法的选择

从分析对象来说，应考虑是有机物试样还是无机物试样。从要求分析的组分来说，有主量分析和全量分析。从所测组分的含量来说，有常量分析和微量分析的问题，需要决定是选择适合常量分析的滴定分析法、重量分析法，还是选用微量分析法（如分光光度法等）。此外，现代分析中还有状态分析、表面分析和微区分析等。

在用滴定分析法进行分析时，应特别注意浓度、温度、酸度和干扰物质的影响。

在设计分析方案时，滴定剂的浓度和被滴物取样量一般为：酸碱、氧化还原、沉淀滴定均按 $0.1\ mol \cdot L^{-1}$浓度来设计和取量；而配位滴定，是以 $0.01\ mol \cdot L^{-1}$浓度考虑取量。

对于试样中的干扰组分应设法消除其干扰。消除干扰的方法主要有两种：一种是分离法；另一种是掩蔽法。常用的分离方法有沉淀分离法、萃取分离法和色谱分离法等。常用的掩蔽方法有沉淀掩蔽法、络合掩蔽法和氧化还原掩蔽法等。

根据待测组分的性质、含量和对分析结果的要求以及实验室的具体情况，选择最合适的分析方法。

5. 分析方案的设计要求

设计分析方案要求具体、详细。内容应包括：

（1）原理。根据学过的理论知识加以阐明、论述。如酸碱滴定法，应阐明选用的标准溶液（包括标准溶液的配制和标定）、滴定反应、化学计量点的 pH 计算、滴定终点的指示（是选择合适的酸碱指示剂，还是用电位法指示滴定终点）以及滴定方式等。

（2）所用仪器和试剂（规格）。

（3）实验步骤包括取样、标液的配制及标定、试样组分的鉴定和组分含量的测定。

（4）测定结果和数据处理。

（5）讨论滴定误差、心得体会及注意事项。

分析方案设计的题目举例

1. 滴定分析部分

1）酸碱滴定法

（1）乙二酸试样中 $H_2C_2O_4$ 质量分数的测定。

（2）NaH_2PO_4-Na_2HPO_4 混合液中各组分含量的测定。

（3）NH_3-NH_4Cl 混合液中各组分含量的测定。

（4）HAc-NaAc 混合液中各组分含量的测定。

（5）NaOH-Na_2CO_3 固体试样中各组分含量的测定。

2）配位滴定法

（1）Ca^{2+}-EDTA 混合液中各组分含量的测定。

（2）Zn^{2+}-EDTA 混合液中各组分含量的测定。

（3）Cu^{2+}-Pb^{2+}混合液中 Cu^{2+}、Pb^{2+}含量的测定。

（4）石灰石中 Ca^{2+}、Mg^{2+}含量的测定。

（5）黄铜中 Cu、Zn 含量的测定。

3）氧化还原滴定法

（1）KIO_3-KI 混合液中各组分含量的测定。

（2）褐铁矿中铁含量的测定。

（3）钢铁试样中 Cr、Mn 含量的测定。

（4）植物中还原糖的测定。

4）沉淀滴定法

（1）NaCl-Na_2SO_4 混合液中 SO_4^{2-}、Cl^-含量的测定。

（2）银合金中银含量的测定。

2. 重量分析法

（1）可溶性钡化合物中钡含量的测定。

（2）钢铁中镍含量的测定。

（3）植物或肥料中钾的测定。

3. 微量分析中的分光光度法

（1）水中铜的测定。

（2）水中六价铬的测定。

（3）双硫腙法测定水中汞含量。

4. 混合离子的分离及鉴定

（1）如何证明一晶体是明矾？

（2）已知混合液的分离和鉴定：

Cd^{2+}、Al^{3+}、Zn^{2+}、Ca^{2+}、Fe^{3+}、NH_4^+混合液；

SO_4^{2-}、PO_4^{3-}、SO_3^{2-}、CO_3^{2-}、NO_3^-、Cl^-的混合液。

（3）未知混合液的分离和鉴定：可能含有 Hg^{2+}、Cu^{2+}、Al^{3+}、Fe^{3+}、Zn^{2+}、Sn^{4+}、Ba^{2+}、NH_4^+、Cu^{2+}混合液。

5. 综合性设计实验

（1）Na_2CO_3 的制备与分析。

(2) 五水硫酸铜晶体的制备及结晶水含量的测定。

(3) 硫代硫酸钠的制备和应用(由 Na_2S-$Na_2S_2O_3$)。

(4) 三氯化六氨合钴(Ⅲ)的合成和组成测定。

(5) 从烂板液中回收硫酸铜和氯化亚铁。

(6) 生物体中钙、铁、磷元素的定性鉴定。

参考文献

北京大学化学系分析化学教研室．1998. 基础分析化学实验. 第 2 版. 北京:北京大学出版社

北京师范大学无机化学教研室. 1991. 无机化学实验. 第 2 版．北京:高等教育出版社

陈荣三,黄孟健,钱可萍. 1978. 无机及分析化学实验．北京:高等教育出版社

高歧. 2004. 分析化学. 北京:高等教育出版社

史启祯,肖新亮. 1995. 无机化学和化学分析实验. 北京:高等教育出版社

孙凤霞. 2004. 仪器分析. 北京:化学工业出版社

王希通. 1995. 无机化学实验. 第 2 版. 北京:高等教育出版社

武汉大学．1994. 分析化学实验. 第 3 版. 北京:高等教育出版社

徐勉懿,方国春,潘祖亭等. 1991. 无机及分析化学实验．武汉:武汉大学出版社

袁书玉. 1996. 无机化学实验. 北京:清华大学出版社

张剑荣等. 1999. 仪器分析试验. 北京:科学出版社

赵士铎. 1996. 定量分析. 北京:中国农业科技出版社

附　　录

附录1　不同温度下水的饱和蒸汽压

温度/℃	压力/mmHg	压力/kPa	温度/℃	压力/mmHg	压力/kPa	温度/℃	压力/mmHg	压力/kPa
−10	2.149	0.2865	32	35.663	4.7547	74	277.2	36.96
−9	2.326	0.3101	33	37.729	5.0301	75	289.1	38.54
−8	2.514	0.3352	34	39.898	5.3193	76	301.4	40.18
−7	2.715	0.3620	35	42.175	5.6228	77	314.1	41.88
−6	2.931	0.3908	36	44.563	5.9412	78	327.3	43.64
−5	3.163	0.4217	37	47.067	6.2751	79	341.0	45.46
−4	3.410	0.4546	38	49.692	6.6250	80	355.1	47.34
−3	3.673	0.4897	39	52.442	6.9917	81	369.7	49.29
−2	3.956	0.5274	40	55.324	7.3759	82	384.9	51.32
−1	4.258	0.5677	41	58.34	7.778	83	400.6	53.41
0	4.579	0.6165	42	61.50	8.199	84	416.8	55.57
+1	4.926	0.6567	43	64.80	8.639	85	433.6	57.81
2	5.294	0.7058	44	68.26	9.100	86	450.9	60.11
3	5.685	0.7579	45	71.88	9.583	87	468.7	62.49
4	6.101	0.8134	46	75.65	10.08	88	487.1	64.94
5	6.543	0.8723	47	79.60	10.61	89	506.1	67.47
6	7.013	0.9350	48	83.71	11.16	90	525.76	70.095
7	7.513	1.002	49	88.02	11.74	91	546.05	72.800
8	8.045	1.072	50	92.51	12.33	92	566.99	75.592
9	8.609	1.148	51	97.20	12.96	93	588.60	78.473
10	9.209	1.228	52	102.09	13.611	94	610.90	81.446
11	9.844	1.312	53	107.20	14.292	95	633.90	84.513
12	10.518	1.4023	54	112.51	15.000	96	657.62	87.675
13	11.231	1.4973	55	118.04	15.737	97	682.07	90.935
14	11.987	1.5981	56	123.80	16.505	98	707.27	94.294
15	12.788	1.7049	57	129.82	17.308	99	733.24	97.757
16	13.634	1.8177	58	136.08	18.142	100	760.00	101.32
17	14.530	1.9372	59	142.60	19.011	101	787.51	104.99
18	15.477	2.0634	60	149.38	19.916	102	815.86	108.77
19	16.477	2.1967	61	156.43	20.856	103	845.12	112.67
20	17.535	2.3378	62	163.77	21.834	104	875.06	116.66
21	18.650	2.4864	63	171.38	22.849	105	906.07	120.80
22	19.827	2.6434	64	179.31	23.906	106	937.92	125.04
23	21.068	2.8088	65	187.54	25.003	107	970.60	129.40
24	22.377	2.9833	66	196.09	26.143	108	1004.42	133.911
25	23.756	3.1672	67	204.96	27.326	109	1038.92	138.510
26	25.209	3.3609	68	214.17	28.554	110	1074.56	143.262
27	26.739	3.5649	69	223.73	29.828	111	1111.20	148.147
28	28.349	3.7795	70	233.7	31.16	112	1148.74	153.152
29	30.043	4.0054	71	243.9	32.52	113	1187.42	158.309
30	31.824	4.2428	72	254.6	33.94			
31	33.695	4.4923	73	265.7	35.42			

注：摘译自 Weast. Handbook of Chemistry and Physics. 第66版. 1985～1986，D189～190。

表中压力/kPa一栏，是按1mmHg＝0.133322kPa换算所得。

附录 2　气体在水中的溶解度

符号：α——气体的溶解度，单位为 cm^2。表示在通常气压和所示温度下，$1dm^3$（$1dm^3$ = 0.999 972L）的水中能溶解的气体的数量。

β——气体的溶解度，单位为%（质量分数）。表示在通常气压和所示的温度下，能溶于水的该气体质量与水的质量之比。

气　体	符　号	溶解度								
		0 ℃	10 ℃	20 ℃	30 ℃	40 ℃	50 ℃	60 ℃	80 ℃	100 ℃
Ar	α	56.0	40.5	33.6	28.8	25.2	22.3			
Cl_2	β	1.44	0.95 (9°)	0.71	0.56	0.45	0.38	0.32	0.22	0.00
ClO_2	β	2.76	6.01	8.70 (15.3°)						
CO	α	35.2	27.8	22.7	19.2	16.5	14.2	12.0	7.6	0.0
CO_2	α	1713	1194	878	665	530	436	359		
H_2	α	21.4	19.3	17.8	16.3	15.3	14.1	12.9	8.5	0.0
HCl	β	45.15	43.55	41.54 (23°)	40.25	38.68	37.34	35.94		
HBr	β	68.85	67.76		65.88 (25°)		63.16		60.08 (75°)	56.52
H_2S	α	4370	3590	2910	2330	1860				
He	α		8.9 (15°)	8.8	8.6	8.4 (37°)				
Kr	α	110.5	81.0	62.6	51.1	43.3	38.3	35.7		
N_2	α	23.3	18.3	15.1	12.8	11.0	9.6	8.2	5.1	0.0
NH_3	β	46.66	40.44	34.47	28.72	23.49	18.63	15.61 (56°)		
N_2O	α		947	675	530	449 (36°)				
NO	α	73.8	57.1	47.1	40.0	35.1	31.5	29.5	27.0	26.3
Ne	α		10.8 (15°)	10.4	9.9	9.6 (37°)				
O_2	α	48.9	38.0	31.0	26.1	23.1	20.9	19.5	17.6	17.0
O_3	α	17.4	14.6	9.2	4.7	2.0	0.5	0.0		
Rn	α	510	326	222	162	126	100	85		
SO_3	β		13.34	9.42	7.23	5.48	4.30	3.15	2.08	
Xe	α	242	174	123	98	82	73			

注：摘译自 Курипенко. Краткий Справочник по Химии. 增订第四版. 1974，808 页。

附录 3 常用酸碱的浓度、密度和一定浓度溶液的配制

1. 市售浓酸和氨水的密度及其浓度近似值

酸碱	HCl	H_2SO_4	HNO_3	$NH_3 \cdot H_2O$
密度/($g \cdot cm^{-3}$)	1.19	1.84	1.42	0.89
浓度/($mol \cdot dm^{-3}$)	12	18	16	15
质量分数/%	38	98	69	28

2. 用上列浓酸、浓碱在室温下稀释为一定密度的溶液

HCl	χ	0.24	0.41	0.65	0.99	1.51	2.50				
	ρ/($g \cdot cm^{-3}$)	1.04	1.06	1.08	1.10	1.12	1.14				
H_2SO_4	χ	0.15	0.21	0.28	0.36	0.46	0.57	0.70	0.85	1.04	1.28
	ρ/($g \cdot cm^{-3}$)	1.15	1.20	1.25	1.30	1.35	1.40	1.45	1.50	1.55	1.60
HNO_3	χ	0.29	0.39	0.61	0.94	1.50	2.81				
	ρ/($g \cdot cm^{-3}$)	1.10	1.15	1.20	1.25	1.30	1.35				
$NH_3 \cdot H_2O$	χ	0.18	0.45	0.92	1.87	4.83					
	ρ/($g \cdot cm^{-3}$)	0.98	0.97	0.94	0.92	0.90					

注：表中 χ 值为所取试剂的体积与水的体积比，ρ 为溶液的密度。

3. 用上列酸碱配制一定质量分数的溶液[1)]

溶 液	ρ /($g \cdot cm^{-3}$)	配制稀溶液需要量取的浓酸或氨水的体积/mL					
		25%	20%	10%	5%	2%	1%
HCl	1.19	635	497	237	115.5	45.5	33.0
H_2SO_4	1.84	168	130	61	29.0	11.5	6.0
HNO_3	1.42	313	244	115	56.0	22.0	11.0
$NH_3 \cdot H_2O$	0.89	不必稀释	814	422	215	87.0	44.0

1) 用移液管或量筒按表中所列数据(单位为 mL)量取市售浓酸或氨水，加水释释至 $1dm^3$。

(注意：浓硫酸要先注入适量水中稀释为稀溶液后，再用水稀释至 $1dm^3$)

4. 以物质的量浓度表示的酸碱溶液的配制

酸　类

酸的名称	浓度/(mol·dm^{-3})(近似值)	配制用量与方法
盐酸 HCl	6	取 12 mol·dm^{-3} HCl 与等体积水混合
	4	取 12 mol·dm^{-3} HCl 334 mL 加水稀释至 1000 mL
	3	取 12 mol·dm^{-3} HCl 250 mL 加水稀释至 1000 mL
	2	取 12 mol·dm^{-3} HCl 167 mL 加水稀释至 1000 mL
	1	取 12 mol·dm^{-3} HCl 84 mL 加水稀释至 1000 mL
硫酸 H_2SO_4	6	取 18mol·dm^{-3} H_2SO_4 334 mL,缓缓注入约 600 mL 水中,再加水稀释至 1000 mL
	3	取 18mol·dm^{-3} H_2SO_4 167 mL,缓缓注入约 800 mL 水中,再加水稀释至 1000 mL
	1	取 18mol·dm^{-3} H_2SO_4 56 mL,缓缓注入约 900 mL 水中,再加水稀释至 1000 mL
硝酸 HNO_3	6	取 16 mol·dm^{-3} HNO_3 375 mL 加水稀释至 1000 mL
	3	取 16 mol·dm^{-3} HNO_3 188 mL 加水稀释至 1000 mL
	2	取 16 mol·dm^{-3} HNO_3 125 mL 加水稀释至 1000 mL
	1	取 16 mol·dm^{-3} HNO_3 63 mL 加水稀释至 1000 mL
乙酸 CH_3COOH	1	取 17mol·dm^{-3} HAc(密度约 1.05 g·cm^{-3})59 mL 加水稀释至 1000 mL

碱　类

碱的名称	浓度/(mol·dm^{-3})(近似值)	配制用量与方法
氢氧化钠 NaOH	6	将 240 g NaOH 溶于约 100 mL 水中,再加水稀释至 1000 mL
	3	将 120 g NaOH 溶于约 100 mL 水中,再加水稀释至 1000 mL
	1	将 40 g NaOH 溶于约 100 mL 水中,再加水稀释至 1000 mL
氨水 $NH_3 \cdot H_2O$	6	取 15 mol·dm^{-3}氨水(密度为 0.9 g·cm^{-3})400 mL 加水稀释至 1000 mL
	2	取 15 mol·dm^{-3}氨水 134 mL 加水稀释至 1000 mL
	1	取 15 mol·dm^{-3}氨水 67 mL 加水稀释至 1000 mL
氢氧化钾 KOH	6	将 339 g KOH 溶于约 200 mL 水中,再加水稀释至 1000 mL
	1	将 56 g KOH 溶于约 100 mL 水中,再加水稀释至 1000 mL
氢氧化钙 $Ca(OH)_2$	0.05	将约 1.5 g CaO 或 2 g $Ca(OH)_2$ 置于 1000 mL 水中,搅动,得饱和溶液,过滤,储于试剂瓶中盖严

附录4 常用弱酸及弱碱的离解常数表

(18～25℃)

名　称	化　学　式	$K_a(K_b)$	$pK_a(pK_b)$
亚砷酸	$HAsO_2$	6.0×10^{-10}	9.22
砷　酸	H_3AsO_4	K_1 5.65×10^{-3}	2.25
		K_2 1.70×10^{-7}	6.77
		K_3 3.95×10^{-12}	11.40
偏铝酸	$HAlO_2$	6.3×10^{-13}	12.20
硼　酸	H_3BO_3	K_1 5.9×10^{-10}	9.23
碳　酸	H_2CO_3	K_1 4.3×10^{-7}	6.37
		K_2 5.6×10^{-11}	10.25
氢氰酸	HCN	6.2×10^{-10}	9.21
铬　酸	H_2CrO_4	K_1 1.8×10^{-1}	0.74
		K_2 3.2×10^{-7}	6.49
氢氟酸	HF	7.2×10^{-4}	3.14
氢硫酸	H_2S	K_1 9.1×10^{-8}	7.04
		K_2 1.2×10^{-15}	14.92
亚硝酸	HNO_2	4.6×10^{-4}	3.33
过氧化氢	H_2O_2	2.4×10^{-12}	11.62
磷　酸	H_3PO_4	K_1 7.52×10^{-3}	2.12
		K_2 6.23×10^{-8}	7.21
		K_3 2.2×10^{-13}	12.65
焦磷酸	$H_4P_2O_7$	K_1 3.0×10^{-2}	1.52
		K_2 4.4×10^{-3}	2.36
		K_3 2.5×10^{-7}	6.60
		K_4 5.6×10^{-10}	9.25
偏硅酸	H_2SiO_3	K_1 1.7×10^{-10}	9.77
		K_2 1.6×10^{-12}	11.80
硫　酸	H_2SO_4	K_2 1.2×10^{-2}	1.92
亚硫酸	H_2SO_3	K_1 1.54×10^{-2}	1.81
		K_2 1.02×10^{-7}	6.99
甲酸(蚁酸)	$HCOOH$	1.77×10^{-4}	3.75
乙　酸	CH_3COOH	1.79×10^{-5}	4.75

续表

名 称	化 学 式	$K_a(K_b)$	$pK_a(pK_b)$
抗坏血酸	$C_6H_8O_6$	K_1 6.8×10^{-5}	4.17
		K_2 2.8×10^{-12}	11.56
乙二酸	$H_2C_2O_4 \cdot 2H_2O$	K_1 5.9×10^{-2}	1.23
		K_2 6.4×10^{-5}	4.19
水杨酸	$C_6H_4OH \cdot COOH$	K_1 1.00×10^{-3}	3.00
		K_2 4.2×10^{-13}	12.38
磺基水杨酸	$C_6H_3SO_3H \cdot OH \cdot COOH$	K_2 4.7×10^{-3}	2.33
		K_3 4.8×10^{-12}	11.32
酒石酸	$H_2C_4H_4O_6$	K_1 9.6×10^{-4}	3.02
		K_2 4.4×10^{-5}	4.36
邻苯二甲酸	$C_6H_4(COOH)_2$（邻位）	K_1 1.1×10^{-3}	2.95
		K_2 3.9×10^{-6}	5.41
柠檬酸	$H_3OHC_6H_4O_6$	K_1 7.0×10^{-4}	3.15
		K_2 1.8×10^{-5}	4.74
		K_3 4.0×10^{-7}	6.40
苹果酸	$COOH \cdot CHOHCH_2COOH$	K_1 3.88×10^{-4}	3.41
		K_2 7.80×10^{-6}	5.11
苯甲酸	C_6H_5COOH	6.3×10^{-5}	4.20
乳 酸	$CH_3CHOHCOOH$	K_1 1.4×10^{-4}	3.86
乙二胺四乙酸(EDTA)	$(HOOCCH_2)_2N-CH_2-CH_2-N(CH_2COOH)_2$	K_1 1.0×10^{-2}	2.00
		K_2 2.14×10^{-3}	2.67
		K_3 6.92×10^{-7}	6.16
		K_4 5.50×10^{-11}	10.26
二乙三胺五乙酸(DTPA)	$(HOOCCH_2)_2N-CH_2-CH_2-N(CH_2COOH)-CH_2-CH_2-N(CH_2COOH)_2$	K_1 1.29×10^{-2}	1.89
		K_2 1.62×10^{-3}	2.79
		K_3 5.13×10^{-5}	4.29
		K_4 2.46×10^{-9}	8.61
		K_5 3.81×10^{-11}	10.42
邻二氮菲	$C_{12}H_8N_2$	1.1×10^{-5}	4.96
8-羟基喹啉	C_9H_6NOH	K_1 9.6×10^{-6}	5.02
		K_2 1.55×10^{-10}	9.81
氨 水	$NH_3 \cdot H_2O$	1.8×10^{-5}	4.74
甲 胺	CH_3NH_2	4.2×10^{-4}	3.38
乙 胺	$CH_3CH_2NH_2$	5.6×10^{-4}	3.25
三乙醇胺	$(HOCH_2CH_2)_3N$	5.8×10^{-7}	6.24
六次甲基四胺	$(CH_2)_6N_4$	1.4×10^{-9}	8.85

附录 5　一些配合物的稳定常数表

(18～25℃)

配合物	$\lg K_f^\ominus$	配合物	$\lg K_f^\ominus$	配合物	$\lg K_f^\ominus$
$[AgCl_4]^{3-}$	5.31	$[Co(NH_3)_6]^{3+}$	35.2	$[Fe(C_2O_4)_3]^{3-}$	20.2
$[AgBr_4]^{3-}$	9.20	$[Co(C_2O_4)_3]^{4-}$	9.7	$[HgCl_4]^{2-}$	16.21
$[AgI_4]^{3-}$	13.75	$[Co(C_2O_4)_3]^{3-}$	～20	$[HgBr_4]^{2-}$	21.0
$[Ag(CN)_2]^{-}$	21.10	CrF_3	10.29	$[HgI_4]^{2-}$	20.83
$[Ag(SCN)_2]^{-}$	7.57	$[Cr(SCN)_2]^{+}$	3.0	$[Hg(CN)_4]^{2-}$	41.4
$[AgC_2O_4]^{-}$	2.41	$[CuCl_3]^{2-}$	5.7	$[Hg(SCN)_4]^{2-}$	21.23
$[Ag(NH_3)_2]^{+}$	7.03	$[CuBr_2]^{-}$	5.89	$[Hg(NH_3)_4]^{2+}$	19.4
$[Ag(S_2O_3)_2]^{3-}$	13.46	$[CuI_2]^{-}$	8.76	$[Hg(S_2O_3)_4]^{6-}$	33.24
$[AlF_6]^{3-}$	19.84	$[Cu(CN)_4]^{3-}$	30.3	$[Hg(C_2O_4)_2]^{2-}$	6.98
$[Al(C_2O_4)_3]^{3-}$	16.3	$[Cu(SCN)_2]^{-}$	5.18	$[Mg(C_2O_4)_2]^{2-}$	4.38
$[CdCl_4]^{2-}$	2.8	$[Cu(NH_2)_2]^{+}$	10.8	$[MnF]^{+}$	5.48
$[CdBr_4]^{2-}$	3.7	$[Cu(NH_3)_4]^{2+}$	12.67	$[Mn(C_2O_4)_3]^{4-}$	19.4
$[CdI_4]^{2-}$	6.49	$[Cu(S_2O_3)_3]^{5-}$	13.84	$[PbBr_4]^{2-}$	3.0
$[Cd(CN)_4]^{2-}$	18.85	FeF_3	12.06	$[PbI_4]^{2-}$	4.47
$[Cd(SCN)_4]^{2-}$	3.6	$[FeF_5]^{2-}$	15.77	$[Pb(CN)_4]^{2-}$	10
$[Cd(NH_3)_4]^{2+}$	7.12	$[Fe(CN)_6]^{4-}$	35	$[Pb(S_2O_3)_3]^{4-}$	6.35
$[Cd(S_2O_3)_2]^{2-}$	6.44	$[Fe(CN)_6]^{3-}$	42	$[Pb(C_2O_4)_2]^{2-}$	6.54
$[Cd(C_2O_4)_2]^{2-}$	5.77	$Fe(SCN)_3$	5.64	$[Zn(CN)_4]^{2-}$	16.7
$[Co(CN)_4]^{2-}$	19.1	$[Fe(SCN)_5]^{2-}$	6.4	$[Zn(NH_3)_4]^{2+}$	9.46
$[Co(SCN)_4]^{2-}$	3.0	$[FeHPO_4]^{+}$	9.35	$[Zn(C_2O_4)_3]^{4-}$	8.15
$[Co(NH_3)_6]^{2+}$	5.11	$[Fe(C_2O_4)_3]^{4-}$	5.2		

附录 6　氨羧配位剂类配合物的稳定常数

(18～25℃)

金属离子	$\lg K_f^\ominus$					
	EDTA	CyDTA	DTPA	EGTA	HEDTA	TTHA
Ag^{+}	7.32			6.88	6.71	8.67
Al^{3+}	16.3	17.63	18.6	13.9	14.3	19.7
Ba^{2+}	7.86	8.0	8.87	8.41	6.3	8.22
Be^{2+}	9.3	11.51				
Bi^{3+}	27.94	32.3	35.6		22.3	
Ca^{2+}	10.7	12.10	10.83	10.97	8.3	10.06

续表

金属离子	$\lg K_f^\ominus$					
	EDTA	CyDTA	DTPA	EGTA	HEDTA	TTHA
Cd^{2+}	16.7	19.23	19.2	16.7	13.3	19.8
Ce^{3+}	15.98	16.76				
Co^{2+}	16.31	18.92	19.27	12.39	14.6	17.1
Co^{3+}	36				37.4	
Cr^{3+}	23.4					
Cu^{2+}	18.80	21.30	21.55	17.71	17.6	19.2
Er^{3+}						23.19
Fe^{2+}	14.32	19.0	16.5	11.87	12.3	
Fe^{3+}	25.1	30.1	28.0	20.5	19.8	26.8
Ga^{3+}	20.3	22.91	25.54		16.9	
Hg^{2+}	21.80	25.00	26.70	23.2	20.30	26.8
In^{3+}	25.0	28.8	29.0		20.2	
La^{3+}		16.26				22.22
Li^{+}	2.79					
Mg^{2+}	8.7	11.02	9.30	5.21	7.0	8.43
Mn^{2+}	13.87	16.78	15.60	12.28	10.9	14.65
Mo(Ⅴ)	～28					
Na^{+}	1.66					
Nd^{3+}	16.61	17.68				22.82
Ni^{2+}	18.62	20.3	20.32	13.55	17.3	18.1
Pb^{2+}	18.04	19.68	18.80	14.71	15.7	17.1
Pd^{2+}	18.5					
Pr^{3+}	16.4	17.31				
Sc^{3+}	23.1	26.1	24.5	18.2		
Sm^{3+}						24.3
Sn^{2+}	18.3					
Sn^{4+}	34.5					
Sr^{2+}	8.73	10.59	9.77	8.50	6.9	9.26
Th^{4+}	23.2	25.6	28.78			31.9
TiO^{2+}	17.3					
Tl^{3+}	37.8	38.3				
U^{4-}	25.8	27.6	7.69			
VO^{2+}	18.8	19.40				
Y^{3+}	18.10	19.15	22.13	17.16	14.78	
Zn^{2+}	16.50	18.67	18.40	12.7	14.7	
Zr^{2+}	29.5		35.8			16.65
稀土元素	16～20	17～22	19		13～16	

注：EDTA 表示乙二胺四乙酸；CyDTA 表示 1，2-二胺基环己烷四乙酸（或称 DCTA）；DTPA 表示二乙基三胺五乙酸；EGTA 表示乙二醇二乙醚二胺四乙酸；HEDTA 表示 N-β 羟基乙基乙二胺三乙酸；TTHA 表示三乙基四胺六乙酸。

附录 7　标准电极电位(298.16K)

一、在酸性溶液中

电　极　反　应	$\varphi^{\ominus}$/V	电　极　反　应	$\varphi^{\ominus}$/V
$Ag^+ + e \rightleftharpoons Ag$	0.7996	$Cd^{2+} + 2e \rightleftharpoons Cd$	−0.4030
$Ag^{2+} + e \rightleftharpoons Ag^+$	1.980	$CdSO_4 + 2e \rightleftharpoons Cd + SO_4^{2-}$	−0.246
$AgBr + e \rightleftharpoons Ag + Br^-$	0.07133	$Cl_2(g) + 2e \rightleftharpoons 2Cl^-$	1.35827
$AgBrO_3 + e \rightleftharpoons Ag + BrO_3^-$	0.546	$HClO + H^+ + e \rightleftharpoons \frac{1}{2}Cl_2 + H_2O$	1.611
$Ag_2C_2O_4 + 2e \rightleftharpoons 2Ag + C_2O_4^{2-}$	0.4647	$HClO + H^+ + 2e \rightleftharpoons Cl^- + H_2O$	1.482
$AgCl + e \rightleftharpoons Ag + Cl^-$	0.22233	$ClO_2 + H^+ + e \rightleftharpoons HClO_2$	1.277
$Ag_2CO_3 + 2e \rightleftharpoons 2Ag + CO_3^{2-}$	0.47	$HClO_2 + 2H^+ + 2e \rightleftharpoons HClO + H_2O$	1.645
$Ag_2CrO_4 + 2e \rightleftharpoons 2Ag + CrO_4^{2-}$	0.4470	$HClO_2 + 3H^+ + 3e \rightleftharpoons \frac{1}{2}Cl_2 + 2H_2O$	1.628
$AgF + e \rightleftharpoons Ag + F^-$	0.779	$HClO_2 + 3H^+ + 4e \rightleftharpoons Cl^- + 2H_2O$	1.570
$Ag_4[Fe(CN)_6] + 4e \rightleftharpoons 4Ag + [Fe(CN)_6]^{4-}$	0.1478	$ClO_3^- + 2H^+ + e \rightleftharpoons ClO_2 + H_2O$	1.152
$AgI + e \rightleftharpoons Ag + I^-$	−0.15224	$ClO_3^- + 3H^+ + 2e \rightleftharpoons HClO_2 + H_2O$	1.214
$AgIO_3 + e \rightleftharpoons Ag + IO_3^-$	0.354	$ClO_3^- + 6H^+ + 5e \rightleftharpoons \frac{1}{2}Cl_2 + 3H_2O$	1.47
$AgNO_2 + e \rightleftharpoons Ag + NO_2^-$	0.564	$ClO_3^- + 6H^+ + 6e \rightleftharpoons Cl^- + 3H_2O$	1.451
$Ag_2S + 2H^+ + 2e \rightleftharpoons 2Ag + H_2S$	−0.0366	$ClO_4^- + 2H^+ + 2e \rightleftharpoons ClO_3^- + H_2O$	1.189
$AgSCN + e \rightleftharpoons Ag + SCN^-$	0.08951	$ClO_4^- + 8H^+ + 7e \rightleftharpoons \frac{1}{2}Cl_2 + 4H_2O$	1.39
$Ag_2SO_4 + 2e \rightleftharpoons 2Ag + SO_4^{2-}$	0.654	$ClO_4^- + 8H^+ + 8e \rightleftharpoons Cl^- + 4H_2O$	1.389
$Al^{3+} + 3e \rightleftharpoons Al$	−1.662	$(CNS)_2 + 2e \rightleftharpoons 2CNS^-$	0.77
$AlF_6^{3-} + 3e \rightleftharpoons Al + 6F^-$	−2.069	$Co^{2+} + 2e \rightleftharpoons Co$	−0.28
$As_2O_3 + 6H^+ + 6e \rightleftharpoons 2As + 3H_2O$	0.234	$Co^{3+} + e \rightleftharpoons Co^{2+}$ (2 mol · dm^{-3} H_2SO_4)	1.83
$HAsO_2 + 3H^+ + 3e \rightleftharpoons As + 2H_2O$	0.248	$CO_2 + 2H^+ + 2e \rightleftharpoons HCOOH$	−0.199
$H_3AsO_4 + 2H^+ + 2e \rightleftharpoons HAsO_2 + 2H_2O$	0.560	$Cr^{2+} + 2e \rightleftharpoons Cr$	−0.913
$H_3BO_3 + 3H^+ + 3e \rightleftharpoons B + 3H_2O$	−0.8698	$Cr^{3+} + e \rightleftharpoons Cr^{2+}$	−0.407
$Ba^{2+} + 2e \rightleftharpoons Ba$	−2.912	$Cr^{3+} + 3e \rightleftharpoons Cr$	−0.744
$Be^{2+} + 2e \rightleftharpoons Be$	−1.847	$Cr_2O_7^{2-} + 14H^+ + 6e \rightleftharpoons 2Cr^{3+} + 7H_2O$	1.232
$BiCl_4^- + 3e \rightleftharpoons Bi + 4Cl^-$	0.16	$HCrO_4^- + 7H^+ + 3e \rightleftharpoons Cr^{3+} + 4H_2O$	1.350
$Bi_2O_4 + 4H^+ + 2e \rightleftharpoons 2BiO^+ + 2H_2O$	1.593	$Cu^+ + e \rightleftharpoons Cu$	0.521
$BiO^+ + 2H^+ + 3e \rightleftharpoons Bi + H_2O$	0.320	$Cu^{2+} + e \rightleftharpoons Cu^+$	0.153
$BiOCl + 2H^+ + 3e \rightleftharpoons Bi + Cl^- + H_2O$	0.1583	$Cu^{2+} + 2e \rightleftharpoons Cu$	0.3419
$Br_2(aq) + 2e \rightleftharpoons 2Br^-$	1.0873	$CuI_2^- + e \rightleftharpoons Cu + 2I^-$	0.00
$Br_2(l) + 2e \rightleftharpoons 2Br^-$	1.066	$F_2 + 2H^+ + 2e \rightleftharpoons 2HF$	3.053
$HBrO + H^+ + 2e \rightleftharpoons Br^- + H_2O$	1.331	$F_2 + 2e \rightleftharpoons 2F^-$	2.866
$HBrO + H^+ + e \rightleftharpoons \frac{1}{2}Br_2(aq) + H_2O$	1.574	$F_2O + 2H^+ + 4e \rightleftharpoons H_2O + 2F^-$	2.153
$HBrO + H^+ + e \rightleftharpoons \frac{1}{2}Br_2(l) + H_2O$	1.596	$Fe^{2+} + 2e \rightleftharpoons Fe$	−0.447
$BrO_3^- + 6H^+ + 5e \rightleftharpoons \frac{1}{2}Br_2 + 3H_2O$	1.482	$Fe^{3+} + 3e \rightleftharpoons Fe$	−0.037
$BrO_3^- + 6H^+ + 6e \rightleftharpoons Br^- + 3H_2O$	1.423	$Fe^{3+} + e \rightleftharpoons Fe^{2+}$	0.771
$Ca^+ + e \rightleftharpoons Ca$	−3.80	$[Fe(CN)_6]^{3-} + e \rightleftharpoons [Fe(CN)_6]^{4-}$	0.358
$Ca^{2+} + 2e \rightleftharpoons Ca$	−2.868		

续表

电 极 反 应	$\varphi^{\ominus}$/V	电 极 反 应	$\varphi^{\ominus}$/V
$FeO_4^{2-}+8H^++3e \rightleftharpoons Fe^{3+}+4H_2O$	2.20	$HNO_2+H^++e \rightleftharpoons NO+H_2O$	0.983
$2H^++2e \rightleftharpoons H_2$	0.000 00	$2HNO_2+4H^++4e \rightleftharpoons H_2N_2O_2+2H_2O$	0.86
$H_2+2e \rightleftharpoons 2H^-$	−2.23	$2HNO_2+4H^++4e \rightleftharpoons N_2O+3H_2O$	1.297
$HO_2+H^++e \rightleftharpoons H_2O_2$	1.495	$NO_3^-+3H^++2e \rightleftharpoons HNO_2+H_2O$	0.934
$H_2O_2+2H^++2e \rightleftharpoons 2H_2O$	1.776	$NO_3^-+4H^++3e \rightleftharpoons NO+2H_2O$	0.957
$HfO^{2+}+2H^++4e \rightleftharpoons Hf+H_2O$	−1.724	$2NO_3^-+4H^++2e \rightleftharpoons N_2O_4+2H_2O$	0.803
$HfO_2+4H^++4e \rightleftharpoons Hf+2H_2O$	−1.505	$Na^++e \rightleftharpoons Na$	−2.71
$Hg^{2+}+2e \rightleftharpoons Hg$	0.851	$Ni^{2+}+2e \rightleftharpoons Ni$	−0.257
$2Hg^{2+}+2e \rightleftharpoons Hg_2^{2+}$	0.920	$NiO_2+4H^++2e \rightleftharpoons Ni^{2+}+2H_2O$	1.678
$Hg_2^{2+}+2e \rightleftharpoons 2Hg$	0.7973	$O_2+2H^++2e \rightleftharpoons H_2O_2$	0.695
$Hg_2Br_2+2e \rightleftharpoons 2Hg+2Br^-$	0.139 23	$O_2+4H^++4e \rightleftharpoons 2H_2O$	1.229
$Hg_2Cl_2+2e \rightleftharpoons 2Hg+2Cl^-$	0.268 08	$O(g)+2H^++2e \rightleftharpoons H_2O$	2.421
$Hg_2HPO_4+2e \rightleftharpoons 2Hg+HPO_4^{2-}$	0.6359	$O_3+2H^++2e \rightleftharpoons O_2+H_2O$	2.076
$Hg_2I_2+2e \rightleftharpoons 2Hg+2I^-$	−0.0405	$P(red)+3H^++3e \rightleftharpoons PH_3(g)$	−0.111
$Hg_2SO_4+2e \rightleftharpoons 2Hg+SO_4^{2-}$	0.6125	$P(white)+3H^++3e \rightleftharpoons PH_3(g)$	−0.063
$I_2+2e \rightleftharpoons 2I^-$	0.5355	$H_3PO_2+H^++3e \rightleftharpoons P+2H_2O$	−0.508
$I_3^-+2e \rightleftharpoons 3I^-$	0.536	$H_3PO_3+2H^++2e \rightleftharpoons H_3PO_2+H_2O$	−0.499
$H_5IO_6+H^++2e \rightleftharpoons IO_3^-+3H_2O$	1.601	$H_3PO_3+3H^++3e \rightleftharpoons P+3H_2O$	−0.454
$2HIO+2H^++2e \rightleftharpoons I_2+2H_2O$	1.439	$H_3PO_4+2H^++2e \rightleftharpoons H_3PO_3+H_2O$	−0.276
$HIO+H^++2e \rightleftharpoons I^-+H_2O$	0.987	$Pb^{2+}+2e \rightleftharpoons Pb$	−0.1262
$2IO_3^-+12H^++10e \rightleftharpoons I_2+6H_2O$	1.195	$PbBr_2+2e \rightleftharpoons Pb+2Br^-$	−0.284
$IO_3^-+6H^++6e \rightleftharpoons I^-+3H_2O$	1.085	$PbCl_2+2e \rightleftharpoons Pb+2Cl^-$	−0.2675
$K^++e \rightleftharpoons K$	−2.931	$PbF_2+2e \rightleftharpoons Pb+2F^-$	−0.3444
$La^{3+}+3e \rightleftharpoons La$	−2.522	$PbHPO_4+2e \rightleftharpoons Pb+HPO_4^{2-}$	−0.465
$Li^++e \rightleftharpoons Li$	−3.0401	$PbI_2+2e \rightleftharpoons Pb+2I^-$	−0.365
$Mg^++e \rightleftharpoons Mg$	−2.70	$PbO_2+4H^++2e \rightleftharpoons Pb^{2+}+2H_2O$	1.455
$Mg^{2+}+2e \rightleftharpoons Mg$	−2.372	$PbO_2+SO_4^{2-}+4H^++2e \rightleftharpoons PbSO_4+2H_2O$	1.6913
$Mn^{2+}+2e \rightleftharpoons Mn$	−1.185	$PbSO_4+2e \rightleftharpoons Pb+SO_4^{2-}$	−0.3588
$Mn^{3+}+e \rightleftharpoons Mn^{2+}$	1.5415	$S+2H^++2e \rightleftharpoons H_2S(aq)$	0.142
$MnO_2+4H^++2e \rightleftharpoons Mn^{2+}+2H_2O$	1.224	$S_2O_6^{2-}+4H^++2e \rightleftharpoons 2H_2SO_3$	0.564
$MnO_4^-+e \rightleftharpoons MnO_4^{2-}$	0.558	$S_2O_8^{2-}+2e \rightleftharpoons 2SO_4^{2-}$	2.010
$MnO_4^-+4H^++3e \rightleftharpoons MnO_2+2H_2O$	1.679	$S_2O_8^{2-}+2H^++2e \rightleftharpoons 2HSO_4^-$	2.123
$MnO_4^-+8H^++5e \rightleftharpoons Mn^{2+}+4H_2O$	1.507	$2H_2SO_3+H^++2e \rightleftharpoons HS_2O_4^-+2H_2O$	−0.056
$Mo^{3+}+3e \rightleftharpoons Mo$	−0.200	$H_2SO_3+4H^++4e \rightleftharpoons S+3H_2O$	0.449
$N_2+2H_2O+6H^++6e \rightleftharpoons 2NH_4OH$	0.092	$SO_4^{2-}+4H^++2e \rightleftharpoons H_2SO_3+H_2O$	0.172
$3N_2+2H^++2e \rightleftharpoons 2NH_3(aq)$	−3.09	$2SO_4^{2-}+4H^++2e \rightleftharpoons S_2O_6^{2-}+2H_2O$	−0.22
$N_2H_5^++3H^++2e \rightleftharpoons 2NH_4^+$	1.275	$Sb+3H^++3e \rightleftharpoons SbH_3$	−0.510
$N_2O+2H^++2e \rightleftharpoons N_2+H_2O$	1.766	$Sb_2O_3+6H^++6e \rightleftharpoons 2Sb+3H_2O$	0.152
$H_2N_2O_2+2H^++2e \rightleftharpoons N_2+2H_2O$	2.65	$Sb_2O_5+6H^++4e \rightleftharpoons 2SbO^++3H_2O$	0.581
$N_2O_4+2e \rightleftharpoons 2NO_2^-$	0.867	$SbO^++2H^++3e \rightleftharpoons Sb+H_2O$	0.212
$N_2O_4+2H^++2e \rightleftharpoons 2HNO_2$	1.065	$Se+2H^++2e \rightleftharpoons H_2Se(aq)$	−0.399
$N_2O_4+4H^++4e \rightleftharpoons 2NO+2H_2O$	1.035	$H_2SeO_3+4H^++4e \rightleftharpoons Se+3H_2O$	0.74
$2NH_3OH^++H^++2e \rightleftharpoons N_2H_5^++2H_2O$	1.42	$SeO_4^{2-}+4H^++2e \rightleftharpoons H_2SeO_3+H_2O$	1.151
$2NO+2e \rightleftharpoons N_2O_2^{2-}$	0.10	$SiF_6^{2-}+4e \rightleftharpoons Si+6F^-$	−1.24
$2NO+2H^++2e \rightleftharpoons N_2O+H_2O$	1.591	$SiO_2(quartz)+4H^++4e \rightleftharpoons Si+2H_2O$	0.857

续表

电　极　反　应	$\varphi^{\ominus}/V$	电　极　反　应	$\varphi^{\ominus}/V$
$Sn^{2+}+2e\rightleftharpoons Sn$	−0.1375	$TiO_2+4H^++2e\rightleftharpoons Ti^{2+}+2H_2O$	−0.502
$Sn^{4-}+2e\rightleftharpoons Sn^{2+}$	0.151	$TiOH^{3+}+H^++e\rightleftharpoons Ti^{3+}+H_2O$	−0.055
$Sr^++e\rightleftharpoons Sr$	−4.10	$V^{2+}+2e\rightleftharpoons V$	−1.175
$Sr^{2+}+2e\rightleftharpoons Sr$	−2.89	$V^{3+}+e\rightleftharpoons V^{2+}$	−0.255
$Sr^{2+}+2e\rightleftharpoons Sr(Hg)$	−1.793	$VO^{2+}+2H^++e\rightleftharpoons V^{3+}+H_2O$	0.337
$Te+2H^++2e\rightleftharpoons H_2Te$	−0.793	$VO_2^++2H^++e\rightleftharpoons VO^{2+}+H_2O$	0.991
$Te^{4+}+4e\rightleftharpoons Te$	0.568	$V(OH)_4^++2H^++e\rightleftharpoons VO^{2+}+3H_2O$	1.00
$TeO_2+4H^++4e\rightleftharpoons Te+2H_2O$	0.593	$V(OH)_4^++4H^++5e\rightleftharpoons V+4H_2O$	−0.254
$TeO_4^-+8H^++7e\rightleftharpoons Te+4H_2O$	0.472	$W_2O_5+2H^++2e\rightleftharpoons 2WO_2+H_2O$	−0.031
$H_6TeO_6+2H^++2e\rightleftharpoons TeO_2+4H_2O$	1.02	$WO_2+4H^++4e\rightleftharpoons W+2H_2O$	−0.119
$Ti^{2+}+2e\rightleftharpoons Ti$	−1.630	$WO_3+6H^++6e\rightleftharpoons W+3H_2O$	−0.090
$Ti^{3+}+e\rightleftharpoons Ti^{2+}$	−0.368	$2WO_3+2H^++2e\rightleftharpoons W_2O_5+H_2O$	−0.029
$TiO^{2+}+2H^++e\rightleftharpoons Ti^{3+}+H_2O$	0.099	$Zn^{2+}+2e\rightleftharpoons Zn$	−0.7618

二、在碱性溶液中

电　极　反　应	$\varphi^{\ominus}/V$	电　极　反　应	$\varphi^{\ominus}/V$
$AgCN+e\rightleftharpoons Ag+CN^-$	−0.017	$Co(OH)_3+e\rightleftharpoons Co(OH)_2+OH^-$	0.17
$[Ag(CN)_2]^-+e\rightleftharpoons Ag+2CN^-$	−0.31	$CrO_2^-+2H_2O+3e\rightleftharpoons Cr+4OH^-$	−0.12
$[Ag(NH_3)_2]^++e\rightleftharpoons Ag+2NH_3$	0.373	$CrO_4^{2-}+4H_2O+3e\rightleftharpoons Cr(OH)_3+5OH^-$	−0.13
$Ag_2O+H_2O+2e\rightleftharpoons 2Ag+2OH^-$	0.342	$Cr(OH)_3+3e\rightleftharpoons Cr+3OH^-$	−1.48
$Ag_2O_3+H_2O+2e\rightleftharpoons 2AgO+2OH^-$	0.739	$Cu^{2+}+2CN^-+e\rightleftharpoons [Cu(CN)_2]^-$	1.103
$2AgO+H_2O+2e\rightleftharpoons Ag_2O+2OH^-$	0.607	$[Cu(CN)_2]^-+e\rightleftharpoons Cu+2CN^-$	−0.429
$Ag_2S+2e\rightleftharpoons 2Ag+S^{2-}$	−0.691	$[Cu(NH_3)_2]^++e\rightleftharpoons Cu+2NH_3$	−0.12
$H_2AlO_3^-+H_2O+3e\rightleftharpoons Al+4OH^-$	−2.33	$Cu_2O+H_2O+2e\rightleftharpoons 2Cu+2OH^-$	−0.360
$AsO_2^-+2H_2O+3e\rightleftharpoons As+4OH^-$	−0.68	$Cu(OH)_2+2e\rightleftharpoons Cu+2OH^-$	−0.222
$AsO_4^{3-}+2H_2O+2e\rightleftharpoons AsO_2^-+4OH^-$	−0.71	$2Cu(OH)_2+2e\rightleftharpoons Cu_2O+2OH^-+H_2O$	−0.080
$H_2BO_3^-+5H_2O+8e\rightleftharpoons BH_4^-+8OH^-$	−1.24	$[Fe(CN)_6]^{3-}+e\rightleftharpoons [Fe(CN)_6]^{4-}$	0.358
$H_2BO_3^-+H_2O+3e\rightleftharpoons B+4OH^-$	−1.79	$Fe(OH)_3+e\rightleftharpoons Fe(OH)_2+OH^-$	−0.56
$Ba(OH)_2+2e\rightleftharpoons Ba+2OH^-$	−2.99	$H_2GaO_3^-+H_2O+3e\rightleftharpoons Ga+4OH^-$	−1.219
$Be_2O_3^{2-}+3H_2O+4e\rightleftharpoons 2Be+6OH^-$	−2.63	$2H_2O+2e\rightleftharpoons H_2+2OH^-$	−0.8277
$Bi_2O_3+3H_2O+6e\rightleftharpoons 2Bi+6OH^-$	−0.46	$HfO(OH)_2+H_2O+4e\rightleftharpoons Hf+4OH^-$	−2.50
$BrO^-+H_2O+2e\rightleftharpoons Br^-+2OH^-$	0.761	$Hg_2O+H_2O+2e\rightleftharpoons 2Hg+2OH^-$	0.123
$BrO_3^-+3H_2O+6e\rightleftharpoons Br^-+6OH^-$	0.61	$HgO+H_2O+2e\rightleftharpoons Hg+2OH^-$	0.0977
$Ca(OH)_2+2e\rightleftharpoons Ca+2OH^-$	−3.02	$H_3IO_3^{2-}+2e\rightleftharpoons I^-+3OH^-$	0.7
$Ca(OH)_2+2e\rightleftharpoons Ca(Hg)+2OH^-$	−0.809	$IO^-+H_2O+2e\rightleftharpoons I^-+2OH^-$	0.485
$ClO^-+H_2O+2e\rightleftharpoons Cl^-+2OH^-$	0.81	$IO_3^-+2H_2O+4e\rightleftharpoons IO^-+4OH^-$	0.56
$ClO_2^-+H_2O+2e\rightleftharpoons ClO^-+2OH^-$	0.66	$IO_3^-+3H_2O+6e\rightleftharpoons I^-+6OH^-$	0.26
$ClO_2^-+2H_2O+4e\rightleftharpoons Cl^-+4OH^-$	0.76	$Ir_2O_3+3H_2O+6e\rightleftharpoons 2Ir+6OH^-$	0.0928
$ClO_2(aq)+e\rightleftharpoons ClO_2^-$	0.954	$La(OH)_3+3e\rightleftharpoons La+3OH^-$	−2.90
$ClO_3^-+H_2O+2e\rightleftharpoons ClO_2^-+2OH^-$	0.33	$Mg(OH)_2+2e\rightleftharpoons Mg+2OH^-$	−2.690
$ClO_3^-+3H_2O+6e\rightleftharpoons Cl^-+6OH^-$	0.62	$MnO_4^-+2H_2O+3e\rightleftharpoons MnO_2+4OH^-$	0.595
$ClO_4^-+H_2O+2e\rightleftharpoons ClO_3^-+2OH^-$	0.36	$MnO_4^{2-}+2H_2O+2e\rightleftharpoons MnO_2+4OH^-$	0.60
$[Co(NH_3)_6]^{3+}+e\rightleftharpoons [Co(NH_3)_6]^{2+}$	0.108	$Mn(OH)_2+2e\rightleftharpoons Mn+2OH^-$	−1.56
$Co(OH)_2+2e\rightleftharpoons Co+2OH^-$	−0.73	$Mn(OH)_3+e\rightleftharpoons Mn(OH)_2+OH^-$	0.15

续表

电 极 反 应	$\varphi^{\ominus}$/V	电 极 反 应	$\varphi^{\ominus}$/V
$2NO+H_2O+2e \rightleftharpoons N_2O+2OH^-$	0.76	$S+2e \rightleftharpoons S^{2-}$	−0.47627
$NO_2^-+H_2O+e \rightleftharpoons NO+2OH^-$	−0.46	$S+H_2O+2e \rightleftharpoons HS^-+OH^-$	−0.478
$2NO_2^-+2H_2O+4e \rightleftharpoons N_2^{2-}+4OH^-$	−0.18	$2S+2e \rightleftharpoons S_2^{2-}$	−0.42836
$2NO_2^-+3H_2O+4e \rightleftharpoons N_2O+6OH^-$	0.15	$S_4O_6^{2-}+2e \rightleftharpoons 2S_2O_3^{2-}$	0.08
$NO_3^-+H_2O+2e \rightleftharpoons NO_2^-+2OH^-$	0.01	$2SO_3^{2-}+2H_2O+2e \rightleftharpoons S_2O_4^{2-}+4OH^-$	−1.12
$2NO_3^-+2H_2O+2e \rightleftharpoons N_2O_4+4OH^-$	−0.85	$2SO_3^{2-}+3H_2O+4e \rightleftharpoons S_2O_3^{2-}+6OH^-$	−0.571
$Ni(OH)_2+2e \rightleftharpoons Ni+2OH^-$	−0.72	$SO_4^{2-}+H_2O+2e \rightleftharpoons SO_3^{2-}+2OH^-$	−0.93
$NiO_2+2H_2O+2e \rightleftharpoons Ni(OH)_2+2OH^-$	−0.490	$SbO_2^-+2H_2O+3e \rightleftharpoons Sb+4OH^-$	−0.66
$O_2+H_2O+2e \rightleftharpoons HO_2^-+OH^-$	−0.076	$SbO_3^-+H_2O+2e \rightleftharpoons SbO_2^-+2OH^-$	−0.59
$O_2+2H_2O+2e \rightleftharpoons H_2O_2+2OH^-$	−0.146	$Se+2e \rightleftharpoons Se^{2-}$	−0.924
$O_2+2H_2O+4e \rightleftharpoons 4OH^-$	0.401	$SeO_3^{2-}+3H_2O+4e \rightleftharpoons Se+6OH^-$	−0.366
$O_3+H_2O+2e \rightleftharpoons O_2+2OH^-$	1.24	$SeO_4^{2-}+H_2O+2e \rightleftharpoons SeO_3^{2-}+2OH^-$	0.05
$OH+e \rightleftharpoons OH^-$	2.02	$SiO_3^{2-}+3H_2O+4e \rightleftharpoons Si+6OH^-$	−1.697
$HO_2^-+H_2O+2e \rightleftharpoons 3OH^-$	0.878	$HSnO_2^-+H_2O+2e \rightleftharpoons Sn+3OH^-$	−0.909
$P+3H_2O+3e \rightleftharpoons PH_3(g)+3OH^-$	−0.87	$Sn(OH)_6^{2-}+2e \rightleftharpoons H_2SnO_2+4OH^-$	−0.93
$H_2PO_2^-+e \rightleftharpoons P+2OH^-$	−1.82	$Sr(OH)_2+2e \rightleftharpoons Sr+2OH^-$	−2.88
$HPO_3^{2-}+2H_2O+2e \rightleftharpoons H_2PO_2^-+3OH^-$	−1.65	$Te+2e \rightleftharpoons Te^{2-}$	−1.143
$HPO_3^{2-}+2H_2O+3e \rightleftharpoons P+5OH^-$	−1.71	$TeO_3^{2-}+3H_2O+4e \rightleftharpoons Te+6OH^-$	−0.57
$PO_4^{3-}+2H_2O+2e \rightleftharpoons HPO_3^{2-}+3OH^-$	−1.05	$[Zn(CN)_4]^{2-}+2e \rightleftharpoons Zn+4CN^-$	−1.26
$PbO+H_2O+2e \rightleftharpoons Pb+2OH^-$	−0.580	$[Zn(NH_3)_4]^{2+}+2e \rightleftharpoons Zn+4NH_3(aq)$	−1.04
$HPbO_2^-+H_2O+2e \rightleftharpoons Pb+3OH^-$	−0.537	$ZnO_2^{2-}+2H_2O+2e \rightleftharpoons Zn+4OH^-$	−1.215
$PbO_2+H_2O+2e \rightleftharpoons PbO+2OH^-$	0.247		

注：数据大部分摘自 R. C. Weast. Handbook of Chemistry and Physics. D-151 68th edition. 1987～1988。

附录 8　难溶化合物的溶度积常数表

(18～25℃)

难溶化合物	K_{sp}	pK_{sp}	难溶化合物	K_{sp}	pK_{sp}
$Ag[Ag(CN)_2]$	7.2×10^{-11}	10.14	$Ca_3(PO_4)_2$	2×10^{-29}	28.7
AgBr	7.7×10^{-13}	12.11	$CaSO_4$	9.1×10^{-6}	5.04
Ag_2CO_3	8.1×10^{-12}	11.09	$CdCO_3$	5.2×10^{-12}	11.28
$Ag_2C_2O_4$	3.4×10^{-11}	10.46	$CdC_2O_4\cdot3H_2O$	9.1×10^{-8}	7.04
AgSCN	1.0×10^{-12}	12.0	$Cd_2[Fe(CN)_6]$	3.2×10^{-17}	16.49
AgCl	1.56×10^{-10}	9.81	$Cd(OH)_2$(新沉淀)	2.2×10^{-14}	13.66
Ag_2CrO_4	2.0×10^{-12}	11.05	$Cd(OH)_2$(陈化)	5.9×10^{-15}	14.23
$Ag_2Cr_2O_7$	2×10^{-7}	6.7	CdS	8×10^{-27}	26.1
AgI	1.5×10^{-16}	15.82	$CoCO_3$	1.4×10^{-13}	12.84
AgOH	2.0×10^{-8}	7.71	$Co_2[Fe(CN)_6]$	1.8×10^{-15}	14.74
Ag_3PO_4	1.4×10^{-16}	15.84	$Co(OH)_2$(蓝、新鲜)	1.6×10^{-14}	13.8
Ag_2S	6.3×10^{-50}	49.2	$Co(OH)_2$(红、陈化)	5×10^{-16}	15.3
Ag_2SO_4	1.4×10^{-5}	4.84	$Co(OH)_3$	1.6×10^{-44}	43.8
$AlAsO_4$	1.6×10^{-16}	15.8	CoS(α)	4.0×10^{-21}	20.4
$Al(OH)_3$	1.3×10^{-33}	32.9	CoS(β)	2.0×10^{-25}	24.7
$AlPO_4$	6.3×10^{-19}	18.24	$Cr(OH)_2$	2×10^{-16}	15.7
Al-8-羟基喹啉	1.0×10^{-29}	29.0	$Cr(OH)_3$	6.3×10^{-31}	30.2
As_2S_3	2.1×10^{-22}	21.68	$CrPO_4$	1×10^{-17}	17.0
$Ba_3(AsO_4)_2$	8×10^{-51}	50.1	$CuCO_3$	1.4×10^{-10}	9.86
$BaCO_3$	8.1×10^{-9}	8.09	CuC_2O_4	2.3×10^{-8}	7.64
BaC_2O_4	1.6×10^{-7}	6.80	CuCl	1.2×10^{-6}	5.92
$BaCrO_4$	1.2×10^{-10}	9.93	CuSCN	4.8×10^{-15}	14.32
BaF_2	1.0×10^{-6}	5.98	$CuCrO_4$	3.6×10^{-6}	5.44
$Ba(OH)_2$	5×10^{-3}	2.3	$Cu_2[Fe(CN)_6]$	1.3×10^{-16}	15.89
$BaSO_4$	1.1×10^{-10}	9.96	CuI	1.1×10^{-12}	11.96
$Ca_3(AsO_4)_2$	6.8×10^{-19}	18.2	CuOH	1×10^{-14}	14.0
$CaCO_3$	2.8×10^{-9}	8.54	$Cu(OH)_2$	2.2×10^{-20}	19.66
$CaC_2O_4\cdot2H_2O$	2.5×10^{-9}	8.6	CuS	6.3×10^{-36}	35.2
CaF_2	2.7×10^{-11}	10.57	Cu_2S	2.5×10^{-48}	47.6
$CaHPO_4$	1×10^{-7}	7.0	$FeCO_3$	3.2×10^{-11}	10.5
$Ca(OH)_2$	5.5×10^{-6}	5.26	FeC_2O_4	3.2×10^{-7}	6.5

续表

难溶化合物	K_{sp}	pK_{sp}	难溶化合物	K_{sp}	pK_{sp}
$Fe_4[Fe(CN)_6]_3$	3.3×10^{-41}	40.5	MnS(浅红)	2.5×10^{-10}	9.6
$Fe(OH)_2$	3.7×10^{-15}	14.43	MnS(绿)	2.5×10^{-13}	12.60
$Fe(OH)_3$	1.1×10^{-36}	35.96	$PbCO_3$	7.4×10^{-14}	13.13
$FePO_4$	1.3×10^{-22}	21.9	PbC_2O_4	4.8×10^{-10}	9.32
FeS	6.3×10^{-18}	17.2	$PbCl_2$	1.6×10^{-5}	4.79
Fe_2S_3	1×10^{-38}	38.0	$PbCrO_4$	2.8×10^{-13}	12.55
Hg_2CO_3	8.9×10^{-17}	16.1	PbF_2	2.7×10^{-8}	7.57
$Hg_2C_2O_4$	2×10^{-13}	12.7	$PbHPO_4$	1.3×10^{-10}	9.9
$Hg_2(CN)_2$	5×10^{-40}	39.3	PbI_2	7.1×10^{-9}	8.15
$Hg_2(SCN)_2$	2×10^{-20}	19.7	$Pb(OH)_2$	1.2×10^{-15}	14.93
Hg_2Cl_2	2.0×10^{-18}	17.70	$Pb_3(PO_4)_2$	8×10^{-43}	42.1
$HgCrO_4$	2×10^{-9}	8.7	PbS	1.1×10^{-28}	27.96
$(Hg_2)_3[Fe(CN)_6]_2$	8.5×10^{-21}	20.07	$PbSO_4$	1.6×10^{-8}	7.79
Hg_2I_2	4.5×10^{-29}	28.35	$Sn(OH)_2$	1.4×10^{-28}	27.85
$Hg_2(OH)_2$	2×10^{-24}	23.7	$Sn(OH)_4$	1×10^{-56}	56.0
$Hg(OH)_2$	3×10^{-26}	25.52	SnS	1×10^{-25}	25.0
HgS(红)	4×10^{-53}	52.4	$SrCO_3$	1.1×10^{-10}	9.96
HgS(黑)	1.6×10^{-52}	51.8	SrC_2O_4	6.3×10^{-8}	7.2
Hg_2SO_4	1×10^{-17}	17.0	$SrCrO_4$	2.2×10^{-5}	4.65
$K[B(C_6H_5)_4]$	2.2×10^{-8}	7.65	$Sr_3(PO_4)_2$	4×10^{-28}	27.4
$KHC_4H_4O_6$	3.0×10^{-4}	3.52	$SrSO_4$	3.2×10^{-7}	6.49
$K_2NaCo(NO_2)_6$	2.2×10^{-11}	10.66	SrF_2	2.5×10^{-9}	8.61
$MgCO_3$	2.6×10^{-5}	4.58	$ZnCO_3$	1.4×10^{-11}	10.84
MgC_2O_4	8.6×10^{-5}	4.07	ZnC_2O_4	2.7×10^{-8}	7.56
MgF_2	6.5×10^{-9}	8.19	$Zn_2[Fe(CN)_6]$	4.0×10^{-16}	15.4
$MgNH_4PO_4$	2.5×10^{-13}	12.6	$Zn[Hg(SCN)_4]$	2.2×10^{-7}	6.66
$Mg(OH)_2$	5×10^{-12}	11.3	$Zn(OH)_2$	1.2×10^{-17}	16.92
Mg-8-羟基喹啉	4×10^{-16}	15.4	$Zn_3(PO_4)_2$	9.0×10^{-33}	32.05
$MnCO_3$	1.8×10^{-11}	10.74	ZnS(α)	1.6×10^{-24}	23.8
$MnC_2O_4\cdot2H_2O$	1.1×10^{-15}	14.96	ZnS(β)	2.5×10^{-22}	21.6
$Mn_2[Fe(CN)_6]$	8×10^{-13}	12.1	Zn-8-羟基喹啉	5×10^{-25}	24.3
$Mn(OH)_2$	1.9×10^{-13}	12.72			

附录 9　常用基准物质的干燥条件和应用范围

基准物质		干燥后组成	干燥条件	标定对象
名　称	化学式			
碳酸氢钠	$NaHCO_3$	Na_2CO_3	270～300 ℃	酸
碳酸钠	$Na_2CO_3 \cdot 510H_2O$	Na_2CO_3	270～300 ℃	酸
硼　砂	$Na_2B_4O_7 \cdot 10H_2O$	$Na_2B_4O_7 \cdot 10H_2O$	放在含 NaCl 和蔗糖饱和液的干燥器中	酸
碳酸氢钾	$KHCO_3$	K_2CO_3	270～300 ℃	酸
乙二酸	$H_2C_2O_4 \cdot 2H_2O$	$H_2C_2O_4 \cdot 2H_2O$	室温空气干燥	碱或 $KMnO_4$
邻苯二甲酸氢钾	$KHC_8H_4O_4$	$KHC_8H_4O_4$	110～120 ℃	碱
重铬酸钾	$K_2Cr_2O_7$	$K_2Cr_2O_7$	140～150 ℃	还原剂
溴酸钾	$KBrO_3$	$KBrO_3$	130 ℃	还原剂
碘酸钾	KIO_3	KIO_3	130 ℃	还原剂
铜	Cu	Cu	室温干燥器中保存	还原剂
三氧化二砷	As_2O_3	As_2O_3	室温干燥器中保存	氧化剂
乙二酸钠	$Na_2C_2O_4$	$Na_2C_2O_4$	130 ℃	氧化剂
碳酸钙	$CaCO_3$	$CaCO_3$	110 ℃	EDTA
锌	Zn	Zn	室温干燥器中保存	EDTA
氧化锌	ZnO	ZnO	900～1000 ℃	EDTA
氯化钠	NaCl	NaCl	500～600 ℃	$AgNO_3$
氯化钾	KCl	KCl	500～600 ℃	$AgNO_3$
硝酸银	$AgNO_3$	$AgNO_3$	180～290 ℃	氯化物
氨基磺酸	$HOSO_2NH_2$	$HOSO_2NH_2$	在真空干燥器中保存 48h	碱
氟化钠	NaF	NaF	铂坩埚中 500～550℃下保存 40～50 min 后，H_2SO_4 干燥器中冷却	

附录 10　某些试剂溶液的配制

试剂名称	浓　度	配 制 方 法
奈斯勒试剂		取 11.5 g HgI_2 和 8 g KI 溶于水中，稀释至 50 mL。再加入 50 mL 6 mol · L^{-1} NaOH 溶液，静置后取其清液，储存于棕色瓶中
乙酸双氧铀锌		(1)溶解 10 g 乙酸双氧铀 $UO_2(Ac)_2 \cdot 2H_2O$ 于 15 mL 6 mol · L^{-1} HAc 溶液中，微热，并搅拌使其溶解，加水稀释至 100 mL (2)另取 $Zn(Ac)_2 \cdot 3H_2O$ 30 g 溶于 15 mL 6 mol · L^{-1} HAc 溶液中，搅拌后加水稀释至 100 mL 将上述(1)、(2)两种溶液加热至 70 ℃后混合，放置 24h 后，取清液储存于棕色瓶中
钴亚硝酸钠 $Na_3[Co(NO_2)_6]$		溶解 23g $NaNO_2$ 于 50 mL 水中，加入 16.5 mL 6 mol · L^{-1} HAc 和 3g $Co(NO_3)_2 \cdot 6H_2O$，放置 24h，取其清液，稀释至 100 mL，储存于棕色瓶中
镁试剂	0.001%	取 0.01 g 镁试剂(对硝基苯偶氮间苯二酚)溶于 1 L 1 mol · L^{-1} NaOH 溶液中
铝试剂	0.1%	溶解 1 g 铝试剂于 1 L 水中
碘水	0.01 mol · L^{-1}	取 2.5 g 碘和 3g KI，加入尽可能少的水中，搅拌至碘完全溶解，加水稀释至 1 L
淀粉溶液	0.5%	将 1 g 可溶性淀粉加入 100 mL 冷水调和均匀。将所得乳浊液在搅拌下倾入 200 mL 沸水中，煮沸 2～3 min 使溶液透明，冷却即可
KI-淀粉溶液		0.5%淀粉溶液中含有 0.1 mol · L^{-1} KI
铬酸洗液		将 25 g 固体重铬酸钾溶于 50 mL 水中，加热溶解。冷却后，向该溶液缓慢加入 450 mL 浓 H_2SO_4，边加边搅拌，冷却即可。切勿将 $K_2Cr_2O_7$ 溶液加到浓 H_2SO_4 中
氯化汞 $HgCl_2$	0.2 mol · L^{-1}	取 54g $HgCl_2$ 溶于适量水后稀释至 1 L
硝酸亚汞 $Hg_2(NO_3)_2$	0.1 mol · L^{-1}	取 56.1 g $Hg_2(NO_3)_2 \cdot 2H_2O$ 溶于 250 mL 6 mol · L^{-1} HNO_3 中，加水稀释至 1 L，并加入少量金属汞
硫化钠 Na_2S	1 mol · L^{-1}	取 240 g $Na_2S \cdot 9H_2O$ 和 40 g NaOH，溶于适量水中，稀释至 1 L，混匀

续表

试剂名称	浓　度	配　制　方　法
硫化铵$(NH_4)_2S$	3 mol · L^{-1}	在 200 mL 浓氨水中通入 H_2S 气体至饱和，再加入 200 mL 浓氨水稀释至 1 L，混匀
硫代乙酰胺	5%	溶解 5 g 硫代乙酰胺于 100 mL 水中
碳酸铵 $(NH_4)_2CO_3$	1 mol · L^{-1}	将 96 g$(NH_4)_2CO_3$ 研细，溶于 1 L 2 mol · L^{-1}氨水中
	12%	将 140 g$(NH_4)_2CO_3$，溶于 860 mL 水中
硫酸铵 $(NH_4)_2SO_4$	饱和	溶解 50 g$(NH_4)_2SO_4$ 于 100 mL 热水中，冷却后过滤
钼酸铵 $(NH_4)_2MoO_4$	0.1 mol · L^{-1}	取 124g$(NH_4)_2MoO_4$ 溶于 1 L 水中，然后将所得溶液倒入 1 L 6 mol · $L^{-1}$$HNO_3$ 中，放置 24h，取其清液
氯化铵 NH_4Cl	3 mol · L^{-1}	160 g NH_4Cl 溶于适量水后稀释至 1 L
乙酸铵 NH_4Ac	3 mol · L^{-1}	235 g NH_4Ac 溶于适量水后稀释至 1 L
乙酸钠 NaAc	3 mol · L^{-1}	408 g NaAc · $3H_2O$ 溶于 1 L 水中
氯水		在水中通入氯气至饱和。氯在 25 ℃时溶解度为 199 mL · 100 g^{-1} H_2O
溴水		将 50 g(约 16 mL)液溴注入盛有 1 L 水的磨口瓶中。剧烈振荡 2 h。每次振荡之后将塞子微开，使溴蒸气放出。将清液倒入试剂瓶中备用。溴在 20 ℃的溶解度为 3.58 g · 100 g^{-1} H_2O
镍试剂	1%	溶解 10 g 镍试剂(丁二酮肟)于 1 L 95%乙醇溶液中
铁氰化钾 $K_3[Fe(CN)_6]$	0.25 mol · L^{-1}	取 8.2 g $K_3[Fe(CN)_6]$溶于少量水后稀释至 100 mL
亚铁氰化钾 $K_4[Fe(CN)_6]$	0.25 mol · L^{-1}	取 10.6 g $K_4[Fe(CN)_6]$溶于少量水后稀释至 100 mL
硫氰酸汞铵 $(NH_4)_2Hg(SCN)_4$	0.15 mol · L^{-1}	取 8 g$HgCl_2$ 和 9 g NH_4SCN 溶于 100 mL 水中
邻菲啰啉	2%	取 2 g 邻菲啰啉溶于 100 mL 水中
亚硝酰铁氰化钠 $Na_2[Fe(CN)_5NO]$	1%	取 1 g $Na_2[Fe(CN)_5NO]$溶于 100 mL 水中，储存于棕色瓶中

续表

试剂名称	浓 度	配 制 方 法
对-氨基苯磺酸	0.34%	将0.5 g 对-氨基苯磺酸溶于150 mL 2 mol · L^{-1} HAc中
α-萘胺	0.12%	将0.3g α-萘胺溶于20 mL水中,加热煮沸后,在所得溶液中加入150 mL 2 mol · L^{-1}HAc
二苯硫腙	0.01%	取0.01 g 二苯硫腙溶于100 mL CCl_4 中
硫脲	10%	取10 g 硫脲溶于100 mL 1 mol · $L^{-1}$$HNO_3$ 中
二苯胺	1%	将1 g 二苯胺在搅拌下溶于100 mL浓硫酸中
三氯化锑 $SbCl_3$	0.1 mol · L^{-1}	取22.8 g $SbCl_3$ 溶于330 mL 6 mol · L^{-1}HCl中,加水稀释至1 L
三氯化铋 $BiCl_3$	0.1 mol · L^{-1}	取31.6 g $BiCl_3$ 溶于330 mL 6 mol · L^{-1}HCl中,加水稀释至1 L
氯化亚锡 $SnCl_2$	0.1 mol · L^{-1}	取22.6 g $SnCl_2 \cdot 2H_2O$溶于330 mL 6 mol · L^{-1} HCl中,加水稀释至1 L,加入几粒纯锡,以防氧化
三氯化铁 $FeCl_3$	1 mol · L^{-1}	取90 g $FeCl_3 \cdot 6H_2O$溶于80 mL 6 mol · L^{-1}HCl中,加水稀释至1 L
三氯化铬 $CrCl_3$	0.5 mol · L^{-1}	取44.5 g $CrCl_3 \cdot 6H_2O$溶于40 mL 6 mol · L^{-1} HCl中,加水稀释至1 L
硫酸亚铁 $FeSO_4$	0.1 mol · L^{-1}	取69.5 g $FeSO_4 \cdot 7H_2O$溶于适量水中,缓慢加入5 mL浓H_2SO_4,再用水稀释至1 L,并加入数枚小铁钉,以防氧化

附录 11　常用指示剂

1. 酸碱指示剂(18～25 ℃)

名　称	pH 变色范围	颜色变化	配制方法
百里酚蓝,0.2%	1.2～2.8	红～黄	0.2 g 指示剂溶于 100 mL 20%乙醇中
甲基黄,0.2%	2.9～4.0	红～黄	0.2 g 指示剂溶于 100 mL 90%乙醇中
甲基橙,0.2%	3.1～4.4	红～黄	0.2 g 甲基橙溶于 100 mL 热水
溴酚蓝,0.2%	3.0～4.6	黄～紫	0.2 g 溴酚蓝溶于 100 mL 20%乙醇中。或 0.2 g溴酚蓝与 3 mL 0.05 mol·L^{-1}NaOH 溶液混匀,加水稀释至 100 mL
溴甲酚绿,0.1%	3.8～5.4	黄～蓝	0.1%的 20%乙醇溶液或 1 g 溴甲酚绿与 20 mL 0.05 mol·L^{-1}NaOH 溶液混匀,加水稀释至 100 mL
甲基红,0.2%	4.4～6.2	红～黄	0.2 g 甲基红溶于 100 mL 60%乙醇中
溴百里酚蓝,0.2%	6.2～7.6	黄～蓝	0.2 g 溴百里酚蓝溶于 100 mL 20%乙醇中
中性红,0.2%	6.8～8.0	红～黄橙	0.2 g 中性红溶于 100 mL 60%乙醇中
苯酚红,0.2%	6.8～8.4	黄～红	0.2 g 苯酚红溶于 100 mL 60%乙醇中
酚酞,0.2%	8.2～10.0	无色～红	2 g 酚酞溶于 100 mL 90%乙醇中
百里酚蓝,0.2%	8.0～9.6	黄～蓝	0.2 g 百里酚蓝溶于 100 mL 20%乙醇中
百里酚酞,0.2%	9.4～10.6	无色～蓝	0.2 g 百里酚酞溶于 100 mL 90%乙醇中

2. 金属指示剂

名　称	颜　色		配制方法
	游离态	化合物	
铬黑 T(EBT)	蓝	酒红	①将 0.5 g 铬黑 T 溶于 100 mL 水中 ②将 1 g 铬黑 T 与 100 g NaCl 研细、混匀
钙指示剂	蓝	红	将 0.5 g 钙指示剂与 100 gNaCl 研细、混匀
二甲酚橙(XO),0.1%	黄	红	将 0.1 g 二甲酚橙溶于 100 mL 水中
K-B 指示剂	蓝	红	将 0.5 g 酸性铬蓝 K 加 1.25 g 萘酚绿 B,再加 25 g KNO_3 研细,混匀
磺基水杨酸,1%	无色	红	将 1 g 磺基水杨酸溶于 100 mL 水中
吡啶偶氮萘酚(PAN),0.1%	黄	红	将 0.1 g 吡啶偶氮萘酚溶于 100 mL 乙醇中
邻苯二酚紫,0.1%	紫	蓝	将 0.1 g 邻苯二酚紫溶于 100 mL 水中
钙镁试剂(calmagite)	红	蓝	将 0.5 g 钙镁试剂溶于 100 mL 水中

3. 几种常用的吸附指示剂简表

名 称	待测离子	滴定剂	颜色变色	适用的 pH
荧光黄(荧光素)	Cl^-	Ag^+	黄绿色(有荧光)→粉红色	7～10
二氯荧光黄	Cl^-	Ag^+	黄绿色(有荧光)→红色	4～10
曙 红(四溴荧光黄)	Br^-,I^-,SCN^-	Ag^+	橙黄色(有荧光)→红紫色	2～10
酚藏红	Cl^-,Br^-	Ag^+	红色→蓝色	酸性

4. 常用酸碱混合指示剂

指示剂溶液的组成	变色点 pH	颜 色		备 注
		酸色	碱色	
1 份 0.1%甲基黄乙醇溶液 1 份 0.1%亚甲基蓝乙醇溶液	3.25	蓝紫	绿	pH 3.2 蓝紫色 pH 3.4 绿色
1 份 0.1%甲基橙水溶液 1 份 0.25%靛蓝二磺酸钠水溶液	4.1	紫	黄绿	pH 4.1 灰色
3 份 0.1%溴甲酚绿乙醇溶液 1 份 0.2%甲基红乙醇溶液	5.1	酒红	绿	颜色变化极显著
1 份 0.1%溴甲酚绿钠盐水溶液 1 份 0.1%氯酚红钠盐水溶液	6.1	黄绿	蓝紫	pH 5.4 蓝绿色 pH 5.8 蓝色 pH 6.0 蓝微带紫色 pH 6.2 蓝紫色
1 份 0.1%中性红乙醇溶液 1 份 0.1%亚甲基蓝乙醇溶液	7.0	蓝紫	绿	pH 7.0 蓝紫色
1 份 0.1%甲酚红钠盐水溶液 3 份 0.1%百里酚蓝钠盐水溶液	8.3	黄	紫	pH 8.2 粉色 pH 8.4 紫色
1 份 0.1%酚酞乙醇溶液 2 份 0.1%甲基绿乙醇溶液	8.9	绿	紫	pH 8.8 浅蓝色 pH 9.0 紫色
1 份 0.1%酚酞乙醇溶液 1 份 0.1%百里酚乙醇溶液	9.9	无	紫	pH 9.6 玫瑰色 pH 10.0 紫色

5. 氧化还原指示剂

名 称	变色电位 $\varphi^{\ominus}$/V	颜色		配制方法
		氧化态	还原态	
二苯胺,1%	0.76	紫	无色	将 1g 二苯胺在搅拌下溶于 100mL 浓硫酸和 100mL 浓磷酸,储于棕色瓶中
二苯胺磺酸钠,0.5%	0.85	紫	无色	将 0.5g 二苯胺磺酸钠溶于 100mL 水中,必要时过滤
邻苯氨基苯甲酸,0.2%	0.89	紫红	无色	将 0.2g 邻苯胺基苯甲酸加热溶解在 100mL 0.2% Na_2CO_3 溶液中,必要时过滤
邻二氮菲硫酸亚铁,0.5%	1.06	浅蓝	红	将 0.5g $FeSO_4 \cdot 7H_2O$ 溶于 100mL 水中,加 2 滴 H_2SO_4,加 0.5g 邻二氮杂菲

6. 标准缓冲溶液的配制方法

试剂	浓度/(mol · L^{-1})	pH (25 ℃)	试剂的干燥与预处理	缓冲溶液的配制方法
四草酸钾 $KH_3(C_2O_4)_2 \cdot 2H_2O$	0.05	1.69	(57±2)℃下干燥至恒量	12.7096g $KH_3(C_2O_4)_2 \cdot 2H_2O$ 溶于适量蒸馏水,定量稀释至 1 L
酒石酸氢钾 $KC_4H_5O_6$	饱和	3.56	不必预先干燥	$KC_4H_5O_6$ 溶于(25±3)℃蒸馏水中直至饱和
邻苯二甲酸氢钾 $KHC_8H_4O_4$	0.05	4.01	(110±5)℃干燥至恒量	10.2112g $KHC_8H_4O_4$ 溶于适量蒸馏水中,定量稀释至 1 L
磷酸二氢钾/磷酸氢二钠 KH_2PO_4/Na_2HPO_4	0.025	6.86	KH_2PO_4 在(110±5)℃下干燥至恒量,Na_2HPO_4 在(120±5)℃下干燥至恒量	3.4021g KH_2PO_4 和 3.5490 g Na_2HPO_4 溶于适量蒸馏水,定量稀释至 1 L
四硼酸钠 $Na_2B_4O_7 \cdot 10H_2O$	0.01	9.18	$Na_2B_4O_7 \cdot 10H_2O$ 放在含有 NaCl 和蔗糖饱和液的干燥器中	3.8137g $Na_2B_4O_7 \cdot 10H_2O$ 溶于适量除去 CO_2 的蒸馏水中,定量稀释至1 L

附录 12　某些离子和化合物的颜色

离子及化合物	颜　色	离子及化合物	颜　色
Ag^{+}	无色	Bi_2S_3	黑色
Ag_2O	褐色	Bi_2O_3	黄色
$AgCl$	白色	$Bi(OH)_3$	白色
Ag_2CO_3	白色	$BiO(OH)$	灰黄色
Ag_3PO_4	黄色	$Bi(OH)CO_3$	白色
Ag_2CrO_4	砖红色	$NaBiO_2$	黄棕色
$Ag_2C_2O_4$	白色	Ca^{2+}	无色
$AgSCN$	白色	CaO	白色
$Ag_2S_2O_3$	白色	$Ca(OH)_2$	白色
$Ag_3[Fe(CN)_6]$	橙色	$CaSO_4$	白色
$Ag_4[Fe(CN)_6]$	白色	$CaCO_3$	白色
$AgBr$	淡黄色	$Ca_3(PO_4)$	白色
AgI	黄色	$CaHPO_4$	白色
Ag_2S	黑色	$CaSO_3$	白色
Ag_2SO_4	白色	Co^{2+}	粉红色
Al^{3+}	无色	$[Co(NH_3)_6]^{2+}$	黄色
$Al(OH)_3$	白色	$[Co(NH_3)_6]^{3+}$	橙黄色
Ba^{2+}	无色	$[Co(SCN)_4]^{2-}$	蓝色
$BaSO_4$	白色	CoO	灰绿色
$BaSO_3$	白色	Co_2O_3	黑色
BaS_2O_3	白色	$Co(OH)_2$	粉红色
$BaCO_3$	白色	$Co(OH)Cl$	蓝色
$Ba_3(PO_4)_2$	白色	$Co(OH)_3$	棕褐色
$BaCrO_4$	黄色	$CoCl_2 \cdot 2H_2O$	紫红色
BaC_2O_4	白色	$CoCl_2 \cdot 6H_2O$	粉红色
Bi^{3+}	无色	CoS	黑色
$BiOCl$	白色	$CoSO_4 \cdot 7H_2O$	红色
BiI_3	白色	$CoSiO_3$	紫色

续表

离子及化合物	颜色	离子及化合物	颜色
$K_3[Co(NO_2)_6]$	黄色	$Cu(SCN)_2$	墨绿色
$K_2Na[Co(NO_2)_6]$	黄色	Fe^{2+}	浅绿色
Cd^{2+}	无色	Fe^{3+}	浅黄色
CdO	棕灰色	$[Fe(CN)_6]^{4-}$	黄色
$Cd(OH)_2$	白色	$[Fe(CN)_6]^{3-}$	红棕色
$CdCO_3$	白色	$[Fe(NCS)_n]^{3-n}$	血红色
CdS	黄色	FeO	黑色
Cr^{3+}	蓝紫色	Fe_2O_3	砖红色
CrO_2^-	绿色	$Fe(OH)_2$	白色
CrO_4^{2-}	黄色	$Fe(OH)_3$	红棕色
$Cr_2O_7^{2-}$	橙色	$FeCl_3 \cdot 6H_2O$	黄棕色
CrO_3	橙红色	FeS	黑色
$Cr(OH)_3$	灰绿色	Fe_2S_3	黑色
$CrCl_3 \cdot 6H_2O$	绿色	$[Fe(NO)]SO_4$	深棕色
$Cr_2(SO_4)_3 \cdot 6H_2O$	绿色	$(NH_4)_2Fe(SO_4)_2 . 6H_2O$	蓝绿色
$Cr_2(SO_4)_3$	桃红色	$(NH_4)_2Fe(SO_4)_2 \cdot 12H_2O$	浅紫色
$Cr_2(SO_4)_3 \cdot 18H_2O$	紫色	$FeCO_3$	白色
Cu^{2+}	蓝色	$FePO_4$	浅黄色
$[CuCl_2]^-$	白色	$Fe_2(SiO_3)_3$	棕红色
$[CuCl_4]^{2-}$	黄色	FeC_2O_4	淡黄色
$[CuI_2]^-$	黄色	$Fe_3[Fe(CN)_6]_2$	蓝色
$[Cu(NH_3)_4]^{2+}$	深蓝色	$Fe_4[Fe(CN)_6]_2$	蓝色
CuO	黑色	Hg_2^{2+}	无色
Cu_2O	暗红色	Hg^{2+}	无色
$Cu(OH)_2$	浅蓝色	HgO	红黄色
$Cu(OH)$	黄色	Hg_2Cl_2	白黄色
$CuCl$	白色	Hg_2I_2	黄色
CuI	白色	HgI_2	红色
CuS	黑色	HgS	红或黑
$CuSO_4 \cdot 5H_2O$	蓝色	Hg_2SO_4	白色
$Cu_2(OH)_2SO_4$	浅蓝色	$Hg(OH)_2CO_3$	红褐色
$Cu_2(OH)_2CO_3$	蓝色	I^-	无色
$Cu_2[Fe(CN)_6]$	红棕色	I_2	紫色

续表

离子及化合物	颜　色	离子及化合物	颜　色
I_3^-	棕黄色	$PbMoO_4$	黄色
$[Hg_2N]I$	红棕色	$SbCl_6^{3-}$	无色
Mn^{2+}	肉色	$SbCl_6^-$	无色
MnO_4^{2-}	绿色	Sb_2O_3	白色
MnO_4^-	紫红色	Sb_2O_5	淡黄色
MnO_2	棕色	$Sb(OH)_3$	白色
$Mn(OH)_2$	白色	$SbOCl$	白色
MnS	肉色	SbI_3	黄色
$MnSiO_3$	肉色	Sn^{2+}	无色
Mg^{2+}	无色	Sn^{4+}	无色
$MgNH_4PO_4$	白色	$Sn(OH)Cl$	白色
$MgCO_3$	白色	SnS	棕色
$Mg(OH)_2$	白色	SnS_2	黄色
Ni^{2+}	亮绿色	$Sn(OH)_4$	白色
$[Ni(NH_3)_6]^{2+}$	蓝色	$[Ti(H_2O)_6]$	紫色
NiO	暗绿色	TiO_2^{2+}	橙红色
$Ni(OH)_2$	淡绿色	$TiCl_3 \cdot 6H_2O$	紫或绿
$Ni(OH)_3$	黑色	$[V(H_2O)_6]^{2+}$	蓝紫色
NiS	黑色	$[V(H_2O)_6]^{3+}$	绿色
$Ni_2(OH)_2CO_3$	浅绿色	VO^{2+}	蓝色
$NiSiO_3$	翠绿色	V_2O_5	红棕,橙
Pb^{2+}	无色	VO_2^+	黄色
PbO_2	棕褐色	Zn^{2+}	无色
Pb_3O_4	红色	ZnO	白色
$Pb(OH)_2$	白色	$Zn(OH)_2$	白色
$PbCl_2$	白色	ZnS	白色
$PbBr_2$	白色	$Zn_2(OH)_2CO_3$	白色
PbI_2	黄色	ZnC_2O_4	白色
PbS	黑色	$ZnSiO_3$	白色
$PbSO_4$	白色	$Zn_2[Fe(CN)_5]_2$	白色
$PbCO_3$	白色	$Zn_3[Fe(CN)_6]_2$	黄褐色
$PbCrO_4$	黄色	$NaAc \cdot Zn(Ac)_2 \cdot 3[UO_2(Ac)_2] \cdot 9H_2O$	黄色
PbC_2O_4	白色		

附录 13　化合物的相对分子质量

化合物	相对分子质量	化合物	相对分子质量	化合物	相对分子质量
Ag_2AsO_4	462.52	CaO	56.08	CuI	190.45
$AgBr$	187.77	$CaCO_3$	100.09	$Cu(NO_3)_2$	187.56
$AgCl$	143.32	CaC_2O_4	128.10	$Cu(NO_3)_2 \cdot 3H_2O$	241.60
$AgCN$	133.89	$CaCl_2$	110.99	CuO	79.55
$AgSCN$	165.95	$CaCl_2 \cdot 6H_2O$	219.08	Cu_2O	143.09
Ag_2CrO_4	331.73	$Ca(NO_2)_2 \cdot 4H_2O$	236.15	CuS	95.61
AgI	234.77	$Ca(OH)_2$	74.10	$CuSO_4$	159.06
$AgNO_3$	169.87	$Ca_3(PO_4)_2$	310.18	$CuSO_4 \cdot 5H_2O$	249.68
$AlCl_3$	133.34	$CaSO_4$	136.14	$FeCl_2$	126.75
$AlCl_3 \cdot 6H_2O$	241.43	$CdCO_3$	172.42	$FeCl_2 \cdot 4H_2O$	198.81
$Al(NO_3)_3$	213.00	$CdCl_2$	183.32	$FeCl_2$	162.21
$Al(NO_3)_3 \cdot 9H_2O$	375.13	CdS	144.47	$FeCl_3 \cdot 6H_2O$	270.30
Al_2O_3	101.96	$Ce(SO_4)_2$	332.24	$FeNH_4(SO_4)_2 \cdot 12H_2O$	482.18
$Al(OH)_3$	78.00	$Ce(SO_4)_2 \cdot 4H_2O$	404.30	$Fe(NO_3)_3$	241.86
$Al_2(SO_4)_3$	342.14	$CoCl_2$	129.84	$Fe(NO_3)_2 \cdot 9H_2O$	404.00
$Al_2(SO_4)_3 \cdot 18H_2O$	666.41	$CoCl_2 \cdot 6H_2O$	237.93	FeO	71.85
As_2O_2	197.84	$Co(NO_3)_2$	182.94	Fe_2O_3	159.69
As_2O_5	229.84	$Co(NO_3)_2 \cdot 6H_2O$	291.03	Fe_3O_4	231.54
As_2S_2	246.02	CoS	90.99	$Fe(OH)_2$	106.87
$BaCO_3$	197.34	$CoSO_4$	154.99	FeS	87.91
BaC_2O_4	225.35	$CoSO_4 \cdot 7H_2O$	281.10	Fe_2S_3	207.87
$BaCl_2$	208.24	$Co(NH_2)_2$	60.06	$FeSO_4$	151.91
$BaCl_2 \cdot 2H_2O$	244.27	$CrCl_3$	158.36	$FeSO_4 \cdot 7H_2O$	278.01
$BaCrO_4$	253.32	$CrCl_2 \cdot 6H_2O$	266.45	$Fe(NH_4)_2(SO_4)_2 \cdot 6H_2O$	392.13
BaO	153.33	$Cr(NO_2)_2$	238.01	H_3AsO_3	125.94
$Ba(OH)_2$	171.34	Cr_2O_3	151.99	H_3AsO_4	141.94
$BaSO_4$	233.39	$CuCl$	99.00	H_3BO_2	61.83
$BiCl_3$	315.34	$CuCl_2$	134.45	HBr	80.91
$BiOCl$	260.43	$CuCl_2 \cdot 2H_2O$	170.48	HCN	27.03
CO_2	44.01	$CuSCN$	121.62	$HCOOH$	46.03

续表

化合物	相对分子质量	化合物	相对分子质量	化合物	相对分子质量
CH_3COOH	60.05	KCl	74.55	$MgNH_4PO_4$	137.32
H_2CO_3	62.03	$KClO_3$	122.55	MgO	40.30
$H_2C_2O_4$	90.04	$KClO_4$	138.55	$Mg(OH)_2$	58.32
$H_2C_2O_4 \cdot 2H_2O$	126.07	KCN	65.12	$Mg_2P_2O_7$	222.55
HCl	36.46	$KSCN$	97.18	$MgSO_4 \cdot 7H_2O$	246.47
HF	20.01	K_2CO_3	138.21	$MnCO_3$	114.95
HI	127.91	K_2CrO_4	194.19	$MnCl_2 \cdot 4H_2O$	197.91
HIO_2	175.91	$K_2Cr_2O_7$	294.18	$Mn(NO_3)_2 \cdot 6H_2O$	287.04
HNO_3	63.01	$K_2Fe(CN)_6$	329.25	MnO	70.94
HNO_2	47.01	$K_4Fe(CN)_6$	368.35	MnO_2	86.94
H_2O	18.015	$KFe(SO_4)_2 \cdot 12H_2O$	503.24	MnS	87.00
H_2O_2	34.02	$KHC_2O_4 \cdot H_2O$	146.14	$MnSO_4$	151.00
H_3PO_4	98.00	$KHC_2O_4 \cdot H_2C_2O_4 \cdot 2H_2O$	254.19	$MnSO_4 \cdot 4H_2O$	223.06
H_2S	34.08	$KHC_4H_4O_6$	188.18	NO	30.01
H_2SO_3	82.07	$KHSO_4$	136.16	NO_2	46.01
H_2SO_4	98.07	KI	166.00	NH_3	17.03
$Hg(CN)_2$	252.63	KIO_3	214.00	CH_3COONH_4	77.08
$HgCl_2$	271.50	$KIO_3 \cdot HIO_3$	389.91	NH_4Cl	53.49
Hg_2Cl_2	472.09	$KMnO_3$	158.03	$(NH_4)_2CO_3$	96.09
HgI_2	454.40	$KNaC_4H_4O_6 \cdot 4H_2O$	282.22	$(NH_4)_2C_2O_4$	124.10
$Hg_2(NO_3)_2$	525.19	KNO_3	101.10	$(NH_4)_2C_2O_4 \cdot H_2O$	142.11
$Hg_2(NO_3)_2 \cdot 2H_2O$	561.22	KNO_2	85.10	NH_4SCN	76.12
$Hg(NO_3)_2$	324.60	K_2O	94.20	NH_4HCO_3	79.01
HgO	216.59	KOH	56.11	$(NH_4)_2MoO_4$	196.00
HgS	232.65	K_2SO_4	174.25	NH_4NO_3	80.04
$HgSO_4$	296.65	$MgCO_3$	84.31	$(NH_4)_2HPO_4$	132.06
Hg_2SO_4	497.24	$MgCl_2$	95.21	$(NH_4)_2S$	68.14
$KAl(SO_4)_2 \cdot 12H_2O$	474.38	$MgCl_2 \cdot 6H_2O$	203.30	$(NH_4)_2SO_4$	132.13
KBr	119.00	MgC_2O_4	112.33	NH_4VO_3	116.98
$KBrO_3$	167.00	$Mg(NO_3)_2 \cdot 6H_2O$	256.41	Na_3AsO_3	191.89

续表

化合物	相对分子质量	化合物	相对分子质量	化合物	相对分子质量
$Na_2B_4O_7$	201.22	$Na_2S_2O_3 \cdot 5H_2O$	248.17	SiF_4	104.08
$Na_2B_4O_7 \cdot 10H_2O$	381.37	$NiCl_2 \cdot 6H_2O$	237.70	SiO_2	60.08
$NaBiO_3$	279.97	NiO	74.70	$SnCl_2$	189.60
$NaCN$	49.01	$Ni(NO_3)_2 \cdot 6H_2O$	290.80	$SnCl_2 \cdot 2H_2O$	225.63
$NaSCN$	81.07	NiS	90.76	$SnCl_4$	260.50
Na_2CO_3	105.99	$NiSO_4 \cdot 7H_2O$	280.86	$SnCl_4 \cdot 5H_2O$	350.58
$Na_2CO_3 \cdot 10H_2O$	286.14	P_2O_5	141.95	SnO_2	150.69
$Na_2C_2O_4$	134.00	$PbCO_3$	267.21	SnS_2	150.75
CH_3COONa	82.03	PbC_2O_4	295.22	$SrCO_3$	147.63
$CH_3COONa \cdot 3H_2O$	136.08	$PbCl_2$	278.11	SrC_2O_4	175.64
$NaCl$	58.44	$PbCrO_4$	323.19	$SrCrO_4$	203.61
$NaClO$	74.44	$Pb(CH_3COO)_2$	325.29	$Sr(NO_3)_2$	211.63
$NaHCO_3$	84.01	$Pb(CH_3COO)_2 \cdot 3H_2O$	379.34	$Sr(NO_3)_2 \cdot 4H_2O$	283.69
$Na_2HPO_4 \cdot 12H_2O$	358.14	PbI_2	461.01	$SrSO_4$	183.69
$Na_2H_2Y \cdot 2H_2O$	372.24	$Pb(NO_3)_2$	331.21	$UO_2(CH_3COO)_2 \cdot 2H_2O$	424.15
$NaNO_2$	69.00	PbO	223.20	$ZnCO_3$	125.39
$NaNO_3$	85.00	PbO_2	239.20	ZnC_2O_4	153.40
Na_2O	61.98	$Pb_3(PO_4)_2$	811.54	$ZnCl_2$	136.29
Na_2O_2	77.98	PbS	239.26	$Zn(CH_3COO)_2$	183.47
$NaOH$	40.00	$PbSO_4$	303.26	$Zn(CH_3COO)_2 \cdot 2H_2O$	219.50
Na_3PO_4	163.94	SO_3	80.06	$Zn(NO_3)_2$	189.39
Na_2S	78.04	SO_2	64.06	$Zn(NO_3)_2 \cdot 6H_2O$	297.48
$Na_2S \cdot 9H_2O$	240.18	$SbCl_3$	228.11	ZnO	81.38
Na_2SO_4	142.04	$SbCl_5$	299.02	ZnS	97.44
Na_2SO_4	142.04	Sb_2O_3	291.50	$ZnSO_4$	161.44
$Na_2S_2O_3$	158.10	Sb_2S_3	339.68	$ZnSO_4 \cdot 7H_2O$	287.55